Rachel Carson

AM SAUM DER GEZEITEN

Eine Küstenwanderung

GEGRÜNDET
1999

Rachel Carson

AM SAUM DER GEZEITEN

EINE KÜSTENWANDERUNG

Aus dem Amerikanischen übertragen von Margaret Auer

Mit 117 Zeichnungen von Bob Hines

Mit einer Nachbemerkung von Florian Huber

Czernin Verlag, Wien

Gedruckt mit Unterstützung der Stadt Wien, Kultur

Carson, Rachel: Am Saum der Gezeiten / Rachel Carson
Wien: Czernin Verlag 2025
ISBN: 978-3-7076-0875-5

Die amerikanische Originalausgabe erschien 1955 bei Houghton Mifflin in Boston unter dem Titel »The Edge of the Sea«.
1957 erstmals ins Deutsche übersetzt im Biederstein Verlag, München.

Übersetzung aus dem Amerikanischen: Margaret Auer
Umschlaggestaltung und Satz: Mirjam Riepl
Autorinnenfoto: Pictorial Press Ltd / Alamy Stock Photo
Druck: Finidr, Český Těšín
ISBN: 978-3-7076-0875-5

Inhalt

VORWORT

Wie das Meer selbst, so zieht uns auch seine Küste unwiderstehlich an; denn wir kehren an jenen Ort zurück, wo in grauer Vorzeit das Leben seinen Anfang nahm. Angesichts des ewigen Wechsels von Ebbe und Flut, des Rhythmus der Brandung und der Fülle der Lebewesen, die den Gezeitensaum bevölkern, offenbart sich uns in immer neuen Bildern die Schönheit der belebten Natur. Dort spüren wir zutiefst ihren inneren Sinn und die Größe ihrer Bedeutung.

Sobald wir hinauswandern bis an den schmalen Streifen, den das Meer bei Ebbe freigibt, betreten wir eine Welt, die so alt ist wie unser Planet selbst; hier begegnen sich seit Urzeiten die Elemente Erde und Wasser, hier herrschen Kampf ums Dasein, Anpassung und ewiger Wandel. Weil auch wir Lebewesen sind, bedeutet uns dieses Gebiet besonders viel, denn zuallererst schwamm in den seichten Wassern seines Bereichs ein Wesen, das als lebendiges Geschöpf bezeichnet werden konnte; es vermehrte sich, entwickelte sich weiter und brachte Tiere und Pflanzen in unerschöpflicher Mannigfaltigkeit hervor. Sie wurden zu jenem Strom, der durch Zeit und Raum flutete und die Erde in seinen Besitz nahm.

Um die Küste zu verstehen, genügt es nicht, die Geschöpfe aufzuzählen, die an ihr hausen. Begreifen können wir sie nur, wenn wir am Ufer stehen und ein

Gefühl dafür bekommen, wie lange die Gezeiten mit ihren Rhythmen und die Veränderungen der Erde selbst an der Gestaltung des Festlandes gearbeitet haben; sie formten den Felsen und schufen den Sand, aus denen die Küste besteht.

Nur wenn wir innerlich aufnehmen können, was wir sehen und hören, werden wir spüren, daß es die Wogen des Lebens sind, die unablässig gegen die Ufer branden – blindlings, unerbittlich drängend, um sich neuen Raum zu erobern. Für ein echtes Verständnis ist es nötig, die gesamten Lebensäußerungen eines Geschöpfes zu erfassen: wie es inmitten von Brandung und Stürmen bestehen konnte, wer seine Feinde waren, wie es Nahrung fand, seine Art fortpflanzte und wie es sich der besonderen Umwelt der See anpaßte.

Die Meeresküsten der Erde könnte man in drei Grundformen einteilen: in die schroffen Felsufer, in den Strand und in die Korallenriffe mit allen Merkmalen, die ihnen eigen sind. Jede Form besitzt ihre kennzeichnende Lebensgemeinschaft an Pflanzen und Tieren.

Die Atlantikküste der Vereinigten Staaten gehört zu einer der wenigen auf der Welt, an der wir für jede dieser Abarten klare Beispiele finden. Ich habe sie für meine Bilder vom Leben am Rande der See gewählt, weil sie in großen Zügen für viele Küsten gelten – so sehr gleicht sich auf der ganzen Erde die Welt des Meeres.

Dabei habe ich versucht, in meiner Darstellung diese Einheitlichkeit zu betonen, in der das Leben in seinen wesentlichen Äußerungen an die Erde gebunden ist. Das erste Kapitel ist Erlebnissen gewidmet, die für mich den Rand des Meeres so überragend schön und reizvoll machen. Im zweiten Kapitel beschäftige ich mich in der

Hauptsache mit den Gewalten der See, mit Brandung, Strömungen und der Beschaffenheit des Meerwassers selbst; diese Einflüsse gestalten und bestimmen das Leben an der Küste und ich komme daher immer wieder auf sie zurück.

Das dritte, vierte und fünfte Kapitel beschreiben aufeinanderfolgend die Felsküste, den Strand und die Welt der Korallenriffe.

Bob Hines hat für Zeichnungen in reicher Zahl gesorgt, so daß der Leser sich mit den Geschöpfen, die in diesen Seiten lebendig werden sollen, noch näher vertraut machen kann; vielleicht helfen ihm die Bilder auch, einige dieser Lebewesen wiederzuerkennen, wenn er Gelegenheit findet, selbst Streifzüge an einem Gestade zu unternehmen. Denen zu Gefallen, die gerne ihre Funde säuberlich in wohlgeordnete Systeme einschachteln, wie sie der menschliche Geist ersonnen hat, bringt ein Anhang die herkömmlichen Gruppen oder Stämme der Tiere und Pflanzen und beschreibt typische Beispiele.

Erstes Kapitel

Die Welt am Rande des Meeres

Der Küstensaum der See ist von besonderer Eigenart und Schönheit. Während der ganzen, langen Erdgeschichte kam dieses Gebiet nie zur Ruhe; schwere Sturzseen rollten gegen seine Ufer, die Flut drang über das Festland vor, wich zurück und kehrte erneut wieder. Die Küstenlinie verläuft nicht einmal an zwei aufeinanderfolgenden Tagen genau gleich: Nicht nur der Gezeitenstrom schwillt an und verebbt in ewigem Rhythmus, auch der Meeresspiegel selbst ruht niemals. Er steigt und fällt, wenn die Gletscher schmelzen oder der Boden der tiefen Ozeanbecken unter der zunehmenden Last der Sedimente nachgibt, oder wenn die Erdkruste sich entlang der Kontinentränder aufwölbt oder absinkt, weil sie sich an veränderten Druck oder wechselnde Spannungen anpassen muss. Heute mag ein größerer Küstenstreifen dem Meer verfallen, morgen ein kleinerer; immer bleibt der Rand des Meeres ein Grenzgebiet, das sich nicht klar umreißen und bestimmen lässt.

Infolge des stetigen Schwankens der Gezeiten gehört die Küste abwechselnd zwei Bereichen an, bald dem Festland, bald der See. Bei Ebbe herrschen in diesem Gebiet die rauen Gegensätze der Landwelt: Es ist Hitze und Kälte, Wind und Regen und der dörrenden Sonne ausgesetzt. Bei Flut wird es zur Wasserwelt und kehrt für kurze Zeit wieder zurück zu den verhältnismäßig gleichförmigen Daseinsbedingungen des offenen Meeres.

Nur die kräftigsten und anpassungsfähigsten Geschöpfe können in einer so veränderlichen Region am Leben bleiben, und dennoch ist der Raum, den die Flut überspült und die Ebbe freigibt, dicht bevölkert. In dieser Küstenwelt beweist das Leben seine ungeheure Zähigkeit. Weithin sichtbar breitet es im Einflussbereich der Gezeiten einen Teppich über die Felsen; oder halb verborgen kriecht es in Risse und Spalten hinunter, versteckt sich unter Steinblöcken und schleicht durch das feuchte Dunkel der Meereshöhlen. Wo der flüchtige Beobachter behaupten würde, es gebe nichts Lebendiges mehr, liegt es tief im Sand, unsichtbar in Löchern, Röhren und Gängen. Geschöpfe bohren Tunnel in harten Fels oder vergraben sich in Torf und Lehm. Sie bilden Krusten auf Pflanzen, Treibholz oder dem Chitinpanzer eines Hummers. In winzig kleinen Formen fristen sie ihr Dasein als Bakterienhaut, mit der sie eine Klippe oder einen Pfahl am Landungssteg überziehen; sie glitzern als kugelige Urtierchen, klein wie Stecknadelköpfe, auf dem Meeresspiegel; und sie schwimmen als Liliputwesen durch dunkle Pfützen zwischen den Sandkörnern.

Jedes Mal, wenn ich diese Welt betrete, werde ich mir aufs Neue bewusst, wie schön und zutiefst sinnvoll sie ist. Ich spüre, wie ein Geschöpf mit dem anderen und jedes mit seiner Umwelt durch unzählige, eng verwobene Fäden verbunden ist. An einen Platz erinnere ich mich besonders, an dem sich mir die Natur in ihrer ganzen Pracht

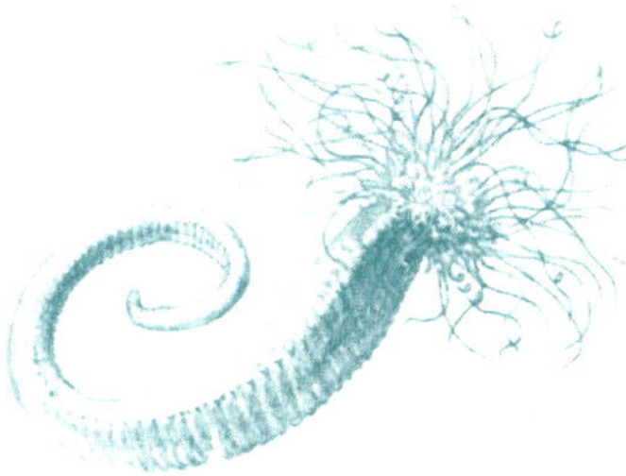

Die Töpferin, ein Wurm, der in schlammgefüllten Gruben zwischen den Steinen haust

offenbart hat. In einer Grotte versteckt liegt ein Tümpel, den man nur hin und wieder auf kurze Zeit bewundern kann, weil die See bei Ebbe nur selten einen so tiefen Stand erreicht, dass die Höhle zugänglich wird; vielleicht verleiht gerade das dem Ort etwas von seinem besonderen Reiz. Ich kannte den Zeitpunkt des Niedrigwassers und hoffte, einen flüchtigen Blick auf den Tümpel werfen zu können. Ich wusste, der Meeresspiegel würde am frühen Morgen so weit fallen, dass der Eingang zum Tümpel frei lag – wenn der Wind aus Nordwest anhielt, und nicht ein ferner Sturm hohe Wogen herantrug, die den Zutritt verwehrten. In der Nacht waren jähe, unheilverkündende Schauer niedergegangen, und der Regen klang, als würden Hände voll Kies aufs Dach geschleudert. Als ich in der Früh hinausblickte, überzog graues Dämmerlicht den Himmel, aber die Sonne war noch nicht aufgegangen. Wasser und Luft schimmerten aschfarben. Jenseits der Bucht stand der Mond als leuchtende Scheibe am westlichen Himmel, er hing über den schattenhaften Umrissen einer fernen Küste – ein Vollmond im August, der die Wasser so mächtig anzog, dass sie immer tiefer, bis an die Schwelle einer fremdartigen Meereswelt sanken. Während ich das Bild betrachtete, flog über den Fichten eine Möwe vorbei. Die Sonne war noch nicht über den Horizont heraufgekommen, aber schon leuchtete die Brust des Vogels rosig auf. Und als ich am Eingang der Grotte stand, erfüllte sich die Verheißung des rosigen Scheins: Es würde einen schönen Tag geben.

Ich war am Fuß der steilen Felswand angelangt, von wo ein algenbedeckter Sims meerwärts in tiefes Wasser ragte. In der Brandung am Saum dieses Riffs schwankten glatt und glänzend wie Leder die dunklen Wedel des Seetangs. Die vorspringende Felsleiste bildete den Pfad zu der kleinen versteckten Grotte und ihrem Tümpel. Gelegentlich rollte eine große Woge über den Rand, die kraftvoller als die übrigen war, und brach sich schäumend an der Klippe. Aber die Abstände zwischen solchen Wogen waren so lang, dass ich die Felsleiste erreichen und einen Blick auf den Feentümpel werfen konnte, der so selten und kurzdauernd zugänglich war.

Ich kniete mich auf den feuchten Teppich des Knorpeltangs und blickte in die düstere Höhle, in der eine flache Vertiefung den Tümpel enthielt. Der Boden der Grotte lag nur wenige Zentimeter unter ihrem Dach, und alles, was an der Decke wuchs, spiegelte sich in dem stillen Wasser unter ihr.

Der Tümpel war klar wie Glas und der Boden von grünen Schwämmen bedeckt. Graue Flecke von Seescheiden glitzerten an der Decke, und Kolonien der Meerhand, einer Koralle, leuchteten in blasser Aprikosenfarbe. In dem Augenblick, in dem ich in die Grotte schaute, baumelte ein kleiner, elfenzarter Seestern herunter, er schien nur an einem Faden zu hängen – vielleicht nur an einem einzigen Saugfüßchen. Er streckte sich nach abwärts und berührte sein eigenes Spiegelbild, das sich so vollkommen abzeichnete, als wären es nicht einer, sondern zwei Seesterne. Die Bilder, die das Wasser zurückwarf, und der durchsichtige Tümpel selbst waren prächtig anzusehen, es war die ergreifende Schönheit vergänglicher Dinge, die nur so lange währte, bis die See zurückkam und die kleine Höhle erfüllte.

Sooft ich im Frühling bei Ebbe in dieses Zauberreich der Küste hinauswandere, halte ich Ausschau nach den Uferbewohnern von wunderbarster Zartheit, nach ›Blumen‹, die keine Pflanzen, sondern Tiere sind und die an der Grenze des tieferen Meeres ›erblühen‹. In dieser Märchengrotte wurde ich dabei nicht enttäuscht. Von ihrem Dach hingen an Stielen die blassrosa gefransten ›Blüten‹ des Köpfchen-Polypen Tubularia, zart wie Buschwindröschen. Diese Geschöpfe waren so wundervoll geformt, dass sie unwirklich schienen, und ihre Schönheit zu zerbrechlich, um in einer Welt zerstörender Gewalt bestehen zu können. Doch war jede Einzelheit an ihnen sinnvoll und diente einer nützlichen Aufgabe; jeder Stängel, Kelch und Fangarm – der einem Blütenblatt glich – war so gebaut, dass er den harten Anforderungen des Daseinskampfes gewachsen war. Ich wusste, dass die Hydroid-Polypen jetzt, solange Ebbe herrschte, nur auf die Rückkehr der See warteten. Sobald das Wasser hereinstürzte, die Brandung um die zarten ›Blütenköpfchen‹ rauschte und sie den Druck der einströmenden Flut verspürten, erwachten sie zu regem Leben. Sie wiegten sich auf schlanken Stielen, und die langen Fangarme strichen schwungvoll durch das zurückfließende Wasser, in dem sie alles fanden, was sie zum Leben brauchten.

Die Wirklichkeit, die ich an diesem verzauberten Ort an der Schwelle des Meeres erlebte und die mein ganzes

Denken beherrschte, war der Umwelt des Festlandes, die ich vor einer Stunde verlassen hatte, unendlich fern. Das gleiche Gefühl, in einer entlegenen, abgeschiedenen Welt zu weilen, überkam mich auf ganz andere Weise zu einer Stunde, als es schon dämmerte, an einem großen Strand an der Küste Georgias. Bei Sonnenuntergang war ich über Sandflächen, die feuchtschimmernd vor mir lagen, weit hinausgezogen, bis an den Rand der zurückweichenden See. Ich blickte über die unermessliche Ebene hinter mir, durch die sich kreuz und quer wassergefüllte Rinnen wanden. Die einzigen Laute stammten vom Wind, vom Meer und von den Vögeln. Ich hörte das Wehen des Windes, der über die See strich, und das Rauschen des Wassers, das draußen von den Kämmen der Wogen herabstürzte, wenn sie sich überschlugen. Auf den weiten Flächen tummelten sich Vögel, und unablässig ertönte die Stimme einer Schnepfenart. Eines der Tiere stand am Rande des Wassers und ließ seinen lauten, aufdringlichen Ruf pilly-will-willet erschallen, der ihm in seiner Heimat den Namen ›willet‹ eingetragen hat; von weit oben am Strand kam eine Antwort, und die beiden Vögel flogen aufeinander zu.

Als die Dämmerung nahte, und die verstreuten Tümpel und Rinnsale das letzte Licht des Tages widerspiegelten, breitete sich eine geheimnisvolle Stimmung über die Sandebenen aus. Die Vögel wurden nur mehr zu düsteren Schemen, die alle Farbe verloren hatten. Wie kleine Gespenster trippelten Sanderlinge eilig über den Strand. Oft konnte ich ihnen ganz nahe kommen, ehe sie unruhig wurden und flüchteten. Schwarze Scherenschnäbel zogen am Saum des Ozeans entlang wie Schattenrisse auf matten, metallisch glänzendem Grund, oder sie huschten kaum sichtbar wie große dunkle Motten über den Sand.

Bei Nacht ist die Küste verwandelt; denn die Dunkelheit verbirgt, was uns im hellen Licht des Tages ablenkt, und lässt uns das Wesentliche schärfer erkennen. Als ich jetzt meine Taschenlampe aufblitzen ließ, überraschte ich mit ihrem suchenden Strahl eine kleine Gespenstkrabbe. Sie lag in einer Grube, die sie sich dicht oberhalb der Brandung ausgehöhlt hatte, als beobachte sie die See und warte. Ringsum lag die Finsternis einer versunkenen Welt, in der es noch keine Menschen gab. Nichts Lebendes war zu erblicken – nur diese kleine Krabbe am Rande des Meeres.

Hunderte von Gespenstkrabben hatte ich schon in anderer Umgebung beobachtet, aber plötzlich überkam mich das Empfinden, dass ich dieses Tier zum ersten Mal in seiner eigenen Welt sah und wie nie zuvor das Geheimnis seines Daseins begriff. In diesem Augenblick stand die Zeit still; die Welt, aus der ich stammte, gab es nicht mehr, und ich hätte ein Zuschauer aus dem Sternenraum sein können. Die kleine einsame Krabbe am Meer wurde zum Sinnbild des Lebens selbst, sie verkörperte die feine und empfindliche, der Vernichtung preisgegebene und doch unglaublich zähe Lebenskraft, die gegen alle widrigen Daseinsbedingungen der unbelebten Natur ihren Platz behauptet.

Das Gefühl, dass die Schöpfung nie ruht, verbindet sich für mich mit Erinnerungen an ein südliches Gestade. Dort, vor der Südwestküste Floridas, schaffen Meer und Mangrovepflanzen gemeinsam eine Wildnis aus Tausenden kleiner Inseln, die voneinander durch ein verschlungenes Netz aus Buchten, Lagunen und schmalen Wasserstraßen getrennt sind. Ein Wintertag kommt mir in den Sinn, an dem der blaue Himmel von Sonnenlicht überflutet war. Obwohl Windstille herrschte, empfand ich deutlich, dass mich kalte, kristallklare Luft umfloss. Ich war an der äußersten Spitze einer der Inseln gelandet, die noch von der Brandung umspült wurde, und hatte mir dann einen Weg zu der geschützten Bucht auf der anderen Inselseite gebahnt. Dort herrschte Ebbe, das Meer hatte sich zurückgezogen und gab die breite Schlammfläche einer kleinen Lagune frei; sie war von Mangrovepflanzen umsäumt und ich sah die verschlungenen Äste, die glatten, glänzenden Blätter und die langen Stelzwurzeln, die sich in den Schlamm senkten, sich in ihm verankerten und festhielten. So bauten sie das Land immer noch ein Stück weiter hinaus.

Die Schlammflächen waren übersät mit den Schalen kleiner, köstlich gefärbter Weichtiere, mit Sonnenmuscheln, die aussahen wie verstreute Blütenblätter hellroter Rosen. Eine Kolonie, die dicht unter der Schlammoberfläche vergraben war, musste in der Nähe sein. Zuerst war das einzige sichtbare Lebewesen ein kleiner Reiher mit grauem und rostbraunem Gefieder – ein rötlicher Federbusch, der mit den verstohlenen, zaudernden Bewegungen, die diesen Vögeln eigen sind, über die Ebene watete. Doch waren auch andere Landtiere hier gewesen, denn eine frische Fährte wand sich zwischen den Mangrovewurzeln ein und aus und verriet, dass hier ein Waschbär getrabt war und von den Austern gefressen hatte, die mit Fortsätzen ihrer Schalen an den Stelzwurzeln hafteten. Bald entdeckte ich auch die Spuren eines Küstenvogels – wahrscheinlich eines Sanderlings – und folgte ihnen eine kleine Strecke; dann wandten sie sich dem Wasser zu und verloren sich, das Meer hatte sie ausgetilgt, als wären sie nie gewesen.

Der Ablauf der Zeit drückte sich unaufdringlich, aber anschaulich in der Anwesenheit Hunderter kleiner

Schnecken aus, der Mangrove-Uferschnecken, die auf den Ästen und Wurzeln der Mangrovebäume weideten. Ihre Vorfahren waren einst Meeresbewohner gewesen, deren Leben in allen seinen Vorgängen aufs Innigste mit dem Salzwasser verknüpft war. Es währte Tausende, ja Millionen von Jahren, bis diese engen Bande Stück um Stück zerrissen, und die Schnecken sich an das Dasein außerhalb des Wassers angepasst hatten. Heute hielten sie sich weit oberhalb der Flut auf, in die sie nur gelegentlich zurückkehrten. Und wer könnte sagen, nach wie vielen Jahrhunderten bei ihren Nachkommen nicht einmal dieser Hinweis mehr verraten wird, dass sie aus dem Meer stammen.

Andere winzige Schnecken krochen auf Futtersuche umher, und ihre spiraligen Gehäuse hinterließen gewundene Abdrücke im Schlamm. Es waren schwarzschalige Nadelschnecken, und als ich sie entdeckte, bekam ich einen Augenblick Sehnsucht zu sehen, was Audubon[1] vor mehr als einem Jahrhundert hier erblickt hatte. Denn derartige Nadelschnecken bildeten die Nahrung der Flamingos, die einst an dieser Küste so zahlreich gewesen waren und diese Buchten mit ihrer Farbenpracht erfüllt hatten. Am Dasein der Erde gemessen, schien es, als wären sie erst gestern hier gewesen; in der Natur gelten andere Maßstäbe für Zeit und Raum, und dieser Wahrheit werden wir uns vielleicht am deutlichsten bewusst, wenn sich uns wie hier die inneren Zusammenhänge in einer besonderen Stunde offenbaren.

---

1 John James Audubon, ein berühmter amerikanischer Ornithologe (1785–1851), der sich um die Erforschung und den Schutz seltener Vogelarten besonders verdient gemacht hat.

Ein Gemeinsames verbindet diese Bilder und Erinnerungen: das Schauspiel des Lebens in all seinen verschiedenen Äußerungen – wie es sich entfaltete, weiterentwickelte und manchmal ausstarb. Sein tiefer Sinn entzieht sich unserem grübelnden Verstand, und es drängt uns, immer wieder in das Reich der Natur hinauszuwandern, um dort den Schlüssel zu den Rätseln des Lebens zu suchen. So kehren wir auch an den Saum des Meeres zurück, wo der erste Akt des Lebensdramas abrollte und vielleicht sogar das Vorspiel dazu; wo die Mächte der Entwicklung noch heute am Werk sind wie seit dem Erscheinen jener Kraft, die wir Leben nennen; und wo sich vor unseren Augen enthüllt, wie sich Lebewesen mit den kosmischen Urgewalten ihrer Umwelt auseinandersetzen.

Zweites Kapitel

Formen des Lebens an der Küste

Die Frühgeschichte des Lebens, soweit wir sie am Felsengestein ablesen können, ist dunkel und lückenhaft, und wir können nicht feststellen, seit wann lebende Wesen die Küste besiedelt haben; ebenso wenig vermögen wir anzugeben, wann das Leben entstanden ist. Das Gestein, das sich als Ablagerung aus dem Wasser während der ersten Hälfte der Erdgeschichte, in der Urzeit, dem Archaikum, gebildet hat, hat sich im Laufe der Zeiten unter chemischen und physikalischen Einflüssen verändert; immer neue Schichten, die sich übereinanderlegten und eine Dicke von Tausenden von Metern erreichten, haben einen Druck auf diese Sedimente ausgeübt, die außerdem der starken Hitze tiefer Erdregionen ausgesetzt waren. Nur an wenigen Stellen – wie im östlichen Kanada – liegen sie frei, und man kann sie untersuchen; aber wenn diese Seiten im Buche der Gesteinsgeschichte je einen klaren Bericht über Lebewesen enthalten haben, ist er schon seit langem ausgelöscht.

Die folgenden ›Seiten‹ – die Felsgesteine der nächsten etlichen hundert Millionen Jahre, unter dem Namen

Eozoikum oder Präkambrium[2] bekannt – sind beinahe ebenso enttäuschend. In ihnen gibt es ausgedehnte Eisenlager, die möglicherweise mit Hilfe gewisser Algen und Bakterien entstanden sind. Anderwärts finden sich Lagerstätten von merkwürdigen kugeligen Massen aus Kalziumkarbonat; sie scheinen von Algen gebildet zu sein, die Kalk abgesondert haben. Angebliche Versteinerungen und schwache Abdrücke in diesen uralten Gesteinen sind mit einigem Vorbehalt als Schwämme, Quallen oder Tiere mit harten Schalen und gegliederten Beinen – sogenannte Gliederfüßer – bestimmt worden, aber Wissenschaftler, die neuen Funden gegenüber misstrauischer und vorsichtiger sind, erklären, dass diese Spuren anorganischen Ursprungs seien.

Verfolgt man diese ersten, schwachen Zeugnisse, die im Fels aufgezeichnet sind, so hat es den Anschein, als sei ein ganzer Abschnitt im Buche der Erdgeschichte vernichtet. Sedimentgesteine, in denen sich die ungezählten Millionen Jahre der präkambrischen Zeit widerspiegeln müssten, sind verschwunden, durch Verwitterung verlorengegangen oder möglicherweise durch gewaltsame Veränderungen in der Erdoberfläche in eine Region verlagert worden, die jetzt am Grunde des Ozeans liegt. Weil diese Gesteine nicht mehr zugänglich sind, klafft eine anscheinend unüberbrückbare Lücke in der Chronik des Lebens.

Die Seltenheit fossiler Funde in den Gesteinen der frühesten Zeiten und der Ausfall ganzer Schichtfolgen von Sedimentgesteinen mögen mit der ursprünglichen Beschaffenheit des Meeres und der Lufthülle zusammenhängen. Einige Geologen glauben, dass im Ozean

2 Präkambrium nennt man die Zeit vor dem Kambrium, dem ersten Abschnitt des Erd-Altertums.

zur präkambrischen Zeit Mangel an Kalzium herrschte oder zumindest die Bedingungen fehlten, unter denen Kalkschalen und Skelette leicht gebildet werden konnten. Stimmt diese Annahme, so müsste der Körper der meisten Meeresbewohner in der Hauptsache aus Weichteilen bestanden haben und hat daher nicht so leicht versteinert werden können. Auch hätten gemäß dieser geologischen Theorie eine große Menge Kohlendioxyd in der Luft und der verhältnismäßig starke Mangel des gleichen Stoffes im Meer die Verwitterung des Gesteins beschleunigt. So müssen die aus Sedimenten bestehenden Felsen der vorkambrischen Zeit wiederholt abgetragen, weggespült und von neuem als Sedimente abgelagert worden sein; als Folge davon sind die Fossilien vernichtet worden.

Sobald wir aber an den Gesteinen des Kambriums, die etwa eine halbe Milliarde Jahre alt sind, erforschen können, was sie uns zu überliefern haben, erscheinen plötzlich alle größeren Gruppen der wirbellosen Tiere – einschließlich der wichtigsten Bewohner der Küste – voll ausgebildet und in reicher Fülle. Es gibt Schwämme und Quallen, alle Arten Würmer, ein paar schneckenähnliche Weichtiere und Gliederfüßer. Auch Algen sind im Überfluss vorhanden, höhere Pflanzen dagegen fehlen. Aber die grundlegenden Merkmale jedes Tier- und Pflanzenstamms, die jetzt die Küste bevölkern, sind bereits in den kambrischen Meeren zumindest in der Anlage zu finden. Auf verlässliche Beweise gestützt, können wir annehmen, dass der Küstenstreifen, in dem sich die Gezeiten vor fünfhundert Millionen Jahren bewegt haben, dem gleichen Gebiet im gegenwärtigen Abschnitt der Erdgeschichte wenigstens in groben Zügen ähnlich gewesen ist. Ebenso dürfen wir aus den Funden schließen, dass in der vorangegangenen halben Milliarde Jahre jene Stämme wirbelloser Tiere, die im Kambrium schon so gut entwickelt auftreten, aus einfacheren Formen hervorgegangen sind; wie diese Vorfahren allerdings ausgesehen haben, werden wir wahrscheinlich nie erfahren. Möglicherweise ähneln die Larvenstadien der jetzt lebenden Arten jenen Urformen, von denen sie abstammen.

Während der Hunderte von Millionen Jahren seit der Dämmerung des Kambriums hat sich das Leben im Meer unentwegt weiterentwickelt. Innerhalb der ursprünglichen Hauptgruppen sind neue Arten entstanden und viele Ausgangsformen verschwunden; denn im Laufe der Entwicklung tauchten andere auf, die besser geeignet waren, den Anforderungen ihrer Umwelt gerecht zu werden. Eine geringe Zahl der primitiven Lebewesen der kambrischen Zeit besitzt heute noch Vertreter, die sich gegenüber ihren Urahnen wenig verändert haben; aber dies sind Ausnahmen. Die Küste mit ihren schwierigen und wechselnden Daseinsbedingungen ist seit je ein Raum gewesen, in dem die Geschöpfe eine Bewährungsprobe zu bestehen hatten; wer hier am Leben bleiben wollte, musste sich bis in alle Einzelheiten seiner Umwelt anpassen können.

Das Muster des ›Lebensmosaiks‹, das wir heute vor uns sehen, wird vor allem davon geprägt, ob der Gezeitensaum und der Boden der seichten Gewässer aus Felsklippen, aus weiten Sandebenen oder aus Korallenriffen mit ihren flachen Becken besteht.

An einer Felsküste können Lebewesen selbst in der stärksten Brandung gedeihen, ohne in die Tiefe zu flüchten; besondere Fähigkeiten ermöglichen es ihnen, sich an der harten Oberfläche der Felsen festzuhalten, und ihr Körper ist so gebaut, dass er die anstürmenden Wogen zerteilt und ihre Gewalt bricht. Der Beweis, dass sich überall um uns Leben regt, liegt dort sichtbar vor unseren Augen: Algen, Seepocken, Schnecken und Muscheln bedecken die Felsen wie ein farbenprächtiges Gewand, während zartere Formen Zuflucht in Ritzen und Spalten finden oder unter Steinblöcke kriechen. Sand dagegen bildet eine Unterlage, die nachgibt, sich verschiebt und ihrer Natur nach unbeständig ist, weil die Körnchen unablässig von den Wellen aufgewühlt werden, so dass sich nur wenige Lebewesen an der Oberfläche oder selbst in den höheren Schichten ansiedeln oder an einem Platz behaupten können. Sie ziehen sich alle in die Tiefe zurück, und das verborgene Leben des Sandes wird in Höhlen, Röhren und unterirdischen Kammern geführt. Eine Küste, an der Korallenriffe vorherrschen, muss in einer wärmeren Gegend liegen, denn Riffe können nur entstehen, wenn warme Meeresströmungen für ein Klima sorgen, in dem die Korallentierchen zu gedeihen vermögen. Die Riffe, die von lebenden oder bereits abgestorbenen Tieren aufgebaut worden sind, bieten eine harte Oberfläche, an der sich Lebewesen festklammern können. Eine solche Küste besitzt eine gewisse Ähnlichkeit mit einem Ufer, das von Felsklippen umsäumt ist, doch unterscheidet sie sich auch von ihm, weil hier eine weiche, erstickende Decke aus Schichten von Kalksedimenten hinzukommt. Die tropische Tierwelt der Korallenküste in ihrer reichen Mannigfaltigkeit hat sich daher so weitgehend der besonderen Umgebung angepasst, dass sie gegenüber den Geschöpfen, die wir in mineralischem Gestein oder Sand antreffen, ein Reich für sich darstellt.

Die Erscheinungsformen des Küstenlebens sind also in ihren wesentlichen Zügen durch die geologische Beschaffenheit des Bodens bedingt, doch wird dieser Grundplan von verschiedenen Einflüssen weiter abgewandelt. Die Bewohner der Brandung unterscheiden sich von den Geschöpfen, die im stillen Wasser leben, selbst wenn sie der gleichen Art angehören. In einer Region, in der sich die Gezeiten stark auswirken, bilden sich – von der Hochwassergrenze bis hinunter zu dem Saum, auf den sich die Flut beim niedrigsten Stand der Ebbe zurückzieht – aufeinanderfolgende Streifen oder Zonen. Wo die Gezeiten schwach ausgeprägt sind, oder wo am Strand das Leben gezwungen wird, in die Tiefe zu flüchten, lassen sich diese Zonen nur sehr undeutlich erkennen. Eine besondere Welt wird auch durch die Meeresströmungen geschaffen, die für die Verbreitung der Larvenstadien sorgen und auf die Temperatur einwirken.

Diese rein physikalischen Einflüsse sind an der amerikanischen Küste besonders günstig zu beobachten; sehen wir uns das Leben an ihr an, wird uns der Einfluss von Gezeiten, Brandung und Strömungen, der die Daseinsbedingungen verändert, so klar vor Augen geführt, als folgten wir einem wohldurchdachten wissenschaftlichen Experiment.

Im Norden – im Gebiet der Bai von Fundy – liegen die Felsen mit ihrer Flora und Fauna zufällig im Bereich einer der stärksten Gezeiten der Welt. Hier besitzen die einzelnen Zonen die schlichte Anschaulichkeit einer graphischen Darstellung. An den sandigen Küsten werden diese Gezeiten schwächer und wir können dort die Wirkung der Brandung feststellen. Die südlichste Spitze Floridas dagegen wird weder von starken Gezeiten noch von schwerer Brandung heimgesucht. Hier finden wir eine typische, von Korallentierchen und Mangrovepflanzen gebildete Korallenküste, deren Bewohner durch Meeresströmungen von den Westindischen Inseln hierher verschlagen worden sind und in diesen stillen warmen

Gewässern die gleiche eigenartige Tierwelt der Tropen bilden wie in ihrer ursprünglichen Heimat.

Neben diesen Daseinsformen gibt es freilich solche, die dem Meerwasser selbst ihre Entstehung verdanken: Es bietet Futter und enthält chemische Wirkstoffe; sie beeinflussen im guten wie im schlechten Sinn das Leben aller Geschöpfe, die mit ihnen in Berührung kommen. An keiner Stelle der Küste beruht die Beziehung eines Geschöpfes zu seiner Umgebung auf einer einzigen Ursache und Wirkung, und jedes Lebewesen ist mit seiner Welt durch viele Fäden verbunden.

Die Bewohner des offenen Meeres brauchen die Frage nicht zu lösen, wie sie die Gewalt der Wogen unschädlich machen sollen, denn sie können in tieferes Wasser absinken, wenn sie der stürmischen See entgehen wollen. Ein Tier oder eine Pflanze der Küste besitzt keine solche Fluchtmöglichkeit. Wo die Brandung gegen den Ufersaum anrollt, tobt sie ihre ganze Kraft aus und schlägt mit schier ungaublicher Gewalt zu. Durch Winde, die über den weiten Ozean heranbrausen, entsteht an den Küsten Großbritanniens und anderer Inseln des östlichen Atlantiks eine der heftigsten Brandungen der Welt. Manchmal rast sie hier mit einer Wucht von zwei Tonnen auf den zehnten Teil eines Quadratmeters gegen das Festland. An der geschützten Atlantikküste Amerikas herrscht keine so starke Brandung, doch selbst hier besitzen die Wogen bei Winterstürmen oder Sommerhurrikanen riesige Größe und Macht.

Noch in beträchtlicher Entfernung von der Küste ist die Wirkung der Wellen am Meeresgrund zu verspüren. Aber uns kommt es hier vor allem auf die Frage an, wie sich Wellen auswirken, die sich am Ufer oder ganz in seiner Nähe brechen. Nur sehr wenige Küsten sind so unwirtlich, dass sie die Versuche lebender Wesen, an ihnen Fuß zu fassen, vereitelt haben. Wenn sich ein Strand aus lockerem, grobem Sand zusammensetzt, den die Brandung mit sich reißt und der bei Ebbe schnell austrocknet, kann dort jegliches Leben fehlen. Andere Ufer aus festem Sand mögen zwar verödet aussehen, aber tatsächlich gedeiht in ihren tieferen Schichten eine reichhaltige Tierwelt. Ein Strand aus vielen großen Kieselsteinen, die sich in der Brandung aneinander scheuern, kann den meisten Geschöpfen keine Heimat bieten. Doch eine Küste, die aus Felsenklippen und Riffen besteht, beherbergt eine Fülle der verschiedensten Tiere und Pflanzen.

Seepocken sind vielleicht das beste Beispiel für Bewohner der Brandungszone, die sich erfolgreich behaupten. Schüsselschnecken fühlen sich dort fast ebenso wohl, desgleichen die kleinen Felsen-Uferschnecken. Zu den derben Braunalgen, auch Seetang genannt, gehören Arten, die in nicht zu schwerer Brandung gedeihen, während andere einen einigermaßen ruhigen Standort brauchen. Hat man sich ein wenig Erfahrung erworben, kann man lernen, die mehr oder weniger geschützte Lage einer Küste allein nach ihrer Fauna und Flora zu beurteilen. Der Knotentang zum Beispiel ist eine lange, schlanke Pflanze, die wie eine wirre Masse Tauwerk am Boden liegt, sobald Ebbe herrscht; wenn ein weites Gebiet davon bedeckt ist und diese Art überwiegt, so wissen wir, dass die Küste selten von schwerer Brandung heimgesucht wird. Ist dagegen wenig oder gar kein Knotentang vorhanden, sondern wird stattdessen eine Zone von einem Seetang mit viel gedrungenerem Wuchs besiedelt, der sich wiederholt verzweigt und dessen Wedel aus abgeflachten Bändern mit spitzen Enden bestehen, empfinden wir eindringlicher die Gegenwart des offenen Meeres. Denn der Gegabelte Seetang, eine Fucusart, und andere Angehörige einer Gruppe Algen mit kräftigen, federnden Geweben zeigen mit Sicherheit an, dass die Küste nicht geschützt ist; diese Pflanzen können nämlich bei einem Seegang gedeihen, dem der Knotentang nicht standzuhalten vermag. Und wenn an wieder einem anderen Gestade überhaupt wenig Pflanzen zu finden sind, aber dafür eine Felsenzone weiß schimmert vom lebenden Schnee der Seepocken, wenn Tausende und Abertausende von ihnen im erstickenden Strudel der Brandung ihre scharf zugespitzten Kegel erheben, können wir überzeugt sein, dass dieses Ufer völlig schutzlos den Mächten der See ausgeliefert ist.

Die Seepocke besitzt zwei vorteilhafte Einrichtungen, die es ihr ermöglichen, erfolgreich durchzuhalten, wo kaum mehr anderes Leben bestehen kann. Ihre niedere, kegelförmige Gestalt bietet der Wut der Wogen keinen Angriffspunkt. Außerdem ist die Grundfläche des Kegels mit natürlichem Zement von außerordentlicher Festigkeit an den Felsen geklebt. Der Seepocke vermögen daher die zwei Hauptgefahren der Brandung wenig anzuhaben, sie kann weder weggeschwemmt noch zerschmettert werden. Dennoch berührt es uns fast wie ein Wunder, dass dieses Tier an einem derartigen Platz leben kann, besonders wenn wir uns daran erinnern, dass sich nicht das erwachsene Tier hier festgesetzt hat, sondern die Larve. In stürmisch bewegter See musste sich die zarte Larve auf dem Felsen eine Stelle auswählen, an der sie sich ansiedeln konnte; während der entscheidenden Stunden, in denen sich die Zellgewebe neu ordneten und in die erwachsene Form verwandelten, während der Zement ausgeschieden wurde und erhärtete und die

Schalenplatten um den weichen Körper emporwuchsen, musste die Larve es zuwege bringen, nicht fortgespült zu werden. Alle diese Kunststücke in schwerer Brandung auszuführen, erscheint mir eine weit schwerere Aufgabe als das Keimen der Spore eines Seetangs unter ähnlichen Bedingungen. Die Seepocken können selbst Felsen besiedeln, auf denen die Algen nicht mehr imstande sind, Fuß zu fassen.

Andere Lebewesen haben ebenfalls die Stromlinienform angenommen und sogar noch verbessert, und einige davon kommen ohne ständige Bindung an den festen Fels aus. Zu diesen Arten gehört die Schüsselschnecke Acmaea, eine einfache und urtümliche Form. Sie trägt über ihren Weichteilen eine Schale, die wie der Hut eines chinesischen Kulis aussieht. Von diesem sanft abfallenden Kegel gleitet die Brandung ab, ohne dem Tier etwas zuleide zu tun; der Anprall der Sturzseen drückt sogar das lebende Gewebe unter der Schale nur wie einen Saugnapf noch fester gegen die Unterlage.

Andere Tiere wiederum bewahren eine glatte, runde Körpergestalt und werfen Ankerleinen aus, um ihren Platz auf dem Steinuntergrund zu behaupten. Eine derartige Vorrichtung wird von den Essbaren Miesmuscheln angewendet, deren Zahl selbst in einem beschränkten Bezirk eine fast astronomische Höhe erreichen kann. Die Schalen jedes Tieres sind mit einer Reihe zäher Fäden, die wie schimmernde Seide aussehen, an den Felsen gefesselt. Die Fäden stellen tatsächlich eine Art Naturseide dar, die von einer Drüse im Fuß gesponnen wird. Diese Ankerleinen breiten sich nach allen Richtungen aus; selbst wenn einige reißen, geben die anderen Halt, bis die beschädigten wieder ersetzt sind. Die meisten sind jedoch nach vorwärts gerichtet und bei den heftigen Stößen einer

Links: Hydroides, ein Borstenwurm, der Kalkröhren baut
Rechts: Einzelnes Tier, vergrößert

stürmischen Brandung trachtet die Muschel herumzuschwingen, den ankommenden Wellen entgegen, um sie mit dem schmalen ›Bug‹ aufzufangen und so ihre Wucht auf ein Mindestmaß zu verringern.

Sogar die Seeigel können sich in mäßig starker Brandung fest verankern. Ihre schlanken Füßchen, von denen jedes an der Spitze mit einer Saugscheibe ausgestattet ist, werden nach allen Seiten ausgestreckt. Ich habe mich über Grüne Steinseeigel an der Küste von Maine gewundert, die sich zur Zeit der Springfluten beim niedrigsten Stand der Ebbe an den freiliegenden Felsen klammern; ihre Körper heben sich leuchtend grün von der rosenfarbigen Kruste aus Korallenalgen ab, auf der sie liegen. An dieser Stelle fällt der Grund steil in die Tiefe, und sobald die Wellen sich bei Ebbe am Scheitel dieses Abhangs brechen, fließen sie mit kräftigem Schwall wieder ins Meer zurück. Doch obwohl jede Woge über die Seeigel hinwegrauscht, bleiben sie an ihrem gewohnten Standort und lassen sich nicht stören.

Knapp unterhalb des Gebiets, das im Bereich der Springfluten liegt, wogen die dämmrigen Wälder einer besonders großen Braunalge, des Langstieligen Riementangs; ihm helfen hauptsächlich chemische Stoffe, das Leben in der Brandung zu ertragen. Seine Gewebe enthalten große Mengen Alginsäure und deren Salze, die ihnen Zugfestigkeit und federnde Spannkraft verleihen; so können sie den Wellen widerstehen, die an ihnen zerren und sie zu zerreißen drohen.

Manche andere Tiere und Pflanzen können in die Brandungszone vordringen, indem sie ihr Dasein als dünne Zellschicht fristen, die am Boden hinkriecht. In dieser Gestalt vermögen viele Schwämme, Seescheiden, Moostierchen und Algen der Gewalt der Wogen standzuhalten. Sobald sich allerdings die gleiche Art aus dem Bereich der Brandung entfernt, die auf Bau und Lebensweise einwirkt, erhält sie oft ein völlig verändertes Aussehen. Der blassgrüne Brotkrumenschwamm, auch Klumpenschwamm genannt, liegt flach und fast papierdünn auf Felsen, die der See zugewandt sind; wächst er abseits in einem der tiefen Felsenweiher, vereinen sich seine Gewebe zu dickeren Massen, die mit Kegeln und Kratern übersät sind, dem besonderen Merkmal dieser Art. Oder Botryllus, ein Manteltier, bedeckt Flächen, die den Wellen ausgesetzt sind, mit einer einfachen Gallertschicht, während es in ruhigem Wasser schwankende Lappen ausbildet, in denen die sternförmigen Körper der Einzeltiere eingebettet sind.

Wie im Sand fast jedes Lebewesen gelernt hat, in der Brandung auszuharren und ihrer Einwirkung zu entgehen, indem es sich in die Tiefe vergräbt, so haben sich auch an den Felsen einige Tiere eingebohrt und auf diese Weise in Sicherheit gebracht. Wo an der Küste von Carolina uralter Mergel zutage tritt, ist er wie ein Sieb von Meerdatteln durchlöchert. Torfmassen enthalten die köstlich gerippten Schalen einer Bohrmuschelart, der Engelsflügel, die scheinbar zerbrechlich wie feines Porzellan sind, aber trotzdem fähig, sich in Lehm oder Felsen einzunisten; selbst in Hafendämme aus Beton dringen kleine Bohrmuscheln ein; andere Muscheln oder Asseln hausen in Holzbalken. Alle diese Geschöpfe haben ihre Freiheit aufgegeben, um vor den Wellen geborgen zu sein, und bleiben für immer in den Gelassen eingekerkert, die sie sich selbst ausgehöhlt haben.

Die riesigen Meeresströmungen, die wie Flüsse die Ozeane durchziehen, liegen zumeist abseits der Küste, und man könnte annehmen, dass sie auf die Vorgänge im Gezeitensaum nur geringen Einfluss ausüben. Doch reicht die Wirkung der Strömungen weit, denn sie befördern über große Strecken unermessliche Raummengen Wasser, das seine ursprüngliche Temperatur Tausende von Kilometern beibehält. Auf diese Weise wird tropische Wärme nordwärts geführt, und arktische Kälte gelangt nach Süden, dem Äquator zu. Wahrscheinlich bestimmen die Strömungen mehr als alles andere das Meeresklima.

Die große Bedeutung dieses Klimas beruht darauf, dass Leben – selbst wenn man den Begriff so weit fasst, dass man Organismen jeglicher Art darunter versteht – nur innerhalb eines verhältnismäßig engen Temperaturbereichs gedeihen kann, grob geschätzt zwischen 0 bis 98 Grad Celsius. Auf dem Planeten Erde finden Lebewesen besonders günstige Bedingungen, weil er eine ziemlich gleichförmige Temperatur besitzt. Vor allem im Meer schwankt sie nur mäßig und verändert sich ganz allmählich, und viele Tiere sind auf das gewohnte Wasserklima so fein abgestimmt, dass ein jäher oder weitgehender Temperaturwechsel für sie tödlich wird. Tiere, die an der Küste leben und bei Ebbe Lufttemperaturen ausgesetzt werden, sind notwendigerweise ein wenig abgehärteter, aber selbst sie bevorzugen ein bestimmtes Maß an Wärme und Kälte, über dessen Bereich sie selten hinauswandern.

Die meisten tropischen Tiere sind empfindlicher gegen Temperaturwechsel – besonders gegen Hitze – als Bewohner der nördlichen Meere, und das kommt wahrscheinlich von der gleichmäßigen Wärme des Wassers, in dem sie leben. Einige tropische Seeigel, Spaltnapfschnecken und Schlangenstern-Arten gehen zugrunde, sobald die seichten Gewässer sich auf etwa 37 Grad Celsius erwärmen. Die arktische Gelbe Haarqualle dagegen ist so widerstandsfähig, dass sie weiter pulsiert, wenn ihre halbe Glocke schon im Eis eingeschlossen ist, und sie kann wieder zum Leben erweckt werden, nachdem sie stundenlang steif gefroren war. Ebenfalls ein Beispiel für ein Tier, das Temperaturänderungen sehr gut vertragen kann, ist der weit verbreitete Schwertschwanz. Seine nördlichen Vertreter bleiben auch im Eis Neuenglands am Leben, während die südlichen Formen in den tropischen Gewässern Floridas und südwärts bis Yucatan gedeihen.

In den gemäßigten Zonen kann der Wechsel der Jahreszeiten den meisten Lebewesen der Küstenstriche nichts anhaben, doch einige trachten der ärgsten Kälte des Winters zu entfliehen. Man glaubt, dass Gespenstkrabben und Strandflöhe sehr tiefe Löcher in den Sand graben und dort einen Winterschlaf halten. Maulwurfskrabben, die während des übrigen Jahres oft in der Brandung ihr Futter suchen, ziehen sich im Winter auf den Meeresgrund in einiger Entfernung von der Küste zurück. Viele Polypen, die in ihrem Aussehen so stark an blühende Pflanzen erinnern, schrumpfen zusammen, bis nur mehr ihre Kernsubstanz übrigbleibt; alle lebenswichtigen Gewebe werden in den Hauptstrunk zurückgezogen.

Andere Küstentiere sterben wie die einjährigen Formen des Pflanzenreichs am Ende des Sommers ab. Sobald der letzte Herbststurm vorübergefegt ist, sind alle weißen Quallen tot, die man während des Sommers so häufig in den Küstengewässern antrifft, aber die nächste Generation ist schon in kleinen, pflanzenähnlichen Wesen vorhanden, die unterhalb des Gezeitensaums an den Felsen haften.

Für die große Mehrzahl der Küstenbewohner, die das ganze Jahr hindurch am gewohnten Platz weiterleben, ist die gefährlichste Begleiterscheinung des Winters nicht die Kälte, sondern das Eis. In Jahren, in denen das Wasser am Ufer stark gefriert, können die Felsen einfach durch die mechanische Tätigkeit der Eisschollen von Seepocken, Muscheln und Algen blankgescheuert werden. Ist das einmal geschehen, dann mag es einige Jahre dauern, bis die alte Gemeinschaft der Lebewesen wieder vollzählig ist.

Weil die meisten Meerestiere ein ganz bestimmtes Wasserklima bevorzugen, ist es möglich, die Küstengewässer des östlichen Nordamerika nach den Lebensformen in verschiedene Abschnitte einzuteilen. Die Temperaturunterschiede des Wassers sind hier zum Teil durch die Ausdehnung der Küste über mehrere Breitengrade bedingt, werden aber auch von dem Verlauf der ozeanischen Strömungen stark beeinflusst. Im Golfstrom werden Wassermassen aus den Tropen nach Norden geschwemmt und die kalte Labradorströmung wälzt sich am Rande des Golfstroms an dessen Landseite langsam von Norden nach Süden. Dabei begegnen sich zwischen den Grenzbezirken der Strömungen warmes und kaltes Wasser.

Von dem Punkt aus, wo sich der Golfstrom durch die Straße von Florida ergießt, folgt er bis hinauf zum Cape

Hatteras dem äußeren Saum des vom Meer bedeckten Festlandsockels, des sogenannten Schelfs, der sehr verschieden breit ist. Bei Jupiter Inlet an der Ostküste Floridas ist dieser Sockel zum Beispiel so schmal, dass man am Ufer stehen und über die smaragdgrünen seichten Gewässer bis zu der Stelle hinausblicken kann, wo das Wasser plötzlich die tiefblaue Farbe des Golfstroms annimmt. Ungefähr an dieser Stelle scheint eine Temperaturschranke zu bestehen; sie trennt die tropische Tierwelt des südlichen Florida und der Inselgruppe der Keys von den Formen der warmen, gemäßigten Zone zwischen Cape Canaveral und Cape Hatteras. Bei Hatteras wird der Schelf erneut schmal, der Golfstrom schwingt wieder näher an das Ufer heran, und die nordwärts ziehenden Wasser zwängen sich durch ein wirres Netz von Sandbänken, untergetauchten Dünen und Tälern. Hier besteht wiederum eine Grenze zwischen zwei Lebensgebieten, die sich aber dauernd verschiebt. Während des Winters verhindern die Temperaturen bei Hatteras wahrscheinlich, dass wandernde Arten aus dem warmen Wasser nach Nordwesten weiterziehen; im Sommer fehlen diese Temperaturschranken; die unsichtbare Pforte tut sich auf und die gleichen Arten können eine Verbreitung bis weit hinauf gegen Cape Cod erreichen.

Nördlich von Hatteras wird der Festlandsockel breiter, und der Golfstrom fließt in großem Abstand an der Küste vorbei; kälteres Wasser aus dem Norden dringt kräftig ein und mischt sich mit seinen Fluten, so dass die Abkühlung schneller fortschreitet. Der Temperaturunterschied zwischen Hatteras und Cape Cod ist so groß wie an der entgegengesetzten Seite des Atlantiks zwischen den Kanarischen Inseln und dem südlichen Norwegen,

Die Ostküste Nordamerikas

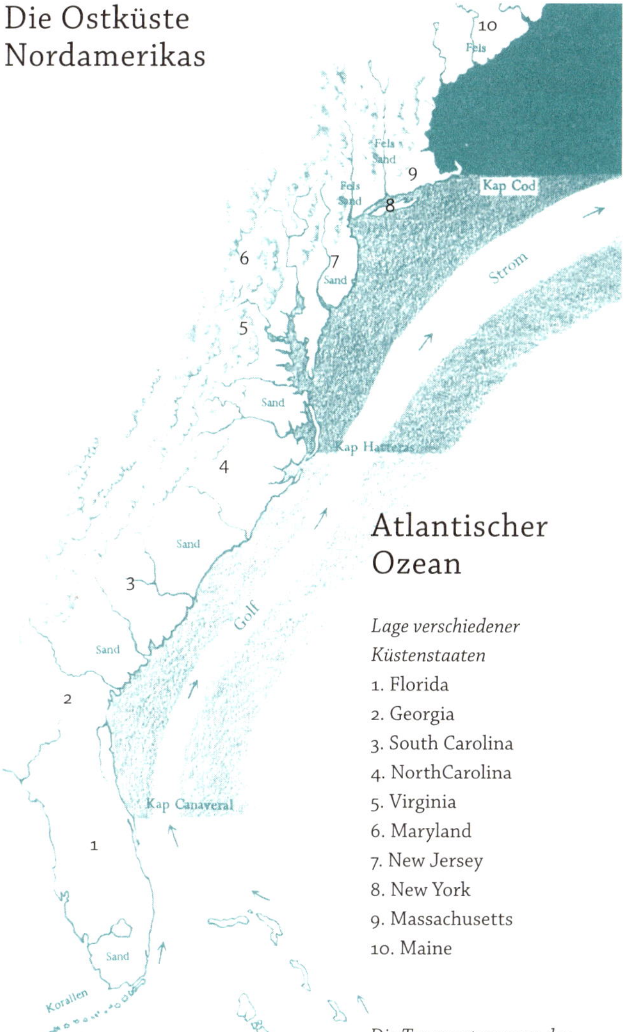

Atlantischer Ozean

Lage verschiedener Küstenstaaten

1. Florida
2. Georgia
3. South Carolina
4. NorthCarolina
5. Virginia
6. Maryland
7. New Jersey
8. New York
9. Massachusetts
10. Maine

Die Temperaturzonen des Wassers sind durch Schattierung angedeutet: warm (hell) bis kalt (dunkel)

die fünfmal so weit auseinanderliegen. Für die Meerestiere, die den Aufenthaltsort wechseln, ist hier ein Übergangsgebiet, in das im Winter Kaltwasserformen und im Sommer Arten aus den warmen Gewässern einwandern. Selbst die dort heimische Tierwelt bietet kein einheitliches klares Bild, denn dieses Gebiet scheint vom Norden wie vom Süden einige der Formen aufzunehmen, die gegen Temperaturschwankungen unempfindlicher sind; aber Arten, die ausschließlich dort vorkommen, scheint es nur wenige zu geben.

Cape Cod gilt in der Zoologie seit langem für Tausende von Geschöpfen als Grenze, die von ihnen nicht überschritten wird. Das Kap ragt weit in die See hinaus, es hindert das warme Wasser aus dem Süden am Weiterfließen und hält das kalte Wasser des Nordens innerhalb des weiten Bogens seiner Küste zurück. An diesem Punkt finden wir auch den Übergang zu einem anderen Gestade. Der ausgedehnte Strand des Südens mit seinem Sand wird immer stärker von Felsen abgelöst. Aus ihnen besteht nicht nur das Ufer, sie bilden auch den Meeresgrund; die gleichen schroffen und zerklüfteten Umrisse, die das Festland in dieser Region zeigt, erscheinen – unserem Blick verborgen – weitab davon unter den Fluten. Die Gebiete mit tieferem kühleren Wasser liegen hier im Allgemeinen näher am Kontinent als weiter südlich, und örtlich wirkt sich das in interessanter Weise auf die Tiere aus, die diesen Raum bevölkern. Obwohl das Wasser in der Nähe des Ufers tief ist, entsteht dort durch die scharf eingekerbten Buchten ein ausgedehntes Gebiet, das den Gezeiten unterworfen ist und in dem sich eine reichhaltige Fauna entfalten kann. Hier liegt die kühle, gemäßigte Zone; sie wird von vielen Arten bewohnt, die nicht imstande sind, das warme Wasser südlich des Kaps zu ertragen. Infolge der niedrigen Temperaturen und wegen des steinigen Untergrunds wuchert dort allerlei Tang und hüllt die Felsen mit einer dichten Decke von verschiedenen Farbtönungen ein; Uferschnecken grasen in Herden, und hier und da ist das Ufer weiß von Seepocken oder dunkel gefärbt von Miesmuscheln, die nach Millionen zählen.

Nördlich davon, in den Gewässern um Labrador, Südgrönland und um Teile Neufundlands sind Temperatur des Meeres sowie Fauna und Flora subarktisch. Noch weiter nördlich liegt das Reich der Arktis, deren Grenzen noch nicht genau festgelegt sind.

Diese Hauptzonen stellen Einteilungen der amerikanischen Küste dar, die zwar immer noch gelten und wohlbegründet sind, aber im dritten Jahrzehnt des zwanzigsten Jahrhunderts hat es sich gezeigt, dass Cape Cod für die Warmwasserarten nicht mehr wie einst ein unüberwindliches Hindernis bildet. Merkwürdige Veränderungen sind vorgegangen und viele Tiere aus dem Süden in diese kalte Zone eingedrungen, sie sind bis über Maine und sogar nach Kanada vorgestoßen. Diese neue Verteilung hängt natürlich mit der Klimaänderung zusammen, die sich über weite Räume erstreckt; sie scheint ungefähr zu Anfang des Jahrhunderts eingesetzt zu haben und man hat sie jetzt einwandfrei festgestellt. Es handelt sich dabei um eine allgemeine Erwärmung, die sich zuerst in arktischen Regionen bemerkbar gemacht hat, später in subarktischen und jetzt bereits in der gemäßigten Zone der Nordstaaten. Als hier das Wasser des Ozeans wärmer wurde, war es von entscheidender Bedeutung, dass nicht nur die erwachsenen Tiere, sondern auch die Jugendstadien verschiedener Formen aus dem Süden am Leben bleiben konnten.

Eines der eindrucksvollsten Beispiele für den Zug nach Norden bildet die Gemeine Strandkrabbe, die einst nördlich des Kaps unbekannt gewesen ist, die jetzt aber jeder Muschelfischer in Maine kennt, weil sie die Gewohnheit hat, Jagd auf die Jugendformen der Klaffmuscheln zu machen. Um die Jahrhundertwende konnte man in Handbüchern nachlesen, dass diese Krabbe von New Jersey bis Cape Cod vorkomme. 1905 wurde ihr Erscheinen in der Nähe von Portland gemeldet und 1930 wurden Einzelstücke im Bezirk Hancock gesammelt, der ungefähr in der Mitte der Küste von Maine liegt. Während des folgenden Jahrzehnts wanderte sie bis Winter Harbor weiter und 1951 fand man sie in Lubec. Dann breitete sie sich entlang der Küste von Passamaquoddy aus und drang über das Meer bis Nova Scotia vor.

Seit die Wassertemperatur steigt, wird der Hering in Maine selten. Das wärmere Wasser mag nicht die einzige Ursache dafür sein, ist aber ohne Zweifel einer der Gründe für die Abwanderung. Während der Heringsbestand zurückgeht, rücken andere Fischarten vom Süden nach. Der Bunker, auch Heringsfisch genannt, ist ein größerer Vertreter der Heringsfamilie und wird in riesigen Mengen zur Herstellung von Düngemitteln, Ölen und anderen Industrieerzeugnissen verwendet. In den Jahren 1880 bis 1890 wurde der Heringsfisch in Maine gefangen, dann verschwand er und blieb viele Jahre auf die Gebiete südlich New Jerseys beschränkt. Um 1950 aber begannen diese Fische, in die Gewässer vor Maine zurückzukehren, und die Fischer von Virginia fuhren ihnen mit ihren Booten nach. Ein anderer Fisch der gleichen Sippe, der Rundhering, Etrumeus, hat sich ebenfalls weiter nach Norden ausgebreitet. Professor Henry Bigelow von der Harvard University berichtete in den zwanziger Jahren, dass der Rundhering vom Golf von Mexiko bis Cape Cod vorkomme, und betonte, dass er am Kap selbst selten zu finden sei. (Zwei Tiere, die man in Provincetown gefangen hatte, wurden sogar im Museum of Comparative Zoology in Harvard aufbewahrt.) Nach 1950 jedoch erschienen riesige Schwärme in den Gewässern von Maine, und die Fischindustrie begann mit den Versuchen, diese Sorte einzudosen.

Viele andere vereinzelte Meldungen weisen in die gleiche Richtung. Der Heuschreckenkrebs, für den das Kap früher eine Grenze bedeutete, hat es nun umgangen und sich im südlichen Teil des Golfs von Maine ausgebreitet. Die Klaffmuschel dagegen verrät mancherorten Anzeichen, dass die warmen Sommertemperaturen sie im entgegengesetzten Sinn beeinflussen, sie wird in den Gewässern von New York nun von der Venusmuschel, einer Art mit härterer Schale, abgelöst. Der Meerhecht, auch Hechtdorsch genannt, einst ein Fisch, der nur im Sommer nördlich des Kaps auftauchte, wird jetzt das ganze Jahr hindurch dort gefangen, und andere Fische, die man früher für ausgesprochene Bewohner des Südens hielt, sind jetzt imstande, entlang der Küste des Staates New York zu laichen, wo die jugendlichen Stadien einst in den kalten Wintern zugrunde gingen.

Obwohl es Ausnahmen gibt, ist die Küste von Cape Cod bis Neufundland ausgesprochen eine Zone kalten Wassers, die von einer nördlichen Fauna und Flora bevölkert wird. Sie zeigt eine weitgehende und interessante Verwandtschaft mit den Formen in anderen Gegenden der nördlichen Welt; die einigende Macht des Meeres schafft die Verbindung mit arktischen Gewässern sowie mit den Küsten der Britischen Inseln und Skandinaviens. Im östlichen Atlantik sind die Vertreter so vieler Arten der neuenglischen Gewässer zu finden, dass ein Handbuch für die Britischen Inseln recht gut auch für Neuengland dienen kann, und man in ihm wahrscheinlich achtzig Prozent der Algen und sechzig Prozent aller Meerestiere der neuenglischen Küste wiederfindet.

Andererseits steht die nördliche Zone Amerikas in engerer Verbindung mit der Arktis als die europäischen Küsten. Eine der großen Riementang-Arten, der Laminarien, ist der Palmentang; er gelangt südlich bis an die Küste von Maine, fehlt aber im östlichen Atlantik. Eine arktische Seeanemone findet man häufig im westlichen Nordatlantik südlich bis Nova Scotia und etwas seltener in Maine, aber auf der anderen Seite des Ozeans bleibt sie auf die kälteren Gewässer weiter nördlich beschränkt. Allgemein verbreitet sind in den Meeren rings um den Nordpol zum Beispiel der Grüne Steinseeigel, der Blutrote Seestern, der Kabeljau und der Hering. Diese und andere Vertreter einer nördlichen Fauna wurden von kalten Strömungen, von schmelzenden Gletschern und treibendem Packeis südwärts in den Nordpazifik und Nordatlantik gebracht.

Die starke Ähnlichkeit von Fauna und Flora der zwei Nordatlantikküsten legt die Vermutung nahe, dass dieser Ozean verhältnismäßig leicht zu überqueren ist. Viele Tiere, die den Standort wechseln, wandern mit dem Golfstrom, der sie aus dem Bereich der amerikanischen Küste fortträgt. Allerdings ist die Entfernung groß und nicht ohne Schwierigkeiten zu bewältigen; denn bei den meisten Arten sind die Larvenformen nur sehr kurzlebig, und seichtes Wasser muss in Reichweite sein, sobald die Zeit kommt, in der sie zum erwachsenen Tier werden. Doch ist in diesem nördlichen Teil des Atlantiks für Zwischenstationen auf dem Wege gesorgt; Bergrücken ziehen sich unter Wasser hin, es gibt Untiefen und Inseln, so dass die Weite des Ozeans in Teilstrecken zerfällt, die leicht zurückzulegen sind. In manchen früheren geologischen Zeitaltern waren diese Seichtwasser noch ausgedehnter, und während langer Perioden konnten daher Lebewesen aus eigenem Antrieb oder unfreiwillig über das große Meer gelangen.

In südlicheren Breiten musste das tiefe Becken des Atlantiks durchmessen werden, in dem nur wenige Inseln oder seichte Stellen vorhanden sind. Selbst hier erreichten einige Larven und erwachsene Tiere das jenseitige Ufer. Nachdem sich die Bermuda-Inseln infolge Vulkantätigkeit aus dem Meer erhoben hatten, erhielten sie ihre ganze Fauna durch Einwanderer aus dem westindischen Gebiet auf dem Wege über den Golfstrom. Und auch hier gelang in kleinerem Ausmaß die Überquerung des Atlantiks. Wenn man die Schwierigkeiten dieser Wanderungen bedenkt, ist es eindrucksvoll, wie viele westindische Arten den afrikanischen Formen entweder völlig gleichen oder nahe mit ihnen verwandt sind; sie haben offensichtlich mit den Äquatorialströmungen übergesetzt. Zu diesen Arten gehören einige Seesterne, Garnelen, Krebse und Weichtiere. Wo so weite Räume überwunden wurden, muss man vernünftigerweise annehmen, dass die wandernden Tiere erwachsen waren, die auf schwimmenden Balken oder treibendem Seetang die Reise unternahmen. In jüngster Zeit wurde berichtet, dass mit diesen Beförderungsmitteln einige Weichtiere und Seesterne bei der Insel St. Helena ankamen.

Was uns die Paläontologie, die Wissenschaft von den versteinerten Tier- und Pflanzenresten, überliefert, beweist, dass die Kontinente ihre Gestalt verändert haben und die Strömungen des Ozeans ehemals anders verlaufen sind; denn allein dieser frühere Zustand der Erdoberfläche erklärt hinreichend die gegenwärtige Verbreitung vieler Pflanzen und Tiere, die sonst ein Rätsel wäre. Zum Beispiel stand das Westindiengebiet im Atlantik einst durch Meeresströmungen in Verbindung mit den fernen Gewässern des Pazifiks und des Indischen Ozeans. Später bildete sich eine Landbrücke zwischen den beiden Amerikas, der Äquatorialstrom musste wieder nach Osten zurückfließen und der Verbreitung der Meeresgeschöpfe war eine Schranke gesetzt. Aber wir entdecken an den Arten, die heute leben, manchen Hinweis auf die Vergangenheit. Einmal fand ich ein sonderbares Weichtier; es hauste in einer Wiese von Schildkrötengras am Grunde einer stillen Bucht inmitten von Floridas ›Zehntausend-Inseln‹. Das Tierchen war so leuchtend grün wie das Seegras und sein kleiner Körper quoll aus der dünnen Schale heraus, für die er viel zu groß war. Es handelte sich um eine der Scaphanderschnecken, deren nächste lebende Verwandte Bewohner des Indischen Ozeans sind. Und an den sandigen Gestaden Carolinas fand ich felsenähnliche Massen aus Kalkröhren, die von den Kolonien eines kleinen, dunklen Wurms ausgeschieden worden waren. Im Atlantik ist er fast unbekannt und auch seine Verwandten gehören der Fauna des Indischen Ozeans an. So werden Lebewesen über weite Strecken befördert und breiten sich aus – ein Vorgang, der sich dauernd auf der ganzen Welt abspielt. In ihm äußert sich der dem Leben eigene Drang, neuen Raum zu erobern und alle bewohnbaren Teile der Erde zu besiedeln. Der Grundplan, nach dem sich die Ausbreitung vollzieht, ist in jedem Zeitalter durch die Gestalt der Kontinente und den Verlauf der Strömungen vorgeschrieben; aber er ist niemals starr und endgültig festgelegt.

An einer Küste, an der die Gezeiten stark ausgeprägt sind und auf einen weiten Bereich einwirken, erlebt man täglich und stündlich bewusst das Verebben und Anschwellen des Wassers. Jede wiederkehrende Flut bietet uns das erregende Schauspiel einer See, die gegen die Kontinente anstürmt und bis an die Schwelle des festen Landes vordringt, während sich bei Ebbe jedes Mal unseren Blicken eine fremdartige und unbekannte Welt enthüllt. Vielleicht ist es eine weite Schlammebene, auf der seltsame Löcher und Hügel Zeugnis ablegen von dem verborgenen Leben, das dem trockenen Land fremd ist; oder wir sehen eine ›Wiese‹ von Braunalgen, die schlaff und triefend nass am Boden liegen und nun, sobald das Meer sich von ihnen zurückgezogen hat, einen schützenden Mantel über das gesamte tierische Leben breiten, das sich unter ihnen versteckt. Noch unmittelbarer wenden sich die Gezeiten an unser Ohr, sie sprechen eine eigene Sprache, die sich deutlich von der Stimme der Brandung unterscheidet. Das Geräusch der steigenden Flut hört man am klarsten an Küsten, die etwas abseits vom hohen Seegang des offenen Ozeans liegen. In der Stille der Nacht, beim mächtigen Anschwellen einer steigenden Flut, die keine Wogen mit sich bringt, erhebt sich ein Aufruhr, in dem die verworrenen Laute des Wassers verschmelzen – es braust und gurgelt und schlägt klatschend gegen den Felsensaum des Festlandes. Manchmal schwingt ein gedämpftes Murmeln und Wispern mit, und dann werden plötzlich alle leiseren Laute übertönt vom Wasser, das wie ein reißender Sturzbach einströmt.

An einer solchen Küste prägen die Gezeiten Wesen und Verhalten alles Lebendigen. Wenn die Wasser steigen und fallen, erlebt jedes Geschöpf, das zwischen den Grenzsäumen von Ebbe und Flut haust, zweimal am Tage die

Daseinsbedingungen des Festlands. Hält sich ein Lebewesen in der Nähe des Streifens auf, bis zu dem sich bei Ebbe das Wasser zurückzieht, wird es nur kurz der Sonne und Luft ausgesetzt; in den höhergelegenen Küstenabschnitten muss es immer wieder längere Zeit in einer fremdartigen Umgebung ausharren, und das verlangt von ihm erhöhte Widerstandsfähigkeit. Doch passt sich der Pulsschlag des Lebens in dem ganzen Gebiet, das den Gezeiten unterworfen ist, deren Rhythmus an. In einer Welt, die abwechselnd der See und dem Land angehört, müssen Meerestiere Mittel und Wege finden, sich feucht zu halten, weil sie Sauerstoff atmen, der im Wasser gelöst ist; die wenigen Luftatmer, die es gewagt haben, vom Lande her die Hochwasserlinie zu überschreiten, müssen sich bei Flut vor dem Ertrinken schützen, indem sie ihren eigenen Sauerstoffvorrat bei sich tragen. Sobald Ebbe herrscht, gibt es für die meisten Tiere des Gezeitensaums wenig oder keine Nahrung und gewöhnlich müssen alle wesentlichen Vorgänge des Lebens weitergeführt werden, solange Wasser das Ufer bedeckt. Der Gezeitenrhythmus spiegelt sich daher in einem biologischen Rhythmus wider, in dem lebhafte Tätigkeit mit einem Ruhezustand abwechselt.

Steigt die Flut, kommen Tiere, die tief im Sand hausen, an die Oberfläche, oder sie schieben die langen Atemröhren – auch Siphonen genannt – nach oben wie manche Muscheln, und wieder andere fangen an, Wasser durch ihren Bau zu pumpen. Tiere, die an Felsen festsitzen, öffnen ihre Schalen oder strecken die Tentakel, die Fangarme, aus, um sich Nahrung zu holen. Räuberische Formen und Pflanzenfresser kriechen und schwimmen munter umher. Sobald das Wasser wieder abfließt, ziehen sich die Sandbewohner erneut in die tiefer

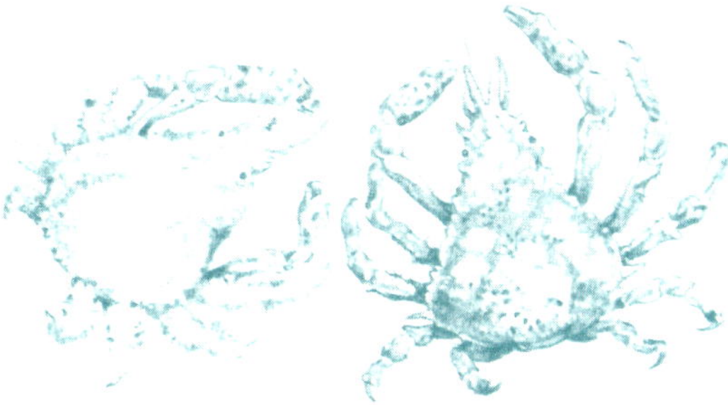

Meerspinnen, auch Hörnerkrabben genannt; Hyas araneus

gelegenen feuchten Schichten zurück; die Tierwelt in felsiger Umgebung wendet dann alle ihre Schutzeinrichtungen an, um der Austrocknung zu entgehen: Würmer, die Kalkröhren bauen, ziehen sich zurück und versiegeln den Eingang mit einem umgewandelten Kiemenblatt, das so genau passt wie der Kork einer Flasche. Seepocken klappen ihre Schalen zu und halten so die Kiemen feucht. Schnecken verschwinden in ihre Gehäuse und schließen das türähnliche Operculum, einen runden, flachen Deckel, um die Luft auszusperren und im Innern etwas von der Feuchtigkeit des Meeres zu bewahren. Die verschiedenen kleinen Krebschen und Strandflöhe verstecken sich unter Steinen oder Pflanzen und warten, bis die einströmende Flut sie wieder erlöst.

Während des ganzen Mond-Monats wächst und schwindet die Stärke der Gezeiten mit dem Zu- und Abnehmen des Mondes, weil die Fluten von diesem Erdtrabanten angezogen werden und die Grenzen von Hoch- und Niedrigwasser sich daher von Tag zu Tag verschieben. Nach Vollmond und dann wieder nach Neumond sind die Kräfte, die auf das Meer einwirken und die Gezeiten hervorbringen, stärker als zu irgendeiner anderen Zeit. Dies kommt daher, weil Sonne und Mond dann in einer Geraden mit der Erde stehen und ihre Anziehungskräfte sich summieren. Aus Gründen, die auf verwickelten astronomischen Einflüssen beruhen, erreichen die Gezeiten mehrere Tage lang ihr größtes Ausmaß, nicht genau übereinstimmend mit den Mondphasen, sondern meist unmittelbar nach Vollmond und Neumond. Dann steigt das Wasser bei Flut höher und sinkt bei Ebbe tiefer als zu irgendeiner anderen Zeit. Man nennt das die Springtiden.[3] Der Ausdruck kennzeichnet die überschäumende Fülle des Wassers, die es veranlasst zu ›springen‹ – im Sinne einer kräftigen, lebhaften Bewegung. Niemand, der etwa nach Neumond miterlebt hat, wie die Flut gegen eine Felsklippe anstürmt, wird daran zweifeln, dass dieser Ausdruck genau den Tatsachen entspricht. Bei anderen Mondphasen können die Anziehung von Sonne und Mond im rechten Winkel zueinander stehen, so dass die zwei Kräfte einander entgegenwirken und die Gezeitenbewegungen flau sind. Dann steigt das Wasser nicht so hoch oder fällt nicht so tief wie bei den Springtiden. Diese trägen Gezeiten werden Nipptiden genannt; das Wort geht auf alte nordische Sprachwurzeln zurück und bedeutet ›kaum berührend‹.

An der Atlantikküste Nordamerikas bewegen sich die Gezeiten im sogenannten Halbtagsrhythmus, bei dem das Wasser zweimal innerhalb eines jeden ›Gezeitentags‹ von vierundzwanzig Stunden und fünfzig Minuten den höchsten und tiefsten Stand erreicht. Jede Ebbe folgt der vorangegangenen in einem Abstand von zwölf Stunden und fünfundzwanzig Minuten, obwohl kleine örtliche

3 Tiden: niederdeutsche Mundart für Gezeiten.

Abweichungen möglich sind. Ein gleicher Zeitraum trennt natürlich die Fluten.

Das Ausmaß der Gezeiten auf der gesamten Erde wechselt ungemein stark und selbst an der Atlantikküste der Vereinigten Staaten gibt es erhebliche Schwankungen. In der Umgebung der Florida Keys steigt und sinkt das Wasser nur etwa dreißig bis sechzig Zentimeter, während zum Beispiel nördlich von Cape Cod die Springfluten eine Höhe bis zu sechseinhalb Metern erreichen.

Tag für Tag wird der Felsensaum Neuenglands von einer mächtigen Flut überspült, die wieder verebbt, und ihr Vordringen über das Küstengebiet ist sichtbar gekennzeichnet durch farbige Streifen, die parallel zum Meeressaum verlaufen. Diese Streifen oder Zonen setzen sich aus Lebewesen zusammen, und in ihnen spiegelt sich das stufenweise Fortschreiten der Gezeiten wider. Was in einer bestimmten Region der Küste leben kann, hängt in hohem Maße davon ab, wie lange dieser Raum ohne Wasserhülle bleibt. Die widerstandsfähigsten Arten halten sich in den höhergelegenen Zonen auf. Einige der ältesten Pflanzen der Erde, die blaugrünen Algen, sind vor Äonen im Meer entstanden, aber sie haben es verlassen und bilden oberhalb der Flutgrenze dunkle Streifen – eine ›schwarze‹ Zone, die in allen Teilen der Welt an Felsküsten zu sehen ist. Schnecken, die sich allmählich zu Landtieren entwickeln, weiden unterhalb dieses Gebiets auf der dünnen Pflanzenschicht oder verbergen sich in Ritzen und Spalten der Felsen.

Doch die auffallendste Zone beginnt am oberen Saum der Gezeiten. An einer offenen Küste mit mäßig schwerer Brandung sind die Felsen knapp unterhalb der Stelle, bis zu der die Flut ansteigt, weiß von den Millionen

Seepocken. Hier und da ist das Weiß unterbrochen von Flecken ganz dunkelblauer Essbarer Miesmuscheln, die sich dort angesiedelt haben. Ihnen schließen sich nach abwärts die Seetangarten mit ihren braunen Feldern an. In der Nähe des Grenzgebietes, bis zu dem das Wasser bei Ebbe fällt, breitet der Knorpeltang seine flachen Polster aus, als breites Band von satter Farbe, das bei dem trägen Fluss mancher Nipptiden nicht ganz frei liegt, aber bei allen stärkeren Gezeiten auftaucht. Manchmal ist in das rötliche Braun des Knorpeltangs das hellgrüne Geflecht einer anderen Alge eingesprengt, die wie ein Haarschopf aus feinem Draht aussieht. Wenn bei Springtide ganz starke Ebbe herrscht, enthüllt sich uns während der letzten Stunde, in der das Wasser bis zum tiefsten Punkt sinkt, die Welt unterhalb des Gezeitensaums; dort wirkt der Fels in satten, rosa Farbtönen wie bemalt von Algen, die Kalk absondern und ihn mit einer Kruste überziehen; dort liegen auch die glänzenden, braunen Bänder der großen Seetangarten auf den Steinen. Diese Stufenfolge, in der sich das Leben entfaltet, finden wir mit geringfügigen Abweichungen in allen Gegenden der Welt wieder. Die Unterschiede von Ort zu Ort hängen gewöhnlich mit der Stärke der Brandung zusammen, dabei mag die eine Zone weitgehend zurückgedrängt, die andere dafür übermäßig entwickelt sein. Wo schwerer Seegang herrscht, breiten sich die Seepocken als weiße Hülle über den ganzen oberen Bereich der Küste aus, der Tang dagegen ist stark vermindert. Ist die Stelle vor Brandung geschützt, wächst der Tang an der Küste nicht nur auf mittlerer Höhe in üppiger Fülle, er dringt auch auf die oberen Felsen vor und schafft ungünstige Bedingungen für die Seepocken.

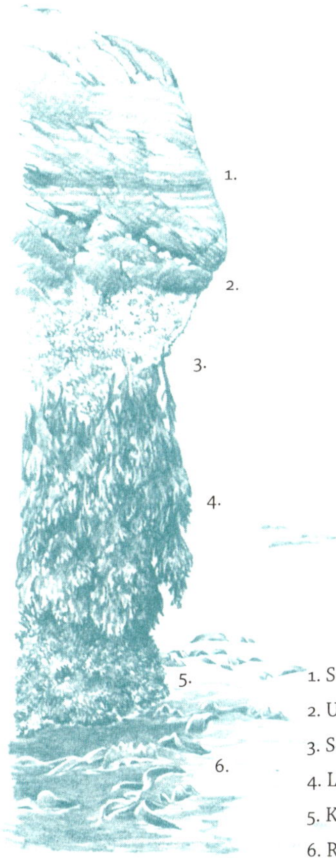

1. Schwarze Zone
2. Uferschnecken-Zone
3. Seepocken-Zone
4. Ledertang-Zone (Fucales)
5. Knorpeltang-Zone
6. Riementang-Zone (Laminariales)

In gewissem Sinne ist vielleicht die eigentliche Gezeitenzone nur der Streifen zwischen Hoch- und Niedrigwasser der Nipptiden – ein Gebiet, das im Rhythmus der Gezeiten an jedem Tage zweimal völlig überspült und wieder freigegeben wird. Seine Bewohner sind die typischen Tiere und Pflanzen der Küste, die täglich mit der

See in Berührung kommen müssen, aber doch fähig sind, in beschränktem Maße die Lebensbedingungen des Festlandes zu ertragen.

Oberhalb der Hochwasserlinie der Nippfluten liegt eine Region, die mehr der Erde als dem Meer anzugehören scheint. In ihr hausen hauptsächlich die Arten, die sich neuen Raum erobern wollen. Sie sind bereits ein weites Stück des Wegs zum Landleben gegangen und können viele Stunden am Tage getrennt vom Meere ausharren. Eine Art der Seepocken hat diese höhergelegenen Felsen an der Flutgrenze besiedelt, wohin die See nur wenige Tage und Nächte im Monat bei Springflut gelangt. Überspült das Meer diesen Raum, bringt es Nahrung und Sauerstoff heran und zur rechten Zeit trägt es die Jungen fort, die ihre erste Entwicklung in den oberen Wasserschichten durchmachen. Während dieser kurzen Überschwemmungszeiten ist die Seepocke imstande, das Leben in allen seinen wichtigen Vorgängen weiterzuführen. Aber sie wird erneut in einer fremden Welt zurückgelassen, sobald im Ablauf von vierzehn Tagen die letzte dieser Hochfluten verebbt; dann kann das Tier sich nur schützen, indem es alle Platten seiner Schale fest schließt, um etwas von dem Nass des Meeres um seinen Körper festzuhalten. In seinem Dasein wechseln kurze und lebhafte Tätigkeit mit langen Zeiten eines Ruhezustands, der dem Winterschlaf ähnelt. Auch die Pflanzen der Arktis müssen in wenigen kurzen Sommerwochen alle Lebensvorgänge zusammendrängen: Sie blühen und tragen Früchte, sie nehmen Nahrung auf und speichern sie; ähnlich hat sich diese Seepocke ihrer rauen Umwelt angepasst.

Einige wenige Seetiere haben sich sogar bis über die Hochwassergrenze der Springfluten vorgewagt, wo die einzige salzige Feuchtigkeit von dem Gischt der Wellen stammt, die sich dort brechen. Zu solchen ›Pionieren‹ gehört eine Art der Uferschnecken, die allgemein auch als Strandschnecken bezeichnet werden. Eine ihrer westindischen Verwandten kann monatelang die Trennung vom Meer überdauern. Die europäische Felsen-Uferschnecke wartet auf die Wellen der Springfluten, um ihre Eier ins Meer zu legen; abgesehen von der lebenswichtigen Fortpflanzung ist das Tier fast ganz unabhängig von der See.

Unterhalb des Niedrigwassers der Nipptiden sind die Gebiete der Luft nur ausgesetzt, wenn im rhythmischen Schwanken der Gezeiten das Wasser immer tiefer sinkt und sich dem Stand der Ebbe während der Springtiden nähert. Von allen Zonen des Gezeitensaums ist diese Region am engsten mit dem Ozean verbunden. Viele ihrer Bewohner sind Formen, die eigentlich in einiger Entfernung von der Küste zu Hause sind und hier nur leben können, weil sie kurz und selten der Luft ausgesetzt werden.

Die Beziehungen zwischen den Gezeiten und den geschilderten Zonen tritt klar zutage, aber vielfach haben Tiere ihr Verhalten dem Gezeitenrhythmus in weniger auffallender Weise angepasst; manchmal wird die Bewegung des Wassers rein mechanisch ausgenützt. Die Austernlarve zum Beispiel lässt sich von der Strömung der Gezeiten in Gebiete tragen, in denen günstige Bedingungen zum Festsetzen herrschen. Erwachsene Austern halten sich lieber in Buchten, Meerengen oder Flussmündungen auf als in Wasser mit vollem ozeanischen Salzgehalt. Es ist daher für die Erhaltung der Art vorteilhaft, wenn die Tiere im Jugendstadium so verbreitet werden, dass sie sich vom offenen Meer wegbewegen. Die frischgeschlüpfte Larve lässt sich einfach untätig treiben und die Strömungen der

Austern

Gezeiten tragen sie bald der See und bald den Gewässern von Flussmündungen oder Buchten entgegen. Wo Ströme in die See fließen, dauert die Ebbe meist länger als die Flut, weil noch die Wassermassen hinzukommen, die meerwärts drängen; während der zwei Wochen, die das Larvenstadium währt, würde die junge Auster daher immer weiter, viele Kilometer, hinausgetragen werden. Doch sobald die Larven älter werden, ändern sie jäh ihr Verhalten. Während das Wasser bei Ebbe abfließt, lassen sie sich nun auf den Grund sinken und verhindern so, dass sie aufs Meer hinausgetrieben werden; aber kaum setzt wieder Flut ein, schwimmen sie nach oben in die Strömung, die landeinwärts zieht, und werden so in Regionen mit geringerem Salzgehalt getragen, in denen das erwachsene Tier besser gedeihen kann.

Andere Formen passen sich dem Rhythmus mit der Ablage des Laichs an, um die Jungen vor der Gefahr zu bewahren, in Gewässer verschleppt zu werden, die ihnen nicht zuträglich sind. Einer der Würmer, die Röhren bauen, lebt im Bereich des Gezeitensaums; er vermeidet regelmäßig die starken Bewegungen der Springtiden. Alle vierzehn Tage, zur Zeit der Nipptiden, wenn die Schwankungen im Wasserstand verhältnismäßig gemächlich verlaufen, entlässt er seine Larven ins Meer; die jungen Würmer, die nur für sehr kurze Zeit frei herumschwimmen, haben dann gute Aussichten, innerhalb des Küstenstreifens zu verbleiben, der für sie am günstigsten ist.

Es gibt noch andere Wirkungen der Gezeiten, die rätselhaft und unfassbar sind. Manchmal ist die Eiablage in einer Weise zeitlich auf Flut und Ebbe abgestimmt, dass der Gedanke naheliegt, die Tiere richteten sich nach Druckänderungen oder spürten den Unterschied zwischen stehendem und fließendem Wasser.

Ein primitives Weichtier, die Käferschnecke, laicht bei den Bermudas, wenn frühmorgens Ebbe herrscht und das Wasser knapp nach Sonnenaufgang wieder einzuströmen beginnt. In dem Augenblick, in dem die Käferschnecken vom Wasser bedeckt sind, legen sie ihre Eier ab. Einer der japanischen Nereiden, ein räuberischer Ringelwurm, pflanzt sich nur während der stärksten Gezeiten des Jahres fort, im Oktober und November, um die Zeit des Neu- und Vollmonds; wahrscheinlich wird das Tier auf irgendeine geheimnisvolle Weise von den starken Strömungen des hin- und herwogenden Wassers dazu angeregt.

Viele andere Tiere von Gruppen, die überhaupt nicht miteinander verwandt sind, laichen in einem klar festgelegten Rhythmus, der vielleicht mit dem Vollmond, dem Neumond oder mit den anderen Mondphasen zusammenfallen mag; doch ist es keineswegs klar, ob die Wirkung auf dem wechselnden Wasserdruck der Gezeiten oder dem unterschiedlichen Licht des Mondes beruht. Es gibt zum Beispiel einen Seeigel bei den Tortugas, der in der Vollmondnacht seine Ei- und Samenzellen abgibt und das offensichtlich ausschließlich zu dieser Zeit tut.

Worin auch der Anreiz dazu bestehen mag, so verhalten sich alle Einzeltiere der Gattung gleich und sorgen somit dafür, dass zur selben Zeit eine ungeheure Zahl von Zellen entlassen wird, die der Vermehrung dienen. An der Küste Englands gibt es einen Hydroid-Polypen, ein Tier, das aussieht wie eine Pflanze und winzige Quallen, sogenannte Medusen, hervorbringt und sie ins Meer hinausschwimmen lässt, wenn der Mond im dritten Viertel steht. Bei Woods Hole an der Küste von Massachusetts laicht eine Muschelart in der Zeit zwischen Vollmond und Neumond besonders stark, meidet aber das erste Mondviertel. Und ein Ringelwurm in der Gegend von Neapel versammelt sich um die Zeit der Mondviertel zu hochzeitlichen Schwärmen, aber niemals bei Neu- oder Vollmond; eine verwandte Wurmart bei Woods Hole zeigt keine derartige Beziehung, obwohl sie dem gleichen Mond und stärkeren Gezeiten ausgesetzt ist.

Bei keinem dieser Beispiele können wir mit Sicherheit feststellen, ob das Tier sich nach den Gezeiten richtet oder wie diese selbst nur nach dem Einfluss des Mondes. Bei den Pflanzen dagegen stehen die Dinge anders, und wir finden hier und da die wissenschaftliche Bestätigung des uralten und weltweiten Glaubens an die Wirkung des Mondlichts auf die Vegetation. Verschiedene Kleinigkeiten scheinen zu beweisen, dass die rasend schnelle Vermehrung von Kieselalgen und anderen Angehörigen des pflanzlichen Planktons mit den Mondphasen zusammenhängt. Bestimmte Algen im Plankton der Flüsse kommen in reichster Fülle bei Vollmond vor. Eine der Braunalgen an der Küste von North Carolina stößt die Zellen, die der Vermehrung dienen, nur bei Vollmond ab, und ein ähnliches Verhalten wird von verschiedenen Tangarten in Japan und anderen Weltgegenden berichtet. Man nimmt allgemein an, dass diese Vorgänge dem Einfluss polarisierten Lichts zuzuschreiben sind, dessen wechselnde Intensität auf Protoplasma einwirkt.

Andere Beobachtungen lassen vermuten, dass zwischen den Pflanzen und der Vermehrung von Tieren sowie ihrem Wachstum ein Zusammenhang besteht. Junge Heringe, die sich sehr schnell entwickeln, bilden dichte Schwärme am Rande von besonders großen Ansammlungen pflanzlichen Planktons, obwohl der voll ausgebildete Hering ihnen ausweicht. Erwachsene Tiere, die laichen, sowie Eier und Junge von verschiedenen anderen Lebewesen des Meeres werden öfter in dichtem als in spärlichem Plankton beobachtet. Bei bedeutsamen Versuchen entdeckte ein japanischer Gelehrter, dass er Austern mit Extrakt von Meersalat, einer Grünalge, veranlassen konnte, ihre Eier und Samenzellen abzugeben. Die gleiche Alge erzeugt einen Stoff, der auf das Wachstum und die Vermehrung von Kieselalgen einwirkt, und der Meersalat selbst wird durch Wasser günstig beeinflusst, das aus der nächsten Umgebung eines üppig wuchernden Bestands von Seetang stammt. Im Meerwasser sind Substanzen vorhanden, die von den Lebewesen nach außen abgesondert werden oder durch den Stoffwechsel ins Wasser gelangen; man hat sie als ›Ektokrine‹ bezeichnet. Die Naturwissenschaft beschäftigt sich erst seit jüngster Zeit mit diesen Fragen, und ist damit in ein ganz neues Forschungsgebiet vorgestoßen, aus dem uns vorerst nur wenige Tatsachen bekannt sind. Doch hat es den Anschein, als seien wir damit nahe daran, einige der Rätsel zu lösen, die seit Jahrhunderten den Menschengeist geplagt haben; und Fragen, die als unlösbar betrachtet worden sind, erhalten im Lichte der Entdeckung dieser Stoffe eine neue Bedeutung.

Im Meer herrscht räumlich wie zeitlich ein rätselhaftes Kommen und Gehen: Wandernde Arten wechseln den Standort, und es gibt die seltsame Erscheinung, dass in ein und demselben Gebiet sich verschiedene Formen ablösen; eine Art taucht in reichlichen Mengen auf, gedeiht eine Weile aufs Beste und stirbt dann aus, während immer eine andere an ihre Stelle tritt. Die aufeinanderfolgenden Formen ziehen wie die Personen eines nie endenden Schauspiels an unserem Auge vorüber. Aber es gibt noch andere geheimnisvolle Dinge. Schon von alters her kennt man die ›roten Gezeiten‹, die immer wieder bis zum heutigen Tag erscheinen; das Meer verfärbt sich dabei infolge der außerordentlich starken Vermehrung eines winzigen Lebewesens, das zumeist ein Dinoflagellat, ein Geißeltierchen ist, und dieses Ereignis hat unheilvolle Nebenwirkungen: Ein Massensterben setzt bei Fischen und einigen Wirbellosen ein.

Dann gibt es noch die ungelöste Frage, warum Fische in so merkwürdiger Weise und anscheinend ziellos und unberechenbar bestimmte Gebiete verlassen oder aufsuchen, woraus sich oft einschneidende wirtschaftliche Folgen ergeben. Sobald das sogenannte ›Atlantikwasser‹ die Südküste Englands umspült, gibt es im Bereich der Fischereigebiete von Plymouth Heringe in Fülle, gewisse kennzeichnende Planktontiere treten in großer Zahl auf, und bestimmte Arten wirbelloser Formen bevölkern in Mengen den Gezeitensaum. Sobald jedoch diese Fluten von Kanalwasser abgelöst werden, wechselt das Bild in vieler Hinsicht und andere Formen treten in den Vordergrund.

Seit man entdeckt hat, welche biologische Rolle das Meerwasser spielt – mit allem, was es enthält –, sind wir vielleicht nahe daran, diese uralten Geheimnisse zu ergründen. Denn wir haben nun klar erkannt, dass im Ozean kein Geschöpf ein unabhängiges Dasein führt. Beherbergt ein Meeresgebiet bestimmte Formen, so sondern sie neue Stoffe ab, die Wirkungen von großer Tragweite ausüben können: die chemische Beschaffenheit des Wassers und seine Fähigkeit, Lebensvorgänge zu beeinflussen, werden wesentlich verändert. So erwächst der gegenwärtige Zustand aus der Vergangenheit und wirkt selbst wieder in die Zukunft weiter.

Drittes Kapitel

Die Felsenküsten

Sobald die Flut eine Felsenküste umspült und in überschäumender Fülle fast bis zu dem Saum emporkriecht, an den vom Festland Wachsbeeren- und Wacholderstrauch herabsteigen, könnte man meinen, es gebe keine Spur von Leben in diesen Gewässern am Rande der See. Denn nichts ist zu erblicken. Nichts, außer hier und dort eine kleine Gruppe Heringsmöwen, die bei Flut ruhig auf Felsleisten hoch über Gischt und Brandung im Trockenen sitzen bleiben; sie stecken die gelben Schnäbel unter die Federn und verschlafen die Stunden, in denen das Wasser steigt und alle Geschöpfe des felsigen Gezeitensaums ihren Blicken entzieht; aber die Möwen wissen, dass es dort allerlei gibt, und zur rechten Zeit das Wasser wieder abfließen wird, das ihnen jetzt den Zugang zu ihrem Jagdgebiet am Ufersaum verwehrt.

Sobald die Flut im Steigen ist, geht es an der Küste unruhig zu, Sturzseen springen hoch über aufragende Felsen und fließen in Schaumkaskaden wie Spitzenschleier über die landwärts liegende Seite wuchtiger Steinblöcke. Bei Ebbe ist das Bild friedlicher, denn dann steht hinter den Wellen nicht die treibende Kraft der hereindrängenden Fluten. Nach kurzer Zeit zeigt sich auf den grauen Felshängen ein feuchter Streifen und in einiger

Entfernung von der Küste brechen sich die anrollenden hohen Wogen an versteckten Klippen und bilden Wirbel um sie. Bald tauchen die Felsen auf, die von der Flut bedeckt gewesen sind, sie glitzern von dem Nass, das von dem zurückweichenden Wasser an ihnen hängen bleibt.

Kleine, schmutzige Schnecken kriechen über Felsen, die schlüpfrig sind von ganz winzigen, grünen Pflanzen, die auf ihnen wuchern; die Schnecken kratzen und schaben mit ihren Reibezähnen, um Nahrung zu finden, ehe die Brandung wiederkehrt.

Wie alte Schneeverwehungen, die nicht mehr ganz weiß sind, sieht man nun die Seepocken erscheinen; sie umhüllen Felsen und Rundhölzer, die in Spalten eingekeilt sind, ihre spitzen Kegel sind über leere Muschelschalen verstreut, und sie besiedeln Bojen von Hummerfallen sowie die harten Strünke des Seetangs, die aus tiefem Wasser stammen und sich hier unter das Treibgut der Gezeiten mengen.

Wiesen von Braunalgen tauchen an den sanft abfallenden Felsen der Küste auf, während die Flut unmerklich verebbt. Kleinere Flecke von Grünalgen, feinfaserig wie Nixenhaar, werden weiß und kraus, wenn die dörrende Sonne sie trifft.

Jetzt schreiten die Möwen, die vor kurzem noch auf den höhergelegenen Simsen geruht haben, mit würdevollem Eifer die Felswände entlang, sie suchen unter den herabbaumelnden Algenvorhängen nach Krebschen und Seeigeln und picken sie heraus.

An den tiefergelegenen Stellen sind kleine Tümpel und Rinnen stehengeblieben, in denen das Wasser gluckst und gurgelt und manchmal über winzige Stufen herabplätschert; in vielen dunklen Grotten zwischen und unter den Steinblöcken bilden sich stille Spiegel, von denen

Einsiedlerkrebse; jedes Tier hat sich ein leeres Schneckenhaus angeeignet.

das Bild der zarten Geschöpfe zurückgeworfen wird, die das Licht scheuen und dem Schwall der Wogen ausweichen; dort stehen die zartgefärbten ›Blumen‹ der kleinen Seeanemonen und dort hängen die rosigen Finger der Meerhand, einer Koralle, von der Felsdecke herab.

In der friedlichen Welt der tieferen, im Stein eingebetteten Tümpel, die jetzt unbehelligt sind vom lärmenden Getriebe der einströmenden Wellen, kriechen Krabben an den Wänden entlang; ihre Kieferfüße sind emsig dabei, zu tasten, aufzuspüren und zu erkunden, wo sich Futterkrümelchen finden. Die Tümpel gleichen farbenprächtigen Gärten; in ihnen leuchten das köstliche Grün und Ockergelb von Schwammkrusten und das helle Scharlachrot von Polypen, die wie zarte Frühlingsblumen in Büscheln stehen; dazwischen schimmern wie Bronze mit bläulichen Glanzlichtern die moosigen Rasen des Knorpeltangs und die mattrosa Pracht der Korallenalgen. Über allem schwebt der Geruch der Ebbe; in ihm mischen sich die schwache, aber durchdringende Ausdünstung von Würmern, Schnecken, Quallen und

Krabben, der Schwefelgestank von Schwämmen, der Jodgeruch des Seetangs und der würzige Hauch der von der Sonne getrockneten Salzkruste, die wie Raureif auf den Felsen flimmert.

Einer meiner Lieblingswege, der mich an eine felsige Meeresküste führt, ist ein unwegsamer Steig durch einen immergrünen Wald, der seinen eigenen, ganz besonderen Zauber besitzt. Gewöhnlich verlockt mich eine Flut am frühen Morgen, diesen Pfad zu gehen, wenn noch bleiches Licht über der Erde liegt und vom Meer Nebel hereinwallt. Inmitten der lebenden Fichten und Balsamhölzer stehen viele abgestorbene Bäume, einige halten sich noch aufrecht, andere neigen sich zur Erde oder liegen auf dem Boden, und diese Wildnis hat etwas Gespenstisches an sich. Alle Bäume, die lebenden wie die toten, tragen ein Kleid aus grünen und silbernen Flechtenkrusten. Büschel von Bartflechten hängen von den Ästen wie kleine Nebelfahnen, die sich verfangen haben. Grüne Waldmoose und ein weicher Teppich aus Rentierflechte bedecken den Grund. In der Stille dieses Fleckchens Erde wird selbst die Stimme der Brandung zu einem wispernden Echo gedämpft, und die Laute des Waldes klingen geisterhaft leise: das schwache seufzende Raunen immergrüner Nadeln im Lufthauch – das Knarren und dumpfe Ächzen der halb umgesunkenen, sich an den Nachbarn lehnenden Bäume, deren Borke sich aneinander scheuert – der sachte raschelnde Fall eines dürren Astes, der unter der Pfote eines Eichhörnchens abbricht, zur Erde herabgleitet und wiederholt federnd aufschlägt.

Doch endlich taucht der Steig aus dem Halbdunkel des tiefen Waldes auf und gelangt an eine Stelle, wo das Rauschen der Brandung alles übertönt. Nun ist das hohle Dröhnen der See zu vernehmen, die in eintönigem

Rhythmus unablässig gegen die Felsen schlägt, zurücksinkt und von neuem empordrängt.

Entlang der Küste zeichnet sich scharf und klar der Waldsaum ab, der eine Landschaft aus Brandung, Himmel und Felsen umrahmt. Die weiche Hülle des Seenebels verwischt die Umrisse der Klippen; graues Wasser und grauer Nebel verschmelzen fern der Küste zu einer schattenhaften, von Dunst verschleierten Welt, die uns anmutet, als rege sich in ihr überall neues Leben. Das Gefühl, hier sei alles noch im Werden, ist mehr als eine Vorspiegelung unserer Fantasie, zu der uns das trügerische Licht der Morgendämmerung und der Nebel verleiten, denn diese Küste ist in der Tat jung. Am Dasein der Erde gemessen war es erst ›gestern‹ – das heißt vor vielleicht zehntausend Jahren –, dass über die sinkenden Ufer das Meer hereinströmte, die Täler erfüllte und an den Hängen der Hügel emporstieg; es hat diese zerklüfteten Küsten geschaffen, an denen immergrüne Wälder bis zu den Klippen hinunterreichen, die sich aus der See erheben.

Diese geologischen Umwälzungen müssen sich ziemlich schnell und unvermittelt vollzogen haben; es blieb dabei keine Zeit für eine allmähliche Angleichung der Küstenlandschaft. Die Wellen haben den harten Felsen noch wenig anzuhaben vermocht, und wir sehen die Einkerbungen, die nach entsprechender Zeit in die Klippen geschnitten sein werden, kaum erst angedeutet. Es gibt hier im Allgemeinen keine von den Wellen ausgewaschenen Felsgruppen und Gewölbe, wie sie ältere Küsten oder solche mit weicherem Gestein kennzeichnen.

Verhüllen an dem felsigen Ufersaum Morgennebel die Leuchttürme, Fischerboote und alles, was uns an Menschen erinnert, verwischt sich das Gefühl für die Zeit und man könnte sich leicht vorstellen, dass die See wirklich erst gestern hier eingeströmt ist, um diese eigenartige Küstenlinie zu schaffen. Doch die Geschöpfe, die diesen steinigen Raum zwischen den Grenzen der Gezeiten bewohnen, haben Zeit gehabt, sich hier niederzulassen und die Tierwelt jener Sand- und Schlammflächen abzulösen, die früher wahrscheinlich am Rande der See lagen. Aus dem gleichen Meer, das im Norden Neuenglands stieg, die Küstenebenen überflutete und am harten Gestein des Hochlands innehielt, kamen die Larven der Felsbewohner – suchend trieben sie in den Ozeanströmungen dahin, bereit, sich auf geeignetem Boden niederzulassen, der vielleicht auf dem Wege lag.

Obwohl nichts von dem ersten Lebewesen überliefert ist, das sich dort festsetzte, und niemand die Spuren der aufeinanderfolgenden Formen hat verfolgen können, vermögen wir mit ziemlicher Sicherheit anzugeben, welche Geschöpfe sich zuerst daran gewagt haben, diese Felsen zu besiedeln, und wie die Formen ausgesehen haben, die ihnen folgten. Das eindringende Meer muss Larven und Junge vieler Arten von Küstentieren herangetragen haben, doch nur jene, die Nahrung finden konnten, sind imstande gewesen, an dem neuen Ufer am Leben zu bleiben. Am Anfang hat es als einziges Futter das Plankton gegeben, das mit jeder Flut, von der die Felsen des Gestades umspült wurden, immer wieder in dichten Schwärmen ankam. Die ersten ständigen Bewohner werden sicher Tiere gewesen sein, die sich winzige Organismen aus dem Wasser filterten, wie Seepocken und Miesmuscheln, die nicht viel mehr brauchen als einen festen Platz, an dem sie sich verankern können. Rings um die weißen Kegel der Seepocken und die dunklen Schalen der Muscheln keimten wahrscheinlich die Sporen von Algen, so dass sich über den oberen Felsen eine lebende grüne Hülle auszubreiten begann. Nun konnten die Tiere kommen, die sie abweideten – die kleinen Schneckenherden, die mit den scharfen Zähnchen ihrer Zungenplatten emsig den Felsen schabten und die fast unsichtbare Decke aus winzigen Pflanzenzellen ableckten. Erst nachdem sich die Formen niedergelassen hatten, die vom Plankton lebten und die Algen abgrasten, konnten die Fleischfresser hier heimisch werden. So müssen die räuberischen Nordischen Purpurschnecken, die Seesterne sowie viele Krabben und Würmer diese Felsenküste erst viel später aufgesucht haben. Aber jetzt sind sie alle dort und führen ihr Dasein innerhalb der waagrecht übereinanderliegenden Zonen des Gezeitensaums oder sie vereinen sich in kleinen Vertiefungen zu Lebensgemeinschaften, die sich aus der Notwendigkeit entwickelt haben, vor der Brandung Schutz zu suchen, Nahrung zu finden oder sich vor Feinden zu verbergen.

Das Bild des Lebens, das sich vor meinen Blicken ausbreitet, sobald der Steig den Wald verlässt, ist bezeichnend für eine ungeschützte Küste. Vom Rande des Fichtenwalds bis hinunter zu den dunklen Hainen des Seetangs geht das Leben des Festlands stufenweise in das Leben des Meeres über.

Flechten leben in dem Wald über dem Meer, still und unermüdlich am Werk, das Gestein in Bodenkrume zu verwandeln, wie sie es seit Millionen Jahren getan haben. Manche verlassen den Forst und rücken über den nackten Fels gegen den Gezeitensaum vor; einige wenige gehen noch weiter und überdauern ein regelmäßig wiederkehrendes Untertauchen im Meer, so dass sie ihre eigenartige und geheimnisvolle Aufgabe, die Zersetzung des Gesteins, auch in dem Gebiet der Tiden vollbringen können. In der Feuchtigkeit eines nebeligen Morgens liegt die Nabelflechte wie eine Hülle aus dünnem und geschmeidigem grünen Leder auf den Steilhängen, die über das Meer blicken, doch um die Mittagszeit wird sie unter einer austrocknenden Sonne schwarz und spröde; dann sehen die Felsen aus, als würden sie sich häuten und die äußeren Schichten abwerfen. Auch die Wandflechte breitet sich in orangefarbenen Flecken auf den Klippen und sogar auf der Landseite der Steinblöcke aus, die jeden Monat vom Hochwasser benetzt werden. Auf den niedrigeren Felsen wachsen Schuppen anderer Flechten, graugrün wie Salbei, eingerollt und zu seltsamen Gebilden gewunden; von ihrer Unterseite strecken sich schwarze, haarige Fortsätze nach abwärts, bohren sich zwischen die winzigen Teilchen des Gesteins und scheiden eine Säure aus, die den Felsen auflöst. Die Härchen nehmen Feuchtigkeit auf und schwellen an, dabei werden feine Körnchen vom Stein abgesprengt, und auf diese Weise schreitet die Arbeit voran, die den Fels in fruchtbare Erde verwandelt.

Unterhalb des Waldrands ist das Gestein weiß, grau oder lederfarben, entsprechend der Mineralart, aus der es besteht. Es ist trocken und ein Teil des Festlands. Abgesehen von einigen Insekten oder anderen Landtieren, die ihr Weg zufällig darüber führt, fehlen hier jede Fauna und Flora. Aber dicht oberhalb des Gebiets, das eindeutig dem Meer zugehört, zeigt der Fels eine merkwürdige Verfärbung: Er ist kräftig gezeichnet mit Streifen, Flecken oder einheitlichen Bändern von schwarzem Aussehen. Nichts an dieser Zone lässt auf Leben schließen; man könnte sie einfach für eine dunklere Stelle halten oder höchstens für ein filzig raues Stückchen Steinfläche. Doch handelt es sich tatsächlich um einen dichten Bestand winziger Pflanzen. Zu den Arten, aus denen er sich zusammensetzt, zählen manchmal eine sehr kleine Flechte, hin und wieder eine oder mehrere Grünalgen, aber zum Großteil besteht er aus den einfachsten und ältesten Pflanzen, den blaugrünen Algen. Einige sind in Schleimhüllen eingeschlossen, die sie vor dem Austrocknen schützen und sie befähigen, lange Zeit Sonne und Luft ausgesetzt zu bleiben, ohne zugrunde zu gehen. Alle sind so winzig klein, dass man die Einzelpflanzen nicht unterscheiden kann. Ihre gallertähnlichen Hüllen und der Gischt der Wellen, die sich dort brechen, machen den Zugang zum Meer über sie schlüpfrig wie über spiegelglattes Eis.

Diese schwarze Zone hat eine Bedeutung, die ihr unscheinbares, lebloses Aussehen weit übersteigt und uns auf einen verborgenen Sinn hinweist, den wir nicht ergründen können und der unsere Wissbegierde stets von neuem anregt. Wo immer Felsen und Meer aufeinandertreffen, haben diese mikroskopisch kleinen Pflanzen ihre Inschrift hinterlassen, eine Botschaft, die nur zum Teil leserlich ist, obwohl es scheint, als betreffe sie auf irgendeine Weise die weltweite Verbreitung der Ozeane und Gezeiten.

Andere Lebewesen der Gezeitenwelt kommen und gehen, aber dieser dunkle Streifen ist allgegenwärtig. Die großen Algenarten und die Seepocken, Schnecken und Muscheln tauchen im Gezeitensaum auf und verschwinden wieder, je nachdem sich die Lebensbedingungen dort verändern, aber die schwarzen Zeichnungen dieser mikroskopisch kleinen Pflanzen sind immer vorhanden. Als ich sie hier an der Küste von Maine vor mir sah, erinnerte ich mich, wie sie mit ihren Streifen auch den Korallensaum von Key Largo und die glatte Plattform aus weißem,

Oben: Felsen-Uferschnecken mit rauer Schale

Rechts unten: Gemeine Uferschnecken

Links: Felsen-Seepocken

weichem Muschelsandstein bei St. Augustine geschwärzt und ihre Spuren an den Betonhafendämmen bei Beaufort hinterlassen hatten. Auf der ganzen Welt bietet sich uns der gleiche Anblick – von Norwegen bis Südafrika und von den Aleuten bis nach Australien ist dieser Streifen das Zeichen der Begegnung zwischen Land und Meer.

Steige ich dann in das Gebiet unterhalb des dunklen Überzugs, der die Steinflächen bedeckt, sehe ich mich zuerst nach Seetieren um, die sich bis an die Schwelle des Landes vorwagen. In Spalten und Ritzen der hohen Felsen entdecke ich sie – die kleinsten aus der Sippe der Uferschnecken, die Felsen-Uferschnecken. Einige – die ganz jungen Tiere – sind so winzig, dass ich meine Lupe brauche, um sie deutlich zu sehen, und unter den Hunderten, die sich in diese Spalten und Vertiefungen drängen, kann ich sie in allen Größen, bis hinauf zu den ganz ausgewachsenen finden, die etwa zwölf Millimeter Durchmesser haben. Wenn es sich hier um Geschöpfe des Meeres mit den üblichen Lebensgewohnheiten handelte, würde ich denken, die kleinen Schnecken seien die Jungen einer größeren Art und vom Meer als Larven hierher verschlagen worden. Aber die Felsen-Uferschnecke schickt ihre Jungen nicht in die See; sie ist lebendgebärend und die Eier, von denen jedes in einen Kokon eingehüllt ist, entwickeln sich innerhalb des Muttertieres. Vom Inhalt des Kokons ernährt sich die junge Schnecke, bis sie schließlich durch die Eihülle bricht und den mütterlichen Körper verlässt – völlig ausgebildet und bereits mit einem Gehäuse versehen, das etwa so groß wie ein Körnchen feingemahlenen Kaffees ist. Ein so kleines Tier könnte leicht ins Meer hinausgeschwemmt werden; daher rührt ohne Zweifel die Gewohnheit, sich in Spalten und in leeren Seepockenschalen zu verbergen, wo ich sie oft in großer Zahl angetroffen habe.

Bis zu der Höhe, in der die meisten Felsen-Uferschnecken leben, gelangt das Meer allerdings nur alle vierzehn Tage bei Springflut und in den langen Zwischenräumen bildet der hochspritzende Gischt der Wellen, die sich dort brechen, die einzige Berührung mit dem nassen Element. Solange die Felsen vom Wasserstaub tüchtig angefeuchtet sind, können die Uferschnecken die meiste Zeit frei auf den Felsen herumkriechen und

Futter suchen; dabei arbeiten sie sich ziemlich weit in die schwarze Zone hinauf. Die mikroskopisch kleinen Pflanzen, von denen der schlüpfrige Überzug auf den Steinen herrührt, dienen ihnen als Futter; wie alle Arten ihrer Gruppe sind diese Uferschnecken Pflanzenfresser. Sie schaben dabei die Felsen mit einem besonderen Organ ab, das mit vielen Reihen scharfer, harter Zähnchen besetzt ist. Dieses Organ, die sogenannte Radula, bedeckt die Zunge und besteht aus einem Band, das am Boden des Schlundes liegt. Zieht man es auseinander, hat es ein Vielfaches der Körperlänge des Tieres, aber es ist fest zusammengeringelt wie eine Uhrfeder. Die Radula selbst besteht aus Chitin, dem gleichen Stoff, aus dem Insektenflügel und Hummerpanzer gebildet sind. Die Zähne, mit denen sie besetzt ist, sind in einigen hundert Reihen angeordnet; bei einer anderen Art, der Gemeinen Uferschnecke, erreicht die Gesamtzahl der Zähne 3500 Stück. Beim Abschaben der Felsen ist ein gewisser Verschleiß unvermeidlich und sobald die Zähne durch den Gebrauch abgewetzt sind, kann vom Schlund her ein weiteres Stück abgerollt werden, so dass stets für Nachschub gesorgt ist.

Auch an den Felsen macht sich eine Abnutzung bemerkbar. Wenn ihn Jahrzehnte und Jahrhunderte hindurch eine große Ansammlung von Uferschnecken auf der Suche nach Futter abgrast, so bewirkt das eine regelrechte Verwitterung, die Oberfläche der Felsen wird Körnchen um Körnchen abgetragen und die Tümpel im Gezeitensaum werden tiefer. In einem solchen Tümpel, der von einem kalifornischen Biologen sechzehn Jahre lang beobachtet wurde, hatte sich der Boden durch die Tätigkeit der Uferschnecken um etwa einen Zentimeter gesenkt. Regen, Frost und Überschwemmungen – die

Stumpfe Uferschnecken mit glatter Schale

Hauptkräfte der Verwitterung auf der Erde – arbeiten annähernd im gleichen Maßstab.

Die Uferschnecken, die auf den Felsen weiden und die Rückkehr der Flut erwarten, harren auch gelassen im Lauf der Zeiten des richtigen Augenblicks, in dem sie den gegenwärtigen Abschnitt ihrer Entwicklung vollenden und auf das Festland vordringen können. Alle Schnecken, die jetzt an Land leben, stammen von Ahnen im Meer ab; ihre Vorfahren haben irgendwann einmal jenes Übergangsstadium durchgemacht, in dem sich die Uferschnecke jetzt befindet.

Im Bau und in den Lebensgewohnheiten der drei Schneckenarten, die man an der Küste Neuenglands antrifft, kann man deutlich erkennen, wie die Entwicklung verläuft, wenn sich ein Meeresgeschöpf in einen Landbewohner verwandelt. Die Stumpfe Uferschnecke ist noch ganz ans Meer gebunden, sie kann sich nur kurz in der Luft aufhalten. Bei Ebbe verkriecht sie sich im feuchten Seetang. Die Gemeine Uferschnecke lebt oft an Stellen, wo sie nur bei Flut während kurzer Zeit vom Wasser bedeckt ist. Sie legt aber ihre Eier ins Meer ab und ist daher für ein Dasein auf dem Festland noch nicht gerüstet. Bei der Felsen-Uferschnecke dagegen sind die meisten Bande zerschnitten, die sie ans Meer fesseln; sie ist jetzt beinahe schon ein Landtier. Als sie lebendgebärend wurde, machte sie sich auch in der Fortpflanzung vom Meer unabhängig. Sie kann im Hochwassergebiet der Springfluten gedeihen, weil sie – abweichend von den verwandten Formen tieferliegender Zonen – eine Kiemenhöhle besitzt, die reichlich mit Blutgefäßen ausgestattet ist und beinahe wie eine Lunge den Sauerstoff der Luft zu atmen vermag. In der Tat ist dauernder Aufenthalt unter Wasser tödlich für das Tier und im gegenwärtigen Stadium seiner Entwicklung kann es bis zu dreißig Tagen trockener Luft ausgesetzt bleiben, ohne zugrunde zu gehen.

Bei der Felsen-Uferschnecke wurde von einem Franzosen durch Versuche entdeckt, dass sich ihr der Rhythmus der Gezeiten ganz tief eingeprägt hat und ihr Verhalten bestimmt; selbst wenn sie nicht mehr das abwechselnde Steigen und Fallen des Wassers am eigenen Leib verspürt, ›erinnert‹ sie sich noch daran. Während der Zeit, in der alle vierzehn Tage Springfluten zu den Felsen hochsteigen, ist das Tier sehr lebhaft, aber in den Perioden, in denen es nicht mit dem Wasser in Berührung kommt, wird es immer träger und seine Zellgewebe trocknen bis zu einem bestimmten Grad aus. Setzt die Springflut wieder ein, wird auch die Schnecke wieder munter. Bringt man die Versuchstiere in ein Laboratorium, dann spiegelt sich auch dort in ihrem Verhalten das Anschwellen und Verebben der See an den Küsten wider, an denen sie heimisch sind.

Einzelne Seepocke

An diesem ungeschützten Ufer Neuenglands sind die auffallendsten Tiere der Flutzone die Felsen-Seepocken, auch Meereicheln genannt, die überall außer in ganz wildbewegter Brandung leben können. Der Seetang ist hier durch die Einwirkung der Wellen so verkümmert, dass er den Seepocken den Rang nicht streitig machen kann, so haben diese Tiere die obere Küste beschlagnahmt, bis auf den Raum, in dem sich die Miesmuscheln behaupten konnten.

Bei Ebbe erscheinen uns die mit den Seepocken bedeckten Felsen wie eine Landschaft, in der aus dem mineralischen Gestein Millionen kleiner, scharf zugespitzter Kegel herausgemeißelt worden sind. Nichts regt sich, kein Zeichen, keine Andeutung von Leben. Die steinharten Schalen bestehen wie bei den Weichtieren aus Kalk und werden von dem unsichtbaren Tier ausgeschieden, das in ihnen steckt. Jedes kegelförmige Gehäuse besteht aus sechs Platten, die ringförmig angeordnet und genau aneinandergefügt sind. Ein Deckel aus vier Platten bildet die Türe, die sich schließt, sobald die Flut verebbt ist, um die Seepocke vor dem Austrocknen zu schützen, oder sich öffnet, um ihr das Fressen zu ermöglichen. Die ersten kleinen Wellen der einströmenden Flut erwecken das versteinerte Feld zum Leben. Wenn man dann bis zu den Knöcheln im Wasser steht und ganz aus der Nähe beobachtet, sieht man überall winzige Schatten über die untergetauchten Felsen huschen. Über jedem einzelnen Kegel wird ein zerschlissenes Federbüschel durch die leichtgeöffnete Pforte in regelmäßigen Abständen herausgestoßen und wieder eingezogen; die Seepocke strudelt mit diesen rhythmischen Bewegungen Kieselalgen und andere mikroskopische Lebewesen der hereinflutenden See zu sich heran.

Das Geschöpf innerhalb des Gehäuses ähnelt ein wenig einer kleinen rötlichen Garnele, die mit dem Kopf nach abwärts in einer Kammer liegt. Die Grundfläche dieser Kammer ist festgemauert und das Tier kann sie nicht verlassen. Nur die Gliedmaßen werden hinausgestreckt; es sind sechs Paare verzweigter, schlanker Ruten, die gegliedert und mit Borsten besetzt sind. Vereint bilden sie ein Fangnetz von großer Wirksamkeit.

Die Seepocke gehört zu einer Gruppe der Gliederfüßer, die unter dem Namen Krebstiere bekannt ist und eine große Zahl verschiedenster Formen umfasst, wie Hummer, Krabben, Strandflöhe, kleine Salinenkrebschen, die in Salzlachen leben, und Wasserflöhe. Die Seepocke unterscheidet sich aber von allen diesen Verwandten durch ihre sesshafte Lebensweise. Wann und wie sie dazu übergegangen ist, bildet eines der Rätsel der Zoologie; denn die Zwischenformen sind irgendwo in nebelhafter Vergangenheit verlorengegangen. Einige schwache Andeutungen eines ähnlichen Verhaltens – an einem festen Platz zu warten, bis das Meer Nahrung heranbringt – finden sich

Seepockenlarven
Rechts: Cyprisstadium
Links: Naupliusstadium

noch bei einigen Flohkrebsen. Manche dieser Tierchen spinnen kleine Netze oder ›Kokons‹ aus Naturseide und Tangfasern; obwohl sie freibeweglich bleiben und nach Belieben kommen und gehen können, verbringen sie die meiste Zeit in diesen Gespinsten und holen sich die Nahrung aus dem vorbeiströmenden Wasser. Ein anderer Flohkrebs, eine Art der pazifischen Küste, baut Höhlen in Kolonien des Manteltiers Amaroucium; das Krebschen höhlt sich eine Kammer in dem zähen, durchsichtigen Körpergewebe seines Wirts aus. In diesem Versteck bleibt es liegen, lässt das Meerwasser über sich wegfließen und entnimmt ihm das Futter.

Auf welche Weise die Seepocke auch immer zu ihrer jetzigen Gestalt gekommen ist, ihre Larvenstadien beweisen eindeutig, dass sie von Krebstieren abstammt. (Zoologen früherer Zeit zählten sie wegen ihrer harten Schalen zu den Weichtieren.) Die Eier entwickeln sich innerhalb der Schalen des Elterntiers, die Larven schlüpfen nach kurzer Zeit aus und ergießen sich in milchigen Wolken ins Meer. Der britische Zoologe Hilary Moore studierte die Seepocken bei der Isle of Man und schätzte die jährlich ausschlüpfenden Larven in einem Küstengebiet von nur etwa achthundert Metern Länge auf eine Million Millionen. Die Felsen-Seepocke lebt etwa drei Monate lang als Larve, wobei sie sich etliche Male häutet und das Aussehen verändert. Zuerst ist sie ein kleines, schwimmendes Lebewesen, das Nauplius genannt wird und sich nicht von der Larve aller anderen Krebse unterscheidet. Sie ernährt sich von großen Fettkügelchen, die nicht nur als Futter dienen, sondern ihr auch ermöglichen, nahe der Oberfläche zu bleiben. In dem Maße, wie die Fettkügelchen abnehmen, beginnt die Larve in größeren Tiefen zu schwimmen. Schließlich ändert sie die Gestalt, bekommt ein Paar Schalen, sechs Paar Schwimmfüße und ein Paar Fühler, die an der Spitze Saugnäpfe tragen. Diese ›Cypris‹-Larve ähnelt sehr stark dem erwachsenen Tier einer anderen Krebsgruppe, den Muschelkrebsen. Schließlich wird diese Larve vom Instinkt geleitet, der Schwerkraft zu folgen und das Licht zu meiden, sie sinkt auf den Grund, bereit, sich in das erwachsene Tier zu verwandeln.

Niemand weiß, wie viele der jungen Seepocken, die auf den Wellen der Küste zureiten, sicher landen, und wie vielen es nicht glückt, eine noch freie, harte Unterlage zu finden. Wenn sich die Seepockenlarven festsetzen, ist das kein Vorgang, der dem Zufall überlassen bleibt, sondern er vollzieht sich erst nach einiger Zeit und anscheinend wohlüberlegt. Biologen, die ihn im Laboratorium beobachtet haben, berichten, dass die Larven auf der Unterlage eine Stunde lang ›herumspazieren‹, indem sie sich mit den Spitzen der Fühler ansaugen und den Körper nachziehen; dabei prüfen sie viele Stellen auf ihre Eignung und lehnen sie wieder ab, ehe sie endgültig ihre Wahl treffen. In der natürlichen Umgebung treiben sie wahrscheinlich viele Tage lang mit den Strömungen weiter, lassen sich auf den Grund sinken und vielleicht zu einem anderen Platz tragen, nachdem sie den Boden, den sie vorfinden, untersucht haben.

Welche Bedingungen braucht dieses Geschöpf im Jugendstadium? Wahrscheinlich behagen ihm Felsenflächen, die rau sind und Vertiefungen besitzen, besser als ganz glatte; einen schleimigen Überzug aus mikroskopischen Pflanzen wird es voraussichtlich meiden und manchmal auch durch die Anwesenheit von Polypen oder großen Algen vertrieben werden. Man hat Grund anzunehmen, dass die Seepockenlarven von bereits bestehenden Kolonien durch geheimnisvolle chemische Anziehung angelockt werden; sobald sie Stoffe entdecken, die von den erwachsenen Tieren abgesondert werden, scheinen sie diesen Wegweisern zur Kolonie zu folgen. Irgendwie wird dann plötzlich und unwiderruflich die Wahl getroffen und die junge Seepocke mauert sich an der Unterlage fest, die sie gefunden hat. Ihre Zellgewebe erfahren eine völlige und tiefgreifende Neuordnung, vergleichbar der Umwandlung der Schmetterlingsraupe. Dann erscheinen aus einer nahezu formlosen Masse die ersten Ansätze einer Schale, der Kopf und die Gliedmaßen werden gebildet, und innerhalb von zwölf Stunden ist der Kegel mit allen seinen deutlich abgegrenzten Platten fertig.

In ihrem Kalkbecher hat die Seepocke beim Wachsen zwei Schwierigkeiten zu überwinden. Als Krebstier, das in einer Chitinhülle eingeschlossen ist, muss sie in bestimmten Zeitabständen ihre nicht dehnbare Außenhaut abwerfen, damit der Körper größer werden kann. So schwer dies erscheint, wird das Kunststück mit Erfolg ausgeführt, wie ich alle Sommer des Öfteren feststellen kann. Fast jedes Gefäß voll Meerwasser, das ich von der Küste heimtrage, ist gesprenkelt von weißen, halbdurchsichtigen Stückchen, die so fein wie Altweibersommer

Eine Nordische Purpurschnecke mit ihrer Beute, den Gemeinen Miesmuscheln

sind. Betrachtet man sie unter dem Mikroskop, ist jede Einzelheit im Bau deutlich zu erkennen. Offensichtlich streift die Seepocke unglaublich geschickt und sorgfältig ihre alte Haut ab. An den kleinen Hüllen, die wie Zellglas aussehen und einer genau modellierten Gussform des Tierkörpers gleichen, lassen sich die Gelenke der Glieder zählen; sogar die Borsten, die am Grunde der Gelenke herausragen, scheinen unversehrt aus ihren Behältern geschlüpft zu sein.

Die zweite Schwierigkeit besteht darin, den harten Kegel zu vergrößern und dem wachsenden Körper anzupassen. Wie das eigentlich vor sich geht, darüber scheint niemand zuverlässig Bescheid zu wissen, aber wahrscheinlich wird irgendein chemischer Stoff ausgeschieden, der die inneren Schichten auflöst, während an der Außenseite neue angelagert werden.

Wenn nicht ihr Leben vorzeitig durch einen Feind endet, kann eine Felsen-Seepocke wahrscheinlich drei Jahre in den mittleren und tieferen Zonen des Gezeitensaums oder fünf Jahre in den höhergelegenen alt werden.

Das Tier kann im Sommer hohen Temperaturen standhalten und auch Winterkälte an sich bringt ihm keinen Schaden; aber der Eisgang ist sein Feind: Er scheuert alle Felsen von Seepocken kahl.

Wenn durch angreifende Fische, räuberische Würmer und Schnecken oder durch natürliche Ursachen das Leben der Seepocke ein Ende findet, bleiben die Schalen am Fels haften. In ihnen suchen viele der winzigen Lebewesen der Küste Zuflucht. Abgesehen von den jungen Uferschnecken, die regelmäßig in ihnen wohnen, eilen die Insekten der Gezeitentümpel oft in diese schützenden Gehäuse, wenn sie von der steigenden Flut überrascht werden. Und weiter unten an der Küste oder in den Tümpeln selbst beherbergen die leeren Schalen gerne junge Anemonen, Röhrenwürmer oder auch neue Generationen von Seepocken.

Ihr Hauptfeind an diesen Küsten ist eine leuchtend gefärbte, fleischfressende Meeresschnecke, die Nordische Purpurschnecke. Obwohl sie auch Muscheln und gelegentlich sogar Uferschnecken überfällt, scheint sie Seepocken aller anderen Nahrung vorzuziehen, wahrscheinlich weil die leichter zu fressen sind. Wie alle ihre Artgenossen besitzt die Nordische Purpurschnecke eine Radula. Mit ihr schabt sie nicht wie die Uferschnecken die Felsen ab, sondern bohrt in jedes hartschalige Beutetier ein Loch. Dann kann sie mit der Radula durch die Öffnung stoßen, die sie sich gefeilt hat; sie holt die Weichteile aus dem Innern und verzehrt sie. Um jedoch eine Seepocke zu verschlingen, braucht diese räuberische Schnecke nur den Kegel mit ihrem fleischigen Fuß zu umhüllen und die Verschlussplatten aufzubrechen. Sie erzeugt auch eine Absonderung, das sogenannte Purpurin, das wahrscheinlich betäubend wirkt. In alten Zeiten bildete das Sekret einer verwandten Schnecke im Mittelmeer den Grundstoff für den tyrischen Purpur; es handelt sich dabei um eine organische Bromverbindung, die sich bei Luftzutritt in einen roten Farbstoff verwandelt.

Obwohl Nordische Purpurschnecken bei heftiger Brandung nicht vorkommen, findet man sie in großen Mengen an den meisten offenen Küsten; sie dringen weit nach oben vor, bis in die Zone der Seepocken und Miesmuscheln. Durch ihre unersättliche Fressgier können sie tatsächlich an der Küste das Gleichgewicht der Arten innerhalb eines bestimmten Lebensraums verändern. Es gibt einen Bericht, nach dem diese Purpurschnecken in einem Gebiet die Zahl der Seepocken so stark verminderten, dass Miesmuscheln einwandern konnten und jedes freigewordene Eckchen besetzten. Sobald die Purpurschnecken keine Seepocken mehr fanden, gingen sie zu den Muscheln über. Zuerst stellten sie sich ungeschickt an und wussten nicht, wie sie die neuen Opfer fressen sollten. Einige vergeudeten etliche Tage damit, Löcher in leere Schalen zu feilen; andere krochen in hohle Muscheln hinein und bohrten sie von innen an. Doch nach einer angemessenen Zeit hatten sie es gelernt, auch die neue Beute richtig anzugehen, und fraßen so viel davon, dass die Kolonie dahinzuschwinden begann. Dann ließen sich erneut die Seepocken auf den Felsen nieder und am Ende kehrten die Schnecken wieder zu ihnen zurück.

In den mittleren Abschnitten der Küste und sogar bis hinunter zu dem Grenzsaum, an den das Wasser bei Ebbe zurückweicht, leben diese Räuber aus der Familie der Wulstschnecken unter den triefenden Algenvorhängen der Felswände, oder in dem Rasen des Knorpeltangs und zwischen den flachen, schlüpfrigen Lappen einer Rotalge, des Hauttangs. Die Tiere haften an den

Eibehälter der Nordischen Purpurschnecke
Rechts: Junge Tiere schlüpfen aus den Eikapseln.

Unterseiten überhängender Felsleisten oder sammeln sich in tiefen Spalten, wo Salzwasser von Algen und Muscheln tropft und in kleinen Bächen über den Boden rieselt. An allen derartigen Stellen kommen die Nordischen Purpurschnecken zahlreich paarweise vor und legen ihre Eier in strohfarbenen Behältern ab, von denen jeder etwa die Größe und Form eines Weizenkorns besitzt und zäh wie Pergament ist. Jede Kapsel steht allein, sie ist mit der Grundfläche an der Unterlage befestigt, aber gewöhnlich drängen sie sich so dicht aneinander, dass sie wie ein Mosaik wirken.

Die Schnecke braucht etwa eine Stunde, um eine einzige Kapsel herzustellen, aber sie bringt selten mehr als zehn Stück an einem Tag fertig. Solange die Zeit der Fortpflanzung währt, werden etwa zweihundertfünfundvierzig derartige Behälter hergestellt. Obwohl eine einzige Kapsel bis tausend Eier enthalten kann, sind die meisten unbefruchtet und dienen den Embryonen, die sich entwickeln, als Nahrung. Wenn die Kapseln reif sind, werden

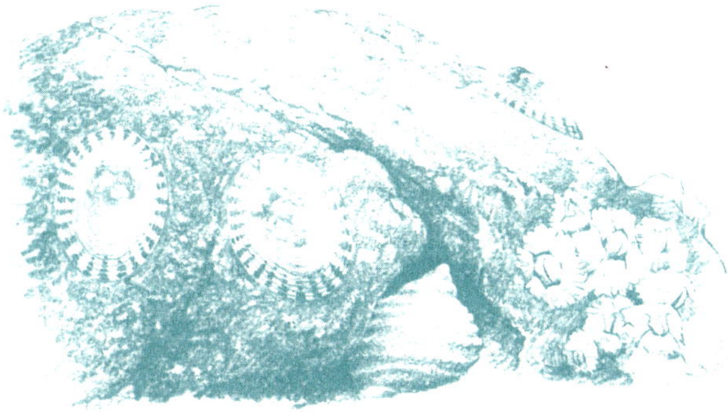

Schüsselschnecken, Acmaea testudinalis; rechts: Felsen-Seepocken

sie purpurn, die Farbe rührt von der gleichen chemischen Substanz, dem Purpurin, her, das von den erwachsenen Tieren abgeschieden wird. In ungefähr vier Monaten ist die Entwicklung beendet, und fünfzehn bis zwanzig kleine Schneckchen kriechen aus der Kapsel.

Frisch geschlüpfte Junge findet man selten in der gleichen Zone wie die erwachsenen Tiere, obwohl doch die Kapseln dort abgelegt wurden. Offenkundig tragen die Wellen die jungen Schnecken hinunter bis in das Niedrigwassergebiet oder noch tiefer. Wahrscheinlich werden viele aufs Meer hinausgeschwemmt und gehen zugrunde, aber die Überlebenden kann man bei Ebbe finden. Sie sind sehr klein – etwa eineinhalb Millimeter hoch – und sie ernähren sich von den Posthorn-Röhrenwürmern, deren Röhren wohl leichter zu durchnagen sind als die Kegel kleiner Seepocken. Erst wenn eine Nordische Purpurschnecke etwa sechs bis zehn Millimeter misst, wandert sie höher an die Küste hinauf und ernährt sich nun von Seepocken.

Weiter unten am Ufer, in den mittleren Zonen, gibt es eine Menge Schüsselschnecken der Art Acmaea testudinalis. Sie erscheinen auf den Felsflächen, die mit ihnen wie gesprenkelt sind, aber die meisten leben in großer Zahl in seichten Fluttümpeln. Eine solche Schüsselschnecke hat eine einfache kegelförmige Schale von der Größe eines Fingernagels, die unauffällig in weichen, braunen, grauen und blauen Farbtönen gefleckt ist. Das Tier gehört zu einer der ältesten und urtümlichsten Schneckenarten, doch sind seine Primitivität und Einfachheit trügerisch. Der Körperbau ist bis in jede Einzelheit der schwierigen Welt der Küste wunderbar angepasst. Von einer Schnecke erwartet man, dass sie ein gewundenes Gehäuse besitzt; Acmaea dagegen trägt eine abgeflachte Kegelschale. Die Uferschnecken mit einem spiraligen Haus werden oft in der Brandung umhergerollt, wenn sie sich nicht in Spalten oder unter Algen sicher verstecken. Die Schüsselschnecke presst lediglich ihren ›Kulihut‹ gegen den Stein und das Wasser gleitet über die schrägen Flächen ab, ohne einen Angriffspunkt zu finden. Je schwerer der Seegang, desto fester drücken sich die Tiere gegen die Felsen. Die meisten anderen Schnecken besitzen einen Deckel, das Operculum, um Feinde auszusperren und im Innern Feuchtigkeit zu bewahren. Die Schüsselschnecke hat nur als ganz junges Tier einen Deckel und wirft ihn später ab. Die Schale liegt der Unterlage so dicht an, dass ein Operculum unnötig ist; Feuchtigkeit wird in einer kleinen Rinne zurückbehalten, die rings um den Innenrand der Schale verläuft, und die Kiemen haben so ihr eigenes Stückchen Meer, in dem sie sich baden können.

Seit Aristoteles von einer nahe verwandten Form berichtet hat, dass sie ihren Platz an den Felsen verlässt und auszieht, um Futter zu suchen, hat es immer Leute gegeben, die naturwissenschaftliches Material über diese Arten gesammelt haben. Allgemein hat man sich darüber gestritten, ob sie tatsächlich über eine Art Ortssinn verfügen. Angeblich soll jede Schüsselschnecke an einem bestimmten Standort ›zu Hause‹ sein, an den sie immer wieder zurückkehrt. An einigen Gesteinsarten lässt sich diese Stelle vielleicht erkennen, weil eine Verfärbung oder Vertiefung zu sehen ist, die den Umrissen der Schale genau entspricht. Von dieser ›Wohnung‹ zieht die Schüsselschnecke bei Flut aus, um Futter zu suchen und mit der Radula die kleinen Algen von den Felsen zu schaben. Nach einer oder zwei Stunden Fressen kehrt sie annähernd auf dem gleichen Wege wieder zurück, setzt sich zur Ruhe und wartet die Ebbezeit ab.

Viele Naturwissenschaftler des neunzehnten Jahrhunderts bemühten sich erfolglos, durch Versuche herauszubekommen, worum es sich bei diesem Ortssinn handle und in welchem Organ er seinen Sitz habe. Die meisten dieser Untersuchungen beschäftigten sich mit der Gemeinen Napfschnecke Patella, die in europäischen Küstengebieten häufig ist, und obwohl niemand erklären konnte, wie der Ortssinn arbeitet, schien wenig Zweifel zu bestehen, dass er vorhanden sei und die Tiere heimfänden.

Amerikanische Wissenschaftler haben in den letzten Jahren die Frage mit statistischen Methoden erforscht und einige sind zu dem Schluss gekommen, dass Arten der pazifischen Küste überhaupt nicht gut ›nach Hause‹ finden. (Bei den Schüsselschnecken Neuenglands sind in dieser Hinsicht noch keine sorgfältigen Studien angestellt worden.) Andere Versuche, die kürzlich in Kalifornien ausgeführt wurden, unterstützen allerdings die Annahme eines Ortssinns. Dr. W.G. Hewatt kennzeichnete eine große Anzahl Schüsselschnecken und ihre Standorte mit gleichen Ziffern. Er fand, dass alle Tiere jedes Mal bei Flut ihren Platz verließen, etwa zweieinhalb Stunden umherkrochen und dann wieder an die gleiche Stelle zurückkehrten. Die Richtung, in der sie ihre Ausflüge unternahmen, wechselte von Flut zu Flut, aber sie kamen immer wieder zu ihrem ›Wohnsitz‹ zurück. Dr. Hewatt kehlte nun eine tiefe Rinne aus, die quer zum Heimweg eines der Tiere lag. Die Schüsselschnecke hielt am Rande der Furche inne und blieb bis zur nächsten Flut vor diesem Hindernis sitzen, dann umging sie es und suchte den alten Platz wieder auf. Ein anderes Tier hob Dr. Hewatt etwa dreiundzwanzig Zentimeter vor seiner ›Wohnung‹ vom Felsen ab und schliff die Ränder der Schale glatt. Dann ließ er die Schnecke an der gleichen Stelle wieder frei. Sie kroch an ihren ursprünglichen Standort, aber wahrscheinlich passte sie infolge des Feilens nicht mehr genau auf die alte Unterlage, denn am nächsten Tag hatte sie ihr gewohntes Fleckchen verlassen. Am vierten Tag hatte sie sich einen neuen Aufenthaltsort gewählt und nach elf Tagen war sie ganz verschwunden.

Die Beziehungen der Schüsselschnecke zu den anderen Bewohnern der Küste sind einfach. Sie lebt gänzlich von den winzigen Algen, die den Fels mit einem schlüpfrigen Überzug umkleiden, oder von den Rindenzellen größerer Algen. Für beide Zwecke leistet ihr die Radula ausgezeichnete Dienste. Die Schüsselschnecke schabt die Felsen so emsig ab, dass man feine Steinkörnchen in ihrem Magen gefunden hat. Weil die Schnecken, wenn sie zahlreich vorkommen, die Felsen ziemlich kahlfressen, sind sie ausgesprochene Feinde für die Algensporen, die im Wasser umherschwärmen und sich ansiedeln wollen. Den Seepocken allerdings nützen sie und machen es

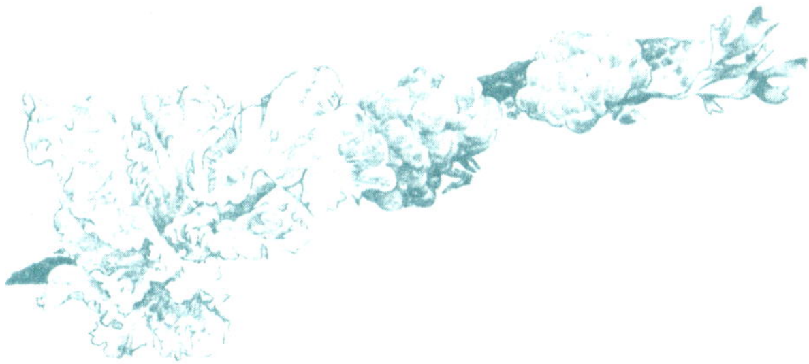

Links: Purpurtang
Rechts: Leathesie

den Larven leichter, sich festzusetzen. Tatsächlich sind die Schalen junger Seepocken wie kleine Sterne über die strahlenförmig vom Standort ausgehenden Wanderwege einer Schüsselschnecke verstreut.

Die Fortpflanzungsweise dieser kleinen Schnecken, die einfacher aussehen, als sie sind, konnte bis jetzt noch nicht genau ergründet werden. Eines ist allerdings sicher: Das Weibchen verfertigt keine Schutzkapseln für die Eier, wie es für viele Schnecken typisch ist, sondern sie vertraut sie unmittelbar der See an. Dies ist ein primitives Verhalten, das vielen niedrigeren Lebewesen des Meeres eigen ist. Ob die Eier im Körper des Muttertieres befruchtet werden oder erst während sie im Meer treiben, ist unsicher. Die jungen Larven schwimmen eine Weile in den oberen Wasserschichten. Soweit sie am Leben bleiben, siedeln sie sich auf steinigem Untergrund an und verwandeln sich in die erwachsene Form. Wahrscheinlich sind alle jungen Schüsselschnecken Männchen, die später zu Weibchen werden – ein Vorgang, der bei den Weichtieren keineswegs ungewöhnlich ist.

Wie die Tiere dieser Küste sind auch die Algen stumme Zeugen für die schwere Brandung, die hier herrscht. Abseits der ins offene Meer hinausragenden Steilufer, in Buchten und Meerbusen können die Braunalgen zwei Meter hoch werden; hier, an dieser ungeschützten Küste, ist eine Pflanze von zwanzig Zentimetern schon groß. Das spärliche Vorkommen und der verkümmerte Wuchs der Algen, die in die oberen Felsregionen vordringen, zeigen uns, wie hart die Lebensbedingungen in einem Raum mit schwerem Seegang sind. In den mittleren und tieferen Zonen der Felsenküste vermögen einige kräftige Algenarten ein ausgedehntes Gebiet in größerer Zahl zu besiedeln. Diese Pflanzen unterscheiden sich aber so stark von den Algen ruhigerer Gestade, dass sie beinahe zum Sinnbild einer von Wellen umrauschten Küste werden.

Hier und da glitzert auf den Felsen, die zur See abfallen, eine Decke aus vielen Einzelpflanzen einer merkwürdigen Alge, des Purpurtangs, auch Rotblatt genannt. Er gehört zu den Rotalgen und obwohl seine Farbtönung wechselt, ist er an der Küste von Maine zumeist rötlich braun.

Im Aussehen ähnelt er kleinen Stückchen braunen, durchsichtigen Kunststoffs, die aus einem Regenmantel geschnitten wurden. Die blattartigen, gestielten Lappen sind dünnhäutig wie beim Meersalat, aber sie bestehen aus einer doppelten Gewebsschicht und wirken wie ein kleiner Luftballon, der so schlaff geworden ist, dass sich die gegenüberliegenden Wände berühren. Der kurze Hals des ›Ballons‹ ist beim Purpurtang mit einem Halteseil aus fest verflochtenen Fasern am Felsen verankert. Gelegentlich haftet die Pflanze auch an Seepocken und nur ganz selten wächst sie an anderen Algen, statt unmittelbar auf harten Steinflächen. Sobald der Purpurtang bei Ebbe ungeschützt in der heißen Sonne liegt, trocknet er zu knisternden, papierenen Schichten ein, aber das zurückflutende Meer gibt ihm die alte Spannkraft wieder; sie ermöglicht es ihm, trotz seiner scheinbaren Zartheit den Wellen unbeschadet nachzugeben, die auf ihn einstürmen und an ihm zerren.

Weiter unten, in den tiefergelegenen Gezeitenzonen, finden wir eine andere seltsame Alge, die Leathesie, den Gallerttang, im Volksmund in Amerika auch Meerkartoffel genannt. Sie wächst in kugeligen Gebilden, deren Oberfläche gefurcht und gelappt ist, so dass fleischige, bernsteinfarbene Knollen von verschiedener Größe bis zu fünf Zentimetern Durchmesser entstehen. Gewöhnlich umwuchert der Gallerttang die krausen Wedel des Knorpeltangs oder einer anderen Alge, und nur ganz selten heftet er sich unmittelbar an die Felsen.

Die tieferliegenden Steinflächen und die Becken der Ebbetümpel sind oft von dichten Algenmatten bedeckt. Hier verdrängen die Rotalgen weitgehend die Braunalgen, die bis in höhere Zonen hinaufsteigen. Gemeinsam mit dem Knorpeltang säumt der Hauttang die Wände der Tümpel, seine dünnen, mattroten Lappen sind tief eingekerbt, so dass sie in ihren großen Umrissen einer Hand ähneln. Winzige Zipfel, die manchmal regellos an den Rändern hängen, geben der Pflanze ein sonderbar zerschlissenes Aussehen. Wenn das Wasser abfließt, schmiegt sich der Hauttang an den steinigen Untergrund, wobei sich immer eine papierdünne Lage über die andere breitet. Viele kleine Seesterne, Seeigel und Weichtiere leben im Hauttang sowie in den tiefergelegenen Rasenflächen des Knorpeltangs, der unter den verschiedensten Namen wie Perlmoos, Krausmoos und Gallertmoos bekannt ist und getrocknet als Irländisches Moos oder Caraghenmoos gehandelt wird.

Der Hauttang ist eine Rotalge, deren Nutzen man schon seit langem kennt, er wird als Nahrung für den Menschen und zur Fütterung von Haustieren verwendet. In einem alten schottischen Buch über Algen steht geschrieben: »Wer von dem ›dulse‹ (Hauttang) von Guerdie isst und aus den Quellen von Kildingie trinkt, wird von allen Krankheiten, außer vom ›Schwarzen Tod‹, verschont bleiben.« In England frisst das Großvieh die Pflanze gern und die Schafe ziehen bei Ebbe in den Gezeitensaum, um danach zu suchen. Die Bevölkerung von Schottland, Irland und Island bereitet aus dem Hauttang verschiedene Speisen, oder sie trocknet ihn und kaut ihn wie Tabak; sogar in den Vereinigten Staaten, wo man derlei Nahrungsmittel gewöhnlich verschmäht, ist es möglich, in manchen Küstenstädten den Hauttang frisch oder gedörrt zu kaufen.

In den Tümpeln, die im tiefsten Abschnitt des Ufersaums liegen, finden wir die Laminarien – auch Laminariales genannt –, die Arten des Blatt- oder Riementangs. Der Riementang gehört zu den Braunalgen, die besonders gut im Halbdunkel des tiefen Wassers und der Polarmeere gedeihen. Eine dieser Laminarien, der Fingertang, im Englischen sehr treffend Pferdeschweif-Tang genannt, kommt mit anderen der gleichen Gruppe fast nur unterhalb der Gezeitenzone vor, aber manchmal überschreitet er diese Schwelle auch und wächst in tiefen Tümpeln knapp oberhalb des Streifens, bis zu dem sich das Wasser beim niedrigsten Stand der Ebbe zurückzieht. Sein breiter, flacher und lederartiger Thallus[4] ist zu langen

4 Die verschieden geformten Gewebsteile der Algen werden als Thallus bezeichnet, weil sie im Gegensatz zu den höheren Pflanzen noch keine echten Blätter, Stämme und Wurzeln besitzen.

Hauttang

Bändern zerfranst, deren glatte und seidige Oberfläche in einem kräftigen, leuchtenden Braun schimmert.

Das Wasser in diesen Becken ist eiskalt und voll dunkler, wogender Pflanzen. Blickt man in einen solchen Tümpel, ist es, als sehe man einen dunklen Wald, dessen Laub Palmblättern gleicht, und in dem die wuchtigen Stiele des Riementangs ebenfalls eine merkwürdige Ähnlichkeit mit Palmstrünken besitzen. Gleitet man mit den Fingern an dem Stamm abwärts und packt ihn gerade oberhalb der Verankerung, kann man die Pflanze hochziehen und entdeckt, dass man eine Welt im Kleinen in der Hand hält.

Das Haftorgan, mit dem sich ein Riementang anklammert, gleicht den Wurzeln eines Waldbaums; es verzweigt sich vielfach bis zu ganz feinen Verästelungen und gerade an seinem verwickelten Bau kann man ermessen, wie

Fingertang, Laminaria digitata

mächtig die Wogen sein müssen, die über die Pflanze hinwegrauschen. Hier finden Tiere, wie Muscheln und Seescheiden, die Plankton aus dem Wasser filtern, einen sicheren Halt. Unter den gewölbten Säulen aus Algengewebe wimmelt es von kleinen Seesternen und Seeigeln. Räuberische Würmer, die nachts beutelüstern auf Jagd ausziehen, kehren beim Licht des Tages in ihre tiefen Schlupfwinkel zurück und ringeln sich zu wirren Knäueln in den dunklen, feuchten Höhlungen. Matten aus Schwämmen breiten sich über die Haftorgane und sind lautlos und unermüdlich damit beschäftigt, dem Wasser des Tümpels Nahrung zu entnehmen. Eines Tages siedelt sich vielleicht auch die Larve eines Moostierchens hier an und baut ihr winziges Haus, dann noch eines und immer wieder eines, bis ein Schleier aus eisgrauer Spitze die Wurzelorgane des Seetangs umfließt. Und über dieser ganzen emsigen Gemeinschaft, und wahrscheinlich unberührt von ihrer Gegenwart, flattern die braunen Bänder des Riementangs im Wasser; die Pflanze lebt ihr eigenes Leben, sie wächst, sie erneuert, so gut sie kann,

Haftorgane des Fingertangs

zerrissenes Gewebe und wenn die Zeit dafür kommt, schickt sie Wolken von Fortpflanzungszellen aus, die sich ins Wasser ergießen. Soweit es die Tierwelt angeht, die sich bei den Haftorganen niedergelassen hat, hängt ihr Dasein vom Gedeihen des Riementangs ab. Solange er an seinem Platz steht, bleibt ihre kleine Welt erhalten; wird er bei stürmischem Seegang von den Wellen mitgerissen, werden die Tierchen alle weithin zerstreut und viele gehen ebenfalls zugrunde.

Zu den Lebewesen, die sich fast immer bei den Haftorganen des Riementangs in den Gezeitentümpeln aufhalten, gehören auch einige Arten der Schlangensterne. Selbst wenn man sie behutsam anfasst, bricht man ihnen meist einen oder mehrere Arme ab. Diese übergroße Empfindlichkeit mag für ein Tier nützlich sein, das in einer so wild bewegten Welt lebt; denn sobald ein Arm unter einem gleitenden Steinblock festgeklemmt wird, kann ihn sein Besitzer abbrechen und sich einen neuen wachsen lassen. Schlangensterne bewegen sich sehr flink umher, sie verwenden ihre biegsamen Arme nicht nur zum Kriechen und Schwimmen, sie fangen mit ihnen auch kleine Würmer und andere winzige Geschöpfe des Meeres und führen sie damit zur Mundöffnung.

Die Schuppenwürmer der Gattung Lepidonotus gehören ebenfalls zu der Lebensgemeinschaft rings um die Haftorgane. Ihr Körper ist durch eine Doppelreihe von Platten geschützt, die über dem Rücken einen Panzer bilden. Unter diesen großen Schuppen steckt ein gewöhnlicher gegliederter Wurm, der seitlich an jedem Körperabschnitt abstehende Büschel aus goldfarbenen Borsten trägt. Der Panzer hat etwas Primitives an sich, das an die Käferschnecken erinnert, die aber keineswegs mit dem Tier verwandt sind. Einige der Schuppenwürmer haben interessante Beziehungen zu ihren Nachbarn entwickelt. Eine britische Art lebt immer mit Tieren zusammen, die Höhlen bauen, obwohl sie von Zeit zu Zeit den Wirt wechselt. Solange dieser Wurm jung ist, lebt er mit einem Schlangenstern, der sich eine Höhle anfertigt, und wahrscheinlich stiehlt er ihm das Futter. Wenn er älter und größer wird, zieht er in den Bau einer Seegurke um oder schlüpft in die Röhre eines viel größeren Wurms, der Töpferin.

Oft verankert sich das Haftorgan eines Seetangs an einer der Großen Miesmuscheln, die schwere Schalen besitzen und zehn bis dreizehn Zentimeter lang werden können. Die Große Miesmuschel lebt nur in den tiefen Tümpeln oder weiter von der Küste entfernt; man findet sie niemals in den oberen Zonen mit der kleineren, blauen Essbaren Miesmuschel zusammen und sie kommt nur auf Steinen oder zwischen ihnen vor, wo sie einen verhältnismäßig sicheren Halt findet. Manchmal errichtet sie sich ein kleines Nest oder eine Höhle als Schlupfwinkel und verwendet dazu die zähen Byssusfäden, die sie ganz nach Art der Essbaren Miesmuschel spinnt; zwischen den Strähnen werden dann Steinchen und zerbrochene Schalen eingelagert, so dass eine dichte Matte entsteht.

Eine kleine Muschel, die häufig in den verzweigten Haltetauen des Riementangs vorkommt, ist die Rotnase, die ihren Namen von den roten Siphonen[5] erhalten hat. Gewöhnlich bohrt sich diese Form ein und lebt in Vertiefungen, die sie sich in Kalkstein, Ton oder Beton aushöhlt. Doch die meisten Felsen Neuenglands sind zu hart zum Bohren und so lebt die Muschel an diesen Ufern in Krusten von Korallenalgen oder zwischen den Haftorganen des Riementangs.

An britischen Küsten soll sie allerdings selbst in Felsen eindringen, die Drillbohrern widerstehen. Und diese Arbeit vollbringt sie ohne die Hilfe chemischer Ausscheidungen, die manche andere Tiere dazu verwenden; sie schafft es ausschließlich, indem sie mit ihrer derben, harten Schale unermüdlich immer wieder den Stein abschürft.

Die glatten und schlüpfrigen Wedel des Riementangs haben andere Bewohner als die Haftorgane; ihre Fauna ist weniger zahlreich und mannigfaltig. Auf den flachen Halmen des Riementangs sowie an Steinflächen und unter Felssimsen breitet ein Manteltier aus der Gruppe der Seescheiden, Botryllus schlosseri, seine mit Sternen übersäten Matten aus. In seine dunkelgrüne Gallertschicht sind goldfarbene Sterne eingestreut, sie kennzeichnen die Stellen, an denen sich die einzelnen Manteltierchen in Gruppen zusammenschließen. Jeder Stern kann aus drei bis zwölf Individuen bestehen, die strahlenförmig

---

5 Siphonen: zusammenziehbare, oft sehr lange Röhren; sie umschließen die Öffnungen, durch die Wasser ein- und ausströmt.

Botryllus schlosseri, eine stockbildende Seescheide

um einen Mittelpunkt angeordnet sind; es bedarf vieler Gruppen, um diese zusammenhängende, krustenförmige Decke herzustellen, die fünfzehn bis zwanzig Zentimeter lang werden kann.

Die Tiere sind nicht nur schön anzusehen, auch die Besonderheiten des Körperbaus und der Lebensweise sind wundervoll aufeinander abgestimmt. Über jedem Stern bemerken wir eine kaum sichtbare Unruhe im Wasser – es strömt zu jeder Zacke in Trichterwirbeln abwärts und wird dort durch eine kleine Öffnung eingesaugt. Aus dem Mittelpunkt des Sterns taucht ein kräftigerer Strom auf, der sich nach auswärts bewegt. Das eingesogene Wasser bringt Organismen heran, die als Nahrung dienen, dazu Sauerstoff, und wird mit den Abfallprodukten des Stoffwechsels der gesamten Tiergruppe wieder ausgestoßen.

Auf den ersten Blick mag eine Botryllus-Kolonie nicht sinnreicher zusammenwirken als eine Decke von Krustenschwämmen. Tatsächlich ist aber jedes Tierchen, aus dem die Kolonie besteht, ein hochorganisiertes Geschöpf, das im Bau fast genau den einzellebenden Seescheiden

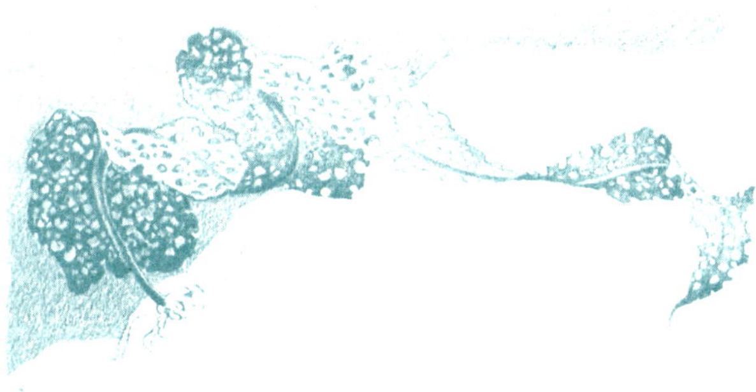

Gittertang

gleicht wie der Meertraube, Molgula, und der Meervase, Ciona, die man an Kais und Uferwänden so häufig findet. Freilich ist ein einzelner Botryllus nur eineinhalb bis drei Millimeter lang. Eine dieser Gesamt-Kolonien, die vielleicht Hunderte von Sterngruppen enthält – und daher tausend oder mehr Einzeltiere –, kann aus einem einzigen befruchteten Ei hervorgehen. In der Stamm-Kolonie werden die Eier im Frühsommer gebildet und befruchtet, sie verbleiben anfangs innerhalb des Elterntiers und beginnen dort ihre Entwicklung. Jeder einzelne Botryllus erzeugt Eier und Samenzellen, und da sie in jedem Tier zu verschiedenen Zeiten reif werden, ist wechselseitige Befruchtung gesichert, weil die Samenzellen ins Meer entlassen werden und mit dem eingesogenen Wasser zu den Eizellen gelangen. Bald darauf lösen sich winzige Larven vom Elterntier, die wie Kaulquappen aussehen und lange Schwänze zum Schwimmen besitzen. Die Larve streift etwa ein bis zwei Stunden schwimmend umher, dann lässt sie sich auf irgendeiner Felsleiste oder einer Alge nieder und heftet sich an. Bald wird das Zellgewebe des

Schwanzes aufgelöst und dem übrigen Körper einverleibt, und nichts erinnert mehr daran, dass dieses Tier schwimmen konnte. Im Verlauf von zwei Tagen fängt das Herz in dem merkwürdigen Rhythmus der Manteltiere zu schlagen an – es treibt das Blut mit einer kurzen Zwischenpause abwechselnd in die eine und dann in die entgegengesetzte Richtung. Nach ungefähr vierzehn Tagen ist der Körper dieses kleinen Wesens voll ausgebildet, und es beginnt nun, durch Knospung neue Artgenossen zu erzeugen, die sich ihrerseits auf die gleiche Weise weitervermehren. Jedes so entstandene Einzeltier besitzt dabei seine eigene Öffnung, durch die es Wasser aufnimmt, aber sie bleiben alle mit dem mittleren sogenannten Kloaken-Ausfluss verbunden, durch den sie ihre Abfallstoffe abgeben. Drängen sich zu viele dieser Einzeltiere um den gemeinsamen Ausscheidungs-Kanal, werden eines oder mehrere wieder abgestoßen und gelangen in die umgebende Gallertdecke, wo sie neue Sterngruppen formen. Auf diese Weise breitet sich die Kolonie aus.

Manchmal dringt in die Gezeitenzone auch der Gittertang, eine Laminarie aus dem tiefen Wasser, ein. Er ist ein Vertreter jener Braunalgen, die in den kalten Gewässern der Arktis gedeihen, und ist von Grönland bis Cape Cod nach Süden vorgedrungen. Im Aussehen sticht er auffallend vom Knorpeltang und Fingertang ab, neben denen er manchmal wächst. Der breitflächige Thallus ist von unzähligen Löchern durchsetzt; in der jungen Pflanze finden sich kegelförmige Wärzchen, die später durchbrechen, wodurch die Öffnungen entstehen.

Jenseits des Saums der am tiefsten gelegenen Tümpel gibt es eine andere Laminarie, den Flügeltang. Er wächst an den Felswänden, die steil ins tiefe Wasser abfallen. Seine zerzausten Wedel bilden lange, schwingende Fahnen, die emporsteigen, wenn das Wasser schwillt, und sich wieder senken, sobald Ebbe eintritt. Die Fiederchen, in denen die Zellen für die Vermehrung reifen, liegen am Grunde der Fahnen, denn bei einer Pflanze, die der Brandung so ausgesetzt ist, sind sie dort sicherer als an der Spitze des Haupt-›Halms‹. Der Flügeltang ist mehr als irgendeine andere Braunalge darauf eingerichtet, unter dem dauernden Anprall der Wogen auszuharren. Stellt man sich auf die äußerste Felskante, an der man mit dem Fuß gerade noch sicheren Halt findet, kann man beobachten, wie das bewegte Wasser an den dunklen, wallenden Bändern zerrt, sie hin- und herschleudert und zerschlägt. Die größeren und älteren Pflanzen werden stark zerzaust und mitgenommen, die Ränder der Thalluslappen sind meist zerschlissen oder die Mittelrippe ist oben abgebrochen. Wenn die Pflanze das alles über sich ergehen lässt, werden dadurch die Haftorgane etwas entlastet. Der Strunk kann in der Tat einer gewaltigen Zugwirkung widerstehen, aber schwere Stürme reißen doch viele dieser Braunalgen von ihrem Standort.

Noch tiefer unten kann man an manchen Stellen einen flüchtigen Blick auf dunkle, geheimnisvolle Wälder der Laminarien werfen, die sich in tieferes Wasser hinunter ausdehnen. Zuweilen findet man diese Riesenarten des Riementangs, wenn ein Sturm sie an Land geworfen hat. Sie besitzen steife, starke Stiele, von denen lange Bänder ausgehen. Der Zuckertang, Laminaria saccharina, hat einen Strunk, der über einen Meter hoch wird und verhältnismäßig schmale Thalluslappen trägt; sie sind fünfzehn bis fünfundvierzig Zentimeter breit und können sich bis zu neun Metern Länge ins Meer erstrecken. Ihr Rand ist stark gekräuselt und wenn sie getrocknet werden, bildet sich auf ihnen ein weißer Staub, der

Mannit, eine süß schmeckende Substanz. Der Langstielige Riementang, Laminaria longicruris, besitzt einen Strunk, der dem Stamm eines kleinen Baums gleicht und zwei bis dreieinhalb Meter hoch wird. Der einzelne Thalluslappen kann einen Meter breit und sechs Meter lang werden, aber manchmal bleibt er kürzer als der Stiel.

Die Bestände des Zuckertangs und des Langstieligen Riementangs bilden auf ihre Weise ein atlantisches Gegenstück zu den großen Unterwasser-Dschungeln des Pazifiks, in denen sich die Seetangpflanzen wie riesige Waldbäume erheben und fünfundvierzig Meter vom Meeresgrund bis zum Wasserspiegel emporragen.

An allen Felsenküsten ist diese Laminarien-Zone dicht unterhalb des Grenzsaums der Ebbe eine der am wenigsten erforschten Regionen der See. Wir wissen nicht viel darüber, welche Lebewesen es hier das ganze Jahr hindurch gibt. Es ist auch nicht bekannt, ob manche Tiere, die im Winter aus dem Gezeitengebiet verschwinden, vielleicht nur in diese Zone übersiedeln. Und einige Arten, von denen wir annehmen, dass sie in einem besonderen Abschnitt wegen Temperaturänderungen ausgestorben sind, könnten sich in die Tiefe zu den Laminarien geflüchtet haben. Das Gebiet ist offensichtlich schwierig zu erkunden, weil dort die meiste Zeit schwerer Seegang herrscht. Doch wurde ein solcher Raum an der Westküste Schottlands von Tauchern untersucht, die mit dem britischen Biologen J. A. Kitching zusammenarbeiteten. Unterhalb der Zone, in der sich der Flügeltang und der Fingertang breitmachen, begannen die Taucher bei einer Tiefe von etwa dreieinhalb Metern unter dem Niedrigwasser-Gebiet mit ihrer Arbeit und bahnten sich einen Weg durch einen dichten Wald größerer

Flügeltang

Riementang-Arten nach abwärts. Von den aufrecht stehenden Strünken breitete sich ein riesiger Baldachin von Tangwedeln über ihren Köpfen aus. Obwohl die Sonne hell aufs Wasser schien, arbeiteten sich die Taucher fast in völliger Dunkelheit durch diesen ›Wald‹. In einer Tiefe von fünfeinhalb bis elf Metern lichtete sich der Bestand, so dass die Männer ohne große Mühe imstande waren, zwischen den Pflanzen zu gehen. Dort war es heller und durch die Wasserschleier konnten sie sehen, dass sich dieser etwas offenere ›Park‹ über den abschüssigen Meeresgrund weiter in die hohe See hinaus erstreckte. Zwischen den Haftorganen und Strünken der Laminarien wuchs – wie zwischen den Wurzeln und Stämmen eines Waldes auf der Erde – ein dichtes ›Unterholz‹, das hier von verschiedenen Rotalgen gebildet wurde. Und wie kleine Nagetiere und andere Geschöpfe unter den Waldbäumen ihre Höhlen und Gänge anlegen, so hauste eine mannigfaltige und zahlreiche Fauna im Bereich der Haftorgane der großen Tangarten.

In stilleren Gewässern, die von schwerer Brandung verschont bleiben, weil sie nicht unmittelbar am offenen Meer liegen, beherrschen die Algen das Ufergebiet; sie besetzen jeden Zoll Grund, auf dem trotz dem Steigen und Fallen der Flut die Bedingungen günstig sind, und zwingen die anderen Bewohner des Küstensaumes allein durch die Übermacht ihres üppigen und ausgedehnten Wachstums, sich ihrer Daseinsform anzupassen.

Obwohl sich an einer offenen wie an einer geschützten Küste im Gezeitensaum die gleichen Lebenszonen finden, sind sie im Einzelnen an beiden Ufertypen verschieden stark ausgeprägt.

Oberhalb der Hochwassergrenze wechselt das Bild nur wenig und an den Ufern von Buchten und Flussmündungen sind die Felsen von mikroskopisch kleinen Pflanzen geschwärzt wie anderswo auch; die Flechten wandern nach abwärts und versuchen, sich zaghaft mit dem Meer anzufreunden. Unterhalb des Höchststandes der Springfluten wagen sich die Seepocken vor, sie bilden hin und wieder weiße Streifen, als wollten sie zeigen, dass sie die Zone einhalten, in der sie an offenen Küsten vorherrschen. Auf den oberen Felsen grasen auch ein paar Uferschnecken. Aber an geschützten Küsten wird der ganze Streifen, in den die Flut zur Zeit der Mondviertel einströmt, von einem Tangwald eingenommen, der unter dem Wasserspiegel wogt und auf jede Bewegung der Wellen und der Gezeitenströmungen anspricht. Die ›Bäume‹ des Waldes sind hier die großen Braunalgen, bekannt als Ledertang-Arten, lateinisch Fucales, die einen gedrungenen Wuchs und zähe, dehnbare Gewebe besitzen. Unter ihrem Schutz gedeiht alles andere Leben, sie bieten kleinen Geschöpfen, die sich vor der austrocknenden Luft, vor Regen und dem Wogenschwall des wechselnden Gezeitenstroms bewahren müssen, eine so gastfreundliche Zuflucht, dass an diesen Küsten Lebewesen in unglaublich großer Fülle gedeihen.

Sobald die Tangpflanzen bei Flut von Wasser bedeckt sind, stehen sie aufrecht, sie steigen empor und wiegen sich mit einer Lebendigkeit hin und her, die ihnen das Meer verleiht. Verweilen wir dann am Saum einer anschwellenden Flut, bemerken wir als einziges Zeichen ihrer Gegenwart vielleicht dicht am Ufer, wo die Spitzen der Pflanzen bis zum Wasserspiegel heraufreichen, verstreute dunkle Flecken. Unter diesen treibenden Enden schwimmen kleine Fische, sie huschen zwischen den Algen umher, wie Vögel durch einen Wald fliegen; Meerschnecken kriechen an den Wedeln entlang und Krabben klettern auf den schwankenden Pflanzen von Ast zu Ast. Es ist ein fantastischer Dschungel, wunderlich wie eine Märchenwelt. Denn welcher richtige Dschungel sinkt zweimal alle vierundzwanzig Stunden immer tiefer in sich zusammen, liegt schließlich etliche Stunden an den Boden geschmiegt und erhebt sich dann aufs Neue? Genau das geschieht aber mit dieser Tang-Wildnis. Wenn sich das Wasser bei Ebbe von den Felshängen zurückgezogen und die Miniatur-Meere der Gezeitentümpel hinterlassen hat, liegen die Wedel des Ledertangs flach auf den waagrechten Stellen des Grunds, immer eine Schicht triefend nasser, gummiartiger Lappen über der anderen; von den steilen Felswänden baumeln sie wie ein schwerer Vorhang herab, sie bewahren die Feuchtigkeit des Meeres und unter ihrer schützenden Decke trocknet nichts aus.

Am Tage sickert das Sonnenlicht durch den Dschungel dieses Seetangs und erreicht den Boden nur in unsteten, goldenen Kringeln, in die schwarze Flecken eingesprengt sind; bei Nacht breitet das Mondlicht über den Wald ein silbernes Dach, dessen Fläche von der eindringenden Strömung mit Streifen durchzogen wird; darunter schwanken die dunklen Tangwedel hin und her, während um sie huschende Schatten geistern.

Doch der Lauf der Zeit ist in diesem Wald unter dem Meer weniger am Wechsel von Licht und Finsternis zu erkennen als am Rhythmus der Gezeiten. Anwesenheit oder Fernbleiben des Wassers regeln das Dasein seiner Geschöpfe. Nicht die hereinbrechende Dunkelheit oder das Nahen der Morgendämmerung geben dieser Welt ein anderes Gesicht, sondern Ebbe und Flut.

Sinkt das Wasser, kann es die Pflanzen nicht mehr tragen, und die Enden des Tangs schwimmen flach auf seinem Spiegel. Dann senken sich immer dichtere Wolken und tiefere Düsternis über den Boden des ›Waldes‹. Während die darüberliegenden Wasserschichten dünner werden und allmählich ganz abfließen, schmiegen sich die Algen enger an den Felsboden, sie schwingen immer noch unstet im Gleichklang mit dem Pulsschlag der verströmenden Tide und breiten sich schließlich lang hingestreckt über den steinigen Grund; ihr ganzes Leben, all ihre Bewegung sind vorübergehend zur Ruhe gekommen.

An Land herrscht am Tag für eine Weile Frieden im Dschungel. Die Raubtiere bleiben in ihren Höhlen, die Schwachen und Langsamen verbergen sich vor dem Sonnenlicht. Ganz ähnlich kommt auch jedes Mal mit der Ebbe eine abwartende Stille über den Ufersaum.

Die Seepocken holen ihre ›Fangnetze‹ ein, klappen die Torplatten zu, so dass sie die trocknende Luft aussperren und das Nass der See im Innern zurückhalten. Die Miesmuscheln und die Klaffmuscheln ziehen ihre Siphonen zurück, durch die sie das nahrungsreiche Wasser aufnehmen, und schließen die Schalen. Hier und dort sieht man einen Seestern, der bei der letzten Flut aus tieferen Regionen in den ›Wald‹ eingedrungen ist und unvorsichtig lange verweilt hat; er hält noch eine Muschel in den gekrümmten Armen, und die Saugnäpfe an den Spitzen der schlanken Füßchen, die in Reihen stehen, haben die Schalen fest gepackt. Wie ein Mensch, der sich mühsam durch einen Forst arbeitet, dessen Bäume der Sturm gefällt hat, bahnen sich Krabben einen Weg unter den waagrechten Thallusflächen des Tangs und kriechen zwischen ihnen durch, sie scharren emsig schräge Gruben in den Grund, um Muscheln freizulegen, die sich in den Schlamm eingewühlt haben. Dann knacken sie mit den mächtigen Kneifzangen der Scheren die Schale stückweise ab, während sie die Muscheln mit den Spitzen ihrer Laufbeine fassen.

Ein paar Tiere, die auf Beute ausgehen oder sich von Abfällen ernähren, kommen aus den höhergelegenen Teilen des Gezeitensaums hierher. Das kleine Insekt Anurida, das in Fluttümpeln lebt, wandert in seinem grauen Mäntelchen vom oberen Küstenstreifen herab und trippelt eilig über den Felsboden; es jagt nach Muscheln mit klaffenden Schalen, nach toten Fischen oder Krabbenstückchen, die von den Möwen übriggelassen worden sind. Krähen stolzieren auf dem Tang umher; sie wenden Wedel für Wedel um und suchen, bis sie eine Uferschnecke finden, die sich in den Algen versteckt hat oder an einen Stein klammert, der unter der triefnassen Hülle des Tangs liegt. Dann hält die Krähe die Schale mit den kräftigen Krallen des einen Fußes fest, während sie mit dem Schnabel gewandt die Schnecke herauspickt.

Die zurückkehrende Flut pulsiert zuerst ganz sachte. Zu Beginn der sechs Stunden, in denen das Wasser bis zum höchsten Stand ansteigt, fließt es nur langsam ein, so dass in zwei Stunden nur ein Viertel des Gezeitensaums bedeckt ist. Dann rückt das Meer schneller vor und in den nächsten zwei Stunden wird die Strömung stärker. Die hereinrollende Flut verdoppelt nun ihre Geschwindigkeit gegenüber dem anfänglichen Vordringen. Dann lässt sie sich wieder Zeit und überspült in gemächlichem Fluss den oberen Küstenabschnitt. Die Arten des Ledertangs, die den mittleren Streifen des Gezeitengebiets bedecken, werden heftiger von den ankommenden Wogen getroffen als die verhältnismäßig kahle Küste weiter oben, doch fangen sie den mächtigen Schwall wie ein weiches Kissen auf, so dass die Tiere, die sich an sie heften oder auf dem Felsboden unter ihnen leben, weit weniger von der Brandung in Mitleidenschaft gezogen werden als die Formen auf den höherliegenden Felsen oder die Lebewesen in der Zone darunter; die müssen die ganze lastende Wucht der Sturzseen aushalten, wenn die Flut über den mittleren Küstenabschnitt vorstürmt und die Wellen sich überschlagen.

Sobald es dunkelt, erwacht der Dschungel auf dem Festland zum Leben; aber für die Seetang-Wildnis kommt die Zeit reger Tätigkeit, wenn die Flut steigt und unter die dichte Algendecke einströmt und die Bewohner dieses ›Waldes‹ aus ihrem Schlummerzustand aufscheucht.

Während das Wasser der Tiefsee den Boden der Tang-Dschungel überschwemmt, huschen von neuem zuckende Schatten über die Elfenbein-Kegel der Seepocken und die Tierchen breiten ihre fast unsichtbaren ›Fangnetze‹ aus, um alles einzuheimsen, was die Flut mitgebracht hat. Die Schalen der verschiedenen Muscheln öffnen sich wiederum, kleine Wasserwirbel ziehen nach abwärts und mit ihnen werden alle die unscheinbaren kugeligen Gebilde der einfachsten Meerespflanzen, die dem Tier als Nahrung dienen, in die feingebauten Siebvorrichtungen im Innern eingesogen.

Ringelwürmer, sogenannte Nereiden, tauchen aus dem Schlamm auf und schwimmen zu neuen Jagdgründen weiter; wollen sie diese erreichen, müssen sie den Fischen entgehen, die mit der Flut hereinkommen, denn dann gehören die Ledertang-Wälder wieder dem Meer und seinen hungrigen Räubern.

Garnelen flitzen über die Lichtungen des ›Waldes‹, sie suchen kleine Krebschen, Jungfische oder winzige Borstenwürmer; sie selbst aber werden von Fischen verfolgt. Seesterne krabbeln von den großen Wiesen des Knorpeltangs herauf, die weiter unten an der Küste liegen, und stellen den Muscheln nach, die auf dem Waldboden hausen.

Die Krähen und Möwen sind nun aus dem Gezeitensaum vertrieben. Auch die kleinen, grauen Insekten in ihrem samtigen Mantel wandern höher an die Küste hinauf oder suchen sich einen Spalt als sicheres Versteck, hüllen sich in eine glitzernde Decke aus Luft und warten, bis das Wasser wieder fällt.

Die Fucales, die Arten des Ledertangs, die diesen Wald im Gezeitensaum bilden, sind Abkömmlinge der ältesten Pflanzen der Erde. Zusammen mit dem Riementang in tiefergelegenen Zonen der Küste gehören sie zu der Gruppe der Braunalgen, bei denen das grüne Chlorophyll von anderen Farbstoffen verdeckt wird. Der griechische Name für die Braunalgen, Phaeophyceae, bedeutet: die dunklen oder schattenhaften Pflanzen. Es gibt Theorien, nach denen sie in jenem frühen Zeitalter auftauchten, als die Erde noch von dichten Wolken eingehüllt und nur von schwachen Strahlen des Sonnenlichts erhellt war. Auch heute noch wachsen die Braunalgen an düsteren, schattigen Stellen an den tiefabfallenden Hängen unter dem Meer, wo Riesen-Laminarien finstere Dschungel bilden und andere Formen des Riementangs ihre langen Bänder von dunklen Felssimsen in die See schwingen lassen. Und die Fucales, die zwischen den Grenzgebieten von Ebbe und Flut stehen, gedeihen an nördlichen Gestaden, die oft von Wolken und Nebel heimgesucht werden. Selten dringen diese Braunalgen in die sonnigen Tropen vor und dann nur unter der schützenden Decke tiefen Wassers.

Die Braunalgen sind vielleicht die ersten Meerpflanzen gewesen, die sich an der Küste angesiedelt haben. An urweltlichen Ufern, über die starke Gezeiten hinweggingen, lernten sie es, sich anzupassen, wenn sie abwechselnd untergetaucht waren und bloßlagen. Sie näherten sich in ihrer Daseinsform einem Leben auf dem Festland, so weit es ihnen möglich war, ohne tatsächlich die Gezeitenzone zu verlassen.

Eine der Ledertang-Arten unserer Zeit, Pelvetia, der Geriefte Ledertang, der an europäischen Küsten wächst, findet sich am äußersten oberen Rand des Gezeitensaums. An manchen Stellen kommt er mit dem Meer nur in Berührung, wenn er gelegentlich vom Gischt durchnässt wird. Unter der Einwirkung von Sonne und Luft werden die Thalluslappen schwarz und brüchig, so dass man meinen könnte, die Pflanze sei bestimmt verdorrt, aber wenn das Meer zurückkehrt, erhält sie wieder die alte Farbe und das frische Aussehen.

Pelvetia kommt an der amerikanischen Atlantikküste nicht vor, aber es gibt eine verwandte Pflanze, den Spiraltang, eine Fucus-Art, die beinahe ebenso weit aus dem Meer emporsteigt. Es handelt sich um eine Alge von gedrungenem Wuchs, deren kurze derbe Wedel an

Spiraltang

den Enden rundliche Schwellungen aus grobem Gewebe tragen. Am dichtesten wächst sie oberhalb der Hochwassergrenze der Nippfluten; dort nähert sie sich dem Festland am weitesten von allen Fucales und auch an den herausragenden Klippen gedeiht sie knapp an der Wasserlinie. Obwohl sie drei Viertel ihres Daseins außerhalb des Ozeans verbringt, ist sie ein echter Seetang und ihre bräunlich orangefarbenen Flecken in den oberen Küstenregionen zeigen uns sinnfällig, dass hier das Reich des Meeres beginnt.

Freilich bilden diese Pflanzen im Gezeitengebiet nur den äußeren Saum des ›Waldes‹; sein Kern besteht fast ausschließlich aus zwei anderen Ledertang-Arten, dem Knotentang und dem Gemeinen Blasentang. Beide vertragen keine heftige Brandung. Der Knotentang kann nur an Küsten üppig gedeihen, die vor schwerem Seegang geschützt sind, und dort ist er die häufigste Alge. An Ufern von Buchten und Flussmündungen, abseits vom offenen Meer, wo Brandung und Wellengang der Gezeiten gemildert sind, kann der Knotentang höher als der größte Mensch werden, obwohl seine Thallusäste schlank wie Strohhalme sind. Die weitausholenden, langen Wogen an geschützten Stellen bedeuten für seine schlanken, federnden Wedel keine große Belastung. Blasige Anschwellungen an den Hauptstielen oder den Thalluslappen enthalten Sauerstoff und andere Gase, die von der Pflanze ausgeschieden werden; sie wirken wie Bojen, sobald die Algen bei Flut von Wasser bedeckt sind.

Der Gemeine Blasentang besitzt eine größere Zugfestigkeit, und eine mäßig starke Brandung, die an ihm zaust und zerrt, kann ihm nichts anhaben. Obwohl er viel kürzer als der Knotentang wird, braucht er die Hilfe von Luftblasen, um sich im Wasser aufrichten zu können. Bei dieser Art sind die Blasen paarig zu beiden Seiten der kräftigen Mittelrippe angeordnet; doch können sie auch ganz fehlen, wenn die Pflanzen an Plätzen stehen, wo die Brandung auf sie einhämmert. Zu bestimmten Zeiten verdicken sich die verzweigten Enden dieses Tangs zu knolligen, fast herzförmigen Gebilden; von diesen schwärmen die Fortpflanzungszellen aus.

Diese Tangarten besitzen keine wurzelähnlichen Organe, sondern haften mit abgeflachten, scheibenähnlichen Gewebsmassen an den Felsen. Es sieht beinahe so aus, als sei die Grundfläche einer jeden Alge ein wenig zerschmolzen, habe sich ausgebreitet und sei dann wieder erhärtet, wodurch eine so feste Verbindung mit der Unterlage entstand, dass nur die donnernden Seen eines sehr starken Sturms oder mahlendes Küsteneis die Pflanzen wegreißen können.

Die Algen brauchen keine Wurzeln wie eine Landpflanze, um mit ihnen dem Boden mineralische Stoffe zu entnehmen, denn sie werden fast unausgesetzt vom

Meer umspült und leben daher mitten in einer Lösung all der chemischen Substanzen, die sie für ihr Dasein benötigen. Sie müssen auch keine steifen Stängel oder Stämme haben, die ihnen Halt geben und mit deren Hilfe die Pflanzen an Land ins Sonnenlicht emporstreben, denn sie brauchen sich nur dem Wasser anzuvertrauen. Ihr Bau ist daher einfach, sie bestehen nur aus dem sogenannten Thallus, der vom Haftorgan hochsteigt und sich verzweigt; eine Gliederung in Wurzeln, Stamm und Blätter mit entsprechend ausgebildeten Geweben gibt es nicht.

Blickt man bei Ebbe auf die flach hingestreckten ›Wälder‹ der Ledertang-Arten, die in einer vielschichtigen Decke über dem Ufer liegen, könnte man annehmen, dass die Pflanzen auf jedem verfügbaren Plätzchen des steinigen Untergrunds hervorsprossen. Aber in Wirklichkeit ist der ›Wald‹ nicht sehr dicht und wird von eingesprengten Lichtungen durchsetzt; das zeigt sich, wenn sich die Pflanzen wieder aufrichten und mit der einströmenden Flut zum Leben erwachen. An meinem eigenen Stück Ufer in Maine, wo sich die Gezeiten mit ihrem Steigen und Fallen über ein weites felsiges Gebiet ausdehnen und der Knotentang sich wie ein dunkles Tuch über den Grund breitet, der zwischen den Grenzen von Niedrig- und Hochwasser der Nipptiden liegt, hat die freie Felsfläche im Umkreis des Haftorgans jeder Alge manchmal einen Durchmesser von dreißig Zentimetern. Vom Mittelpunkt einer derartigen freien Stelle erhebt sich die Pflanze; ihr Thallus verzweigt sich wiederholt, bis die oberen Verästelungen sich über ein Gebiet von ein bis zwei Metern erstrecken.

Tief unten, am Grunde der Wedel, die mit der Wellenbewegung darübergleitender Wogen schwingen, sind die Felsen in lebhaften Farbtönen gefleckt, sie scheinen

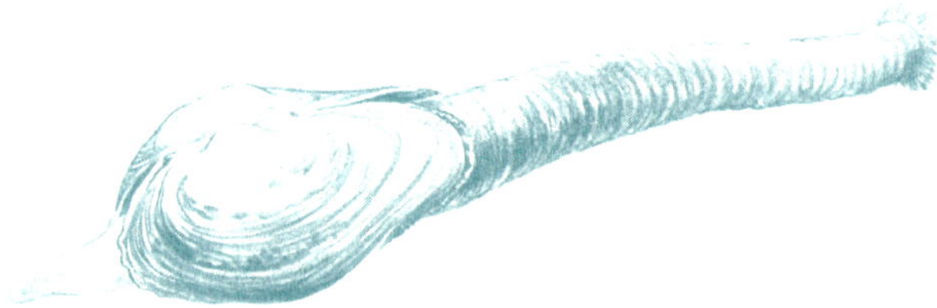

Gemeine Klaffmuschel

wie bemalt mit Karminrot und Smaragdgrün von Meerespflanzen, die dort wachsen und so winzig sind, dass sie selbst zu Tausenden nur wie ein Bestandteil des Gesteins wirken, aus dem sie leuchten, als dringe der Schimmer eingeschlossener Edelsteine nach außen. Die grünen Flecke sind Rasenflächen einer Grünalge. Die Einzelpflanzen sind so klein, dass man sie nur mit einer starken Lupe bestimmen kann; sie gehen – wie die einzelnen Grashalme in der üppigen Matte einer Wiese – in dem frischen Grün des Fleckes unter, der entsteht, wenn sie in Massen sprießen. Inmitten des Grüns finden sich andere Stellen von einem satten und grellglühenden Rot und wiederum scheint die Pflanzendecke untrennbar mit dem steinigen Grund verschmolzen. Urheber dieser Pracht ist eine Rotalge, eine Art, die Kalk absondert und in dünnen und dichtanliegenden Krusten auf den Felsen wächst.

Von diesem leuchtend gefärbten Hintergrund stechen die Seepocken scharf und deutlich ab und in dem klaren Wasser, das sich wie flüssiges Glas durch den ›Wald‹ ergießt, huschen die Rankenfüßchen flimmernd ein und aus. Um die Grundflächen kleiner, von den Wellen rundgeschliffener Steinblöcke liegen die Miesmuscheln gleichsam vor Anker, von schimmernden Leinen gehalten, die sie selbst spinnen. Ihre paarigen, blauen Schalen klaffen ein wenig auseinander, der Spalt zwischen ihnen enthüllt hellbraunes Gewebe mit gekräuselten Rändern.

Manche Teile des ›Waldes‹ sind weniger offen. Dort erheben sich die dichten Gruppen der Fucales über einem kurzen Rasen oder Gestrüpp, das hauptsächlich aus dem flachen, krausen Knorpeltang besteht, manchmal vermischt mit dunklen Matten einer anderen Alge, die aussehen wie ein flauschiges Badetuch. Und wie der tropische Dschungel seine Orchideen, so besitzt dieser Wald unter dem Meer das Gegenstück dazu in den Büscheln einer Rotalge, die sich an den Ästen des Knotentangs ansiedelt. Dieser Röhrentang scheint die Fähigkeit verloren zu haben, sich unmittelbar an den Felsen festzusetzen – oder er hat sie vielleicht nie besessen und so kleben seine dunkelroten Bällchen aus fein verästeltem Thallus an den Braunalgen und werden von ihnen im Wasser in die Höhe gehoben.

In den Nischen zwischen den Felsen und unter losen Steinblöcken hat sich eine Masse angesammelt, die man weder als Sand noch als Schlamm bezeichnen kann. Sie besteht aus winzigen, vom Wasser zermahlenen Überresten von Meeresgeschöpfen, aus Weichtierschalen, den Stacheln von Seeigeln und den Deckeln von Schnecken. Muschelarten leben in Vertiefungen dieser weichen Substanz; sie graben sich ein, bis nur mehr die Enden ihrer Siphonen herausgucken. Um die Muscheln wimmelt es von fadendünnen, scharlachfarbenen Schnurwürmern und jeder dieser kleinen Jäger sucht nach winzigen Borstenwürmern und anderer Beute. Hier finden wir auch die Nereiden, freilebende Borstenwürmer, die wegen ihrer Anmut und schillernden Schönheit den lateinischen Namen von Meerjungfern erhalten haben. Die Nereiden

Eine Gemeine Strandkrabbe verschmaust eine Muschel; im Hintergrund Knotentang

sind gefräßige Räuber, die bei Nacht ihre Höhlen verlassen und kleine Würmer, Krebse und anderes Getier aufspüren. Bei Neumond versammeln sich bestimmte Arten in riesigen Schwärmen auf dem Wasserspiegel, um zu laichen. Seltsame Legenden haben sich um sie gebildet. Vor Neuengland lebt der Grüne Ringelwurm, Nereis virens; er sucht oft in leeren Muschelschalen Zuflucht und wird deshalb auch Muschelwurm genannt.

Krabben, so groß wie ein Daumennagel, hausen in den Algen und kommen in dieses Gebiet, um zu jagen. Es handelt sich um die Jungen der Gemeinen Strandkrabbe; die erwachsenen Tiere leben unterhalb des Gezeitensaums dieser Küste und suchen den Schutz der Algen nur auf, wenn sie sich häuten. Die jungen Krabben durchwühlen die Mulden im Schlamm oder graben Löcher und tasten suchend nach Muscheln, die etwa so groß sind wie sie selbst.

Muscheln, Krabben und Würmer bilden eine Lebensgemeinschaft von Tieren, deren Dasein in enger Beziehung zueinander steht. Die räuberischen Krabben und Würmer sind die unternehmungslustigen Jäger. Die verschiedenen Muschelarten und die Seepocken sind Planktonfresser und daher fähig, ein sesshaftes Leben zu führen, weil ihnen mit jeder Flut das Futter herangebracht wird. Nach einem unveränderlichen Naturgesetz sind die Planktonfresser – als Gruppe genommen – zahlreicher als jene Formen, die auf sie Jagd machen.

Abgesehen von den Klaffmuscheln und anderen großen Arten beherbergen die Fucales Tausende kleiner Wesen, die alle emsig damit beschäftigt sind, sich mit Filtereinrichtungen mannigfaltigen Baus bei jeder Flut das Plankton aus dem Wasser zu seihen. Da gibt es zum Beispiel einen kleinen Wurm, den Posthorn-Röhrenwurm, Spirorbis. Sieht man ihn zum ersten Mal, würde man ihn bestimmt nicht für einen Wurm, sondern für eine Schnecke halten, denn er baut sich eine Röhre und bringt irgendwie das chemische Kunststück fertig, ein Gehäuse auszuscheiden, das seinen Körper umgibt. Die Röhre ist nicht viel größer als ein Stecknadelkopf und wird zu einer flachen, eng gewundenen Spirale von kreideweißer Farbe eingerollt, deren Form stark an manche Landschnecken erinnert. Der Wurm lebt dauernd in diesem Haus, das an Algen oder Felsen festgekittet ist; von Zeit zu Zeit steckt er den Kopf hinaus, um mit den zarten Fäden seiner Tentakelkrone kleines Getier als Nahrung aus dem Wasser zu filtern. Diese zierlich und fein gebauten, hauchdünnen Tentakel dienen ihm nicht allein als Fallstricke für kleine Lebewesen, die er frisst, sie sind zugleich auch Kiemen, mit denen er atmet. In ihrer Mitte befindet sich ein Gebilde, das wie ein

Blasentang mit Posthorn-Röhrenwurm, Spirorbis;
Rechts: Einzeltier vergrößert

langstieliger Kelch aussieht; sobald sich der Wurm in die Röhre zurückzieht, verschließt der Kelch die Öffnung wie eine gut eingebaute Falltür.

In der innersten Windung der Röhre liegen – eingehüllt in Zellophan – kleine ›Perlenketten‹. Eine solche Kette enthält ungefähr zwanzig ›Perlen‹, die in Wirklichkeit Eier sind, die sich entwickeln. Wenn die Embryonen zu Larven herangewachsen sind, zerreißen die Zellophanhäutchen und die Jungen werden ins Meer entlassen. Die Ausbildung der Embryonen erfolgt innerhalb der Röhre in der Obhut des Elterntiers und der Wurm schützt auf diese Weise seine Nachkommen vor Feinden; gleichzeitig ist dafür gesorgt, dass die jungen Würmer sich in der Gezeitenzone befinden, wenn sie bereit sind, sesshaft zu werden. Die Zeit, in der sie frei herumschwimmen, ist kurz – höchstens eine Stunde – eine Spanne also, die gut innerhalb einer einzelnen Ebbe- oder Flutperiode liegen kann. Die Larven sind kleine, kräftige Geschöpfe mit leuchtend roten Augenflecken, die ihnen vielleicht helfen, einen Platz zu finden, an dem sie sich ansiedeln können;

aber nachdem die Larve sich festgesetzt hat, bilden sich diese Sehorgane bald zurück.

Im Laboratorium habe ich unter dem Mikroskop beobachtet, wie die Larven geschäftig umherschwimmen, wobei all ihre kleinen Borsten schwirren; dann nähern sie sich manchmal dem Glasboden der Schale, in der sie sich befinden, und stoßen mit dem Kopf dagegen. Warum und wie wählen die jungen Röhrenwürmer gleichartige Stellen als Standort wie ihre Vorfahren? Offensichtlich versuchen sie es vielerorten und glatte Oberflächen sind ihnen lieber als raue; dabei zeigen sie einen starken Hang zur Geselligkeit, der sie dazu treibt, sich mit Vorliebe dort sesshaft zu machen, wo sich bereits andere ihrer Art niedergelassen haben. Dieses ganze Verhalten hilft den Röhrenwürmern, innerhalb eines verhältnismäßig beschränkten Lebensraums zu verbleiben. Sie richten sich auch nach kosmischen Einflüssen, nicht nur nach der engeren Umgebung. Alle vierzehn Tage, wenn der Mond im ersten und letzten Viertel steht, wird ein Schub Eier befruchtet und in die Brutkammer gebracht, wo die Entwicklung vor sich geht. Und zur gleichen Zeit werden die Larven, die während der verflossenen zwei Wochen herangewachsen sind, in die See entleert. Durch diese Zeiteinteilung werden die Jungen genau übereinstimmend mit den Mondphasen immer zur Nipptide entlassen, wenn das Wasser weder im großen Ausmaß steigt noch fällt und selbst ein so kleines Geschöpf günstige Aussichten hat, innerhalb der Ledertangzone zu verbleiben.

Eine Art der Uferschnecken haust bei Flut in den oberen Verzweigungen der Algen oder sucht bei Ebbe unter ihnen Zuflucht. Die orangefarbenen, gelben oder olivgrünen Töne ihrer glatten, rundlichen Gehäuse mit abgeflachten Spitzen erinnern an die Fruchtkörper des

Blasentangs, und vielleicht dient diese Ähnlichkeit als Schutz. Diese glatte Stumpfe Uferschnecke ist im Gegensatz zur rauschaligen Felsen-Uferschnecke noch ganz ein Meerestier; die salzige Feuchtigkeit, die sie braucht, liefert bei Ebbe der nasse, triefende Seetang. Die Stumpfe Uferschnecke lebt von den Rindenzellen der Algen, die sie abschabt, nur ganz selten kriecht sie auf den Felsenboden hinunter und frisst von der dünnen Pflanzendecke, wie es verwandte Arten tun. Selbst in ihren Laichgewohnheiten ist die Stumpfe Uferschnecke ein Geschöpf der Ledertangregion. Die Eier werden nicht ins Meer entleert und auch die Jungen treiben nicht wie bei anderen Formen eine Weile in der Strömung. Alle Entwicklungsstufen ihres Lebens verbringt die Stumpfe Uferschnecke in den Beständen des Seetangs; sie kennt keine andere Heimat.

Ich wollte mir die Jugendstadien dieser überaus häufigen Schnecke einmal ansehen und ging daher in meinen Ledertang-›Wald‹, um nach ihnen zu suchen. Als ich die flach hingestreckten Tangwedel Stück für Stück hochhob und die langen Thallusstreifen prüfend betrachtete, wurde meine Mühe hin und wieder belohnt; ich fand durchsichtige Massen eines Stoffes, der wie zähe Gallerte aussah und fest an den Wedeln haftete. Die Klümpchen waren durchschnittlich sechs Millimeter lang und halb so breit. In jedem konnte ich Eier entdecken – runde Bläschen, die zu Dutzenden in der Grundsubstanz eingebettet lagen. Ich trug eine solche Gallerte mit Eiern heim und betrachtete sie unter dem Mikroskop; in jedem Ei entwickelte sich ein Embryo und es war klar, dass er von Weichtieren stammte, aber er zeigte noch so wenige Einzelheiten, dass ich nicht hätte sagen können, welches Tier daraus werden sollte. In dem kalten Wasser, aus dem

Hydroid-Polyp Clava leptostyla

die Embryonen stammten, würde etwa ein Monat verstreichen, bis sie ausschlüpften, aber bei den wärmeren Temperaturen des Laboratoriums verminderten sich die Tage auf Stunden. Schon am nächsten Tag enthielt jedes Kügelchen eine winzige junge Uferschnecke, deren Schale vollkommen ausgebildet war und die offensichtlich bereit schien, die Hülle zu verlassen und das Leben in der Felsregion aufzunehmen. Ich fragte mich, wie die Tiere dort ihren Platz behaupten könnten, während die Algen im Strom der Gezeiten schwankten und Stürme eine mächtige Dünung über den Küstensaum rollen ließen. Erst im späteren Sommer erhielt ich, wenigstens teilweise, eine Antwort darauf. Ich bemerkte, dass viele der Luftbläschen des Blasentangs kleine Löcher besaßen, als wären sie von irgendeinem Tier angeknabbert oder angebohrt worden. Ich schlitzte einige dieser Bläschen vorsichtig auf, um mir das Innere anzusehen. Dort fand ich, behütet in ihrer grünwandigen Kammer, die Jungen der Stumpfen Uferschnecke; zwei bis zwölf Stück teilten sich einen einzigen solchen Schlupfwinkel, in dem sie gleicherweise gegen Sturm und Feinde gesichert waren.

Weiter unten, in der Nähe des tiefsten Wasserstandes der Nipptiden, findet man wie Samtfleckchen auf dem Thallus des Knoten- und Blasentangs die Büschel des Hydroid-Polypen Clava mit seinen schlankstieligen Keulen. Wie eine Pflanze von ihrem Wurzelgeflecht steigt er von dem Punkt auf, an dem er haftet; jedes Bündelchen röhrenförmiger Tiere sieht einem Blütenzweig köstlicher Blumen verblüffend ähnlich. Das einzelne Tierchen ist hellrot bis rosa getönt und sein Fransensaum von Fangfäden (Tentakeln) gleicht Blütenblättern. Die Köpfchen nicken im fließenden Wasser wie Waldblumen in einem sanften Windhauch. Aber die wiegende Bewegung dient einem bestimmten Zweck, mit ihr holt sich der Polyp sein Futter aus der Strömung. Auf seine Art ist er ein gefräßiges kleines Dschungelraubtier, seine ganzen Fangfäden sind mit Batterien von Nesselzellen besetzt, die er wie vergiftete Pfeile auf seine Opfer abschießen kann. Sobald die Fangfäden bei ihren rastlosen Bewegungen mit kleinen Krebsen, Würmern oder den Larven irgendeines Meerestieres in Berührung kommen, schwirrt ein Hagel von Pfeilen gegen die Beute; sie wird gelähmt, gepackt und mit den Fangfäden zum Mund geführt.

Jede dieser Kolonien, die sich auf dem Seetang angesiedelt haben, stammt von einer kleinen, schwimmenden Larve, die sich einst an diesem Platz niedergelassen und die haarfeinen Wimpern abgeworfen hat, mit denen sie vorher ruderte; dann verankerte sie sich und streckte sich in die Länge, bis sie zu einem kleinen, pflanzenähnlichen

Ohrenqualle

Wesen wurde. An dem freien Ende bildete sich ein Kranz aus Fangfäden. Bald spross von der Grundfläche des röhrenförmigen Geschöpfes etwas heraus, das aussah wie eine Wurzel oder ein Ausläufer, und begann über den Tang zu kriechen; dabei bildete dieser Ausläufer durch Knospung wieder neue Röhren; jede war voll entwickelt und mit einer Mundöffnung sowie Fangfäden versehen.

Wenn die Zeit dazu gekommen ist, muss der blumenähnliche Hydroid-Polyp sich fortpflanzen, aber er besitzt die merkwürdige Eigenart, dass er nicht selbst die neuen Keimzellen erzeugen kann, aus denen wieder Larven entstehen, denn er vermag sich nur durch Knospung zu vermehren. Wir finden daher einen seltsamen Generationswechsel, wie er immer wieder bei Vertretern der großen Gruppe der Hohltiere vorkommt, zu denen auch die Polypen gehören; bei diesen Formen erzeugt kein Einzeltier Nachkommen, die ihm selbst ähnlich sehen,

Winterstadium der Ohrenqualle; junge Medusen werden abgeschnürt.

sondern sie gleichen der großelterlichen Generation. Dicht unterhalb der Fangfäden eines einzelnen Clava-Polypen werden die Knospen der neuen Generation abgeschnürt, die mit der Hydroid-Kolonie abwechselt. Diese Knospen sehen wie Beeren aus, die in dichten Trauben herabhängen.[6] Hellrote Knospen sind männliche Medusen, purpurrote dagegen weibliche. Sobald sie reif sind, entleeren sie ihre Eier und Samenzellen ins Meer. Nach der Befruchtung beginnen sich die Eizellen zu teilen und entwickeln sich zu kleinen Larven, die wie Protoplasmafäden aussehen; sie schwimmen weg,

6 Bei manchen Arten lösen sich diese ›Beeren‹, die Medusenknospen heißen, vom Elterntier und schwimmen fort. Sie sind winzige, glockenförmige Dingerchen, die kleinen Quallen gleichen. Clava allerdings entlässt die Medusen nicht, sondern sie bleiben am Polypen hängen.

durchwandern unbekannte Gewässer und gründen fern von ihrem Ursprungsort neue Polypenkolonien.

Im Spätsommer schwemmt die einströmende Flut viele Tage lang die runden, bunt schillernden Schirme der Ohrenquallen mit sich. Die meisten von ihnen sind in einem geschwächten Zustand; der Kreislauf ihres Lebens hat sich vollendet. Ihre Zellgewebe können von dem geringsten Seegang leicht zerrissen werden, und wenn die Flut sie über die Seetang-›Wälder‹ hereinträgt und sich dann zurückzieht, bleiben sie dort wie zerknittertes Zellophan liegen und überleben selten den Wechsel der Gezeiten. Jedes Jahr kommen sie wieder; manchmal nur wenige zugleich, ein andermal in unermesslicher Zahl. Wenn sie auf die Küste zutreiben, wird ihr lautloses Herannahen nicht einmal von den Schreien der Meervögel angekündigt, die für die Quallen als Futter nichts übrighaben, weil deren Körper zum Großteil aus Wasser besteht.

Während des Sommers kann man sie lange Zeit weitab der Küste als weißschimmernde Flecke schwimmen sehen, die sich manchmal zu Hunderten entlang des Saums ansammeln, an dem zwei Strömungen aufeinandertreffen; dort zeichnen sie in diesen sonst unsichtbaren Grenzbezirken gewundene Linien ins Meer. Aber wenn der Herbst vor der Tür steht, neigt sich das Leben der Ohrenquallen dem Ende zu, sie leisten den Gezeitenströmungen keinen Widerstand mehr und fast jede Flut schwemmt sie ans Ufer. Um diese Jahreszeit tragen die erwachsenen Tiere Larven mit sich; diese entwickeln sich an den Mundtentakeln, die von der Unterseite der Scheibe herabhängen. Die Jungen sind kleine, birnenförmige Geschöpfe; werden sie schließlich vom Elterntier abgeschüttelt oder erlangen sie die Freiheit, weil die Qualle am Ufer gestrandet ist, schwimmen sie im seichten Wasser manchmal in ganzen Schwärmen umher. Schließlich suchen sie den Grund auf und jede Larve setzt sich mit dem Vorderende fest. Als winziges, pflanzenähnliches Gebilde – etwa drei Millimeter hoch und mit langen Tentakeln ausgerüstet – überdauert dieser seltsame Nachkomme der zarten Ohrenqualle die Winterstürme. Dann beginnen sich am Körper Ringe abzuschnüren, so dass er aussieht wie ein Stapel Untertassen. Im Frühling lösen sich diese ›Untertassen‹ eine nach der anderen ab und schwimmen fort; jede wird zu einer winzigen Qualle, die ihren Generationswechsel vollendet hat. Nördlich von Cape Cod wachsen diese Jungen heran, bis sie im Juli ihre volle Größe und einen Durchmesser von fünfzehn bis fünfundzwanzig Zentimetern erreichen; sie sind nun geschlechtsreif und erzeugen bis Ende Juli oder im August Eier und Samenzellen; im August und September entwickeln sich die Larven, aus denen die festsitzende sogenannte Ammengeneration hervorgeht. Ende Oktober sind alle Quallen des Sommers von Stürmen vernichtet, aber ihre Nachkommen bleiben am Leben; sie haften in der Nähe des Niedrigwassersaums an den Felsen oder siedeln sich etwas weiter draußen auf dem Meeresgrund an. Die Ohrenquallen sind geradezu kennzeichnend für die Küstengewässer, weil sie selten mehr als ein paar Kilometer vom Ufer wegwandern.

Ganz anders steht es mit der großen, rötlich gelben Haarqualle; sie gelangt nur hin und wieder aus den leuchtenden Fernen des offenen Meeres in die grünen Seichtwasser der Buchten und Häfen. An Stellen, wo hundertsechzig Kilometer und mehr vom Land entfernt ergiebige Fischereigebiete liegen, kann man ihre riesigen, gewölbten Scheiben auf dem Wasserspiegel treiben sehen,

Große Gelbe Haarqualle

gemächlich schwimmend mit einer Tentakelschleppe, die manchmal über fünfzehn Meter lang wird. Diese Tentakel bedeuten Gefahr für fast alle Geschöpfe der See und sogar für menschliche Wesen – so wirksam sind ihre Nesselzellen.

Doch junge Schellfische, Dorsche und manchmal auch andere Fische benutzen die große Qualle als ›Pflegemutter‹. Unter ihrem Schutz reisen sie durch den Ozean, der ihnen keine andere Zuflucht bietet, und irgendwie gelingt es ihnen, von den scharfen Nesselzellen der Tentakel unbehelligt zu bleiben.

Wie die Ohrenqualle ist die Gelbe Haarqualle nur ein Tier des sommerlichen Meeres, dessen Leben mit den einsetzenden Herbststürmen erlischt. Ihre Nachkommen bilden wieder eine pflanzenähnliche Generation, die den Winter überdauert und bei der sich fast in allen Einzelheiten die Lebensgeschichte der Ohrenqualle wiederholt. An Stellen auf dem Meeresgrund, die nicht tiefer als sechzig Meter liegen – meist an viel seichteren Plätzen –, verkörpern kleine, zwölf Millimeter hohe Büschel lebenden Gewebes das Erbgut, das die riesige Qualle hinterlassen hat. Diese Polypenform kann die Kälte und die Stürme überstehen, denen die größere Sommergeneration nicht standzuhalten vermag; sobald die Frühlingswärme die eisige Kälte des Winters zu vertreiben beginnt, werden durch Knospung winzige Scheibchen abgeschnürt, die durch unerklärliche Zauberei sich so schnell entwickeln, dass sie in einem einzigen Sommer zu mächtigen Quallen heranwachsen.

Wenn das Wasser bei Ebbe unter die Zone der Ledertangarten absinkt, rauscht die Brandung des Meeressaums über die Siedlungen der Essbaren Miesmuscheln. Hier, innerhalb dieser tiefergelegenen Bereiche der Gezeitenzone, bilden die blauschwarzen Schalen eine lebende Decke über den Felsen. Sie ist ganz dicht und einheitlich in ihrer Beschaffenheit und Zusammensetzung; man merkt oft kaum, dass man hier keinen Fels, sondern eine unvorstellbar große Zahl von Lebewesen vor sich hat. An manchen Stellen sind vielleicht die Schalen nicht länger als sechs Millimeter; an anderen Plätzen können die Miesmuscheln aber auch um ein Vielfaches größer werden. Immer jedoch steht Muschel an Muschel so eng aneinandergedrängt, dass man schwer begreifen kann, wie es eine von ihnen fertigbringt, die Schalen weit genug zu öffnen, um das Wasser einströmen zu lassen, das Futter bringt. Jeder Zentimeter, ja jeder Millimeter Fläche ist von diesen Geschöpfen beschlagnahmt.

Die Anwesenheit jeder einzelnen Muschel in dieser Massenansammlung beweist, dass sie als Jungtier unbewusst ihr Ziel erreicht hat. Der Lebenswille, der sich darin ausdrückt, verkörpert sich in einer winzigen Larve, die einst dem Meer anvertraut worden ist, um sich schwimmend ihr eigenes Stückchen Boden zum Ansiedeln zu suchen oder zugrunde zu gehen.

Das Ausschwärmen der Larven vollzieht sich in astronomischen Ausmaßen. Entlang der amerikanischen Atlantikküste dauert die Laichzeit lange, von April bis in den September. Wodurch eine Laichablage in großen Mengen zu einem besonderen Zeitpunkt ausgelöst wird, weiß man noch nicht, aber es scheint, dass einige wenige Miesmuscheln, die laichen, chemische Substanzen ins Wasser absondern; diese wirken auf alle fortpflanzungsreifen Tiere in dem Gebiet ein und veranlassen sie, ihre Eier und Samenzellen ins Meer zu entleeren. Die weiblichen Muscheln erzeugen die Eier in einem unausgesetzten, nahezu endlosen Strom; sie sind kurze, stabähnliche Gebilde von winziger Größe – Hunderte, Tausende, Millionen Zellen, von denen jede zu einer erwachsenen Miesmuschel werden kann. Ein großes Weibchen vermag bis zu fünfundzwanzig Millionen Stück bei einer einzigen Eiablage zu liefern. In ruhigem Wasser sinken die Eier sachte auf den Grund, aber unter den normalen Bedingungen, bei Brandung und schnell fließenden Strömungen, bemächtigt sich ihrer das Meer und trägt sie fort. Wenn sich die Eier in die See ergießen, trübt sich gleichzeitig das Wasser von milchigen Wolken der Samenzellen, die von den männlichen Miesmuscheln stammen und allen Versuchen trotzen, ihre Zahl zu errechnen. Zu Dutzenden wimmeln sie um ein einzelnes Ei, pressen sich dagegen und suchen einzudringen. Aber das gelingt nur einer einzigen männlichen Zelle. Ist die erste Samenzelle in das Innere gelangt, vollzieht sich im Nu eine Veränderung in der äußeren Zellhaut des Eis und von diesem Augenblick an ist es keiner Samenzelle mehr möglich, sie zu durchstoßen.

Nach der Vereinigung der weiblichen und männlichen Zellkerne schreitet die Teilung der befruchteten Zelle rasch fort. In kürzerer Zeit, als die Pause zwischen Ebbe und Flut währt, hat sich das Ei in eine kleine Zellkugel verwandelt, die sich mit glitzernden Härchen oder Wimpern durchs Wasser schraubt.

In etwa vierundzwanzig Stunden hat sie eine sonderbare, kappenförmige Gestalt angenommen, die bei allen Larven von Weichtieren und Gliederwürmern üblich ist. Wenige Tage verstreichen, dann wird sie flach, zieht sich in die Länge und schwimmt rasend schnell durch schwingende Bewegungen einer Membran, die man Velum nennt; sie kriecht über feste Oberflächen und spürt es, wenn sie mit anderen Gegenständen in Berührung kommt; über einem Quadratmeter Grund, auf dem erwachsene Muscheln sitzen, können sich bis zu 170 000 schwimmende Larven aufhalten.

Nun bildet sich die dünne Larvenschale aus, die aber bald durch eine andere, zweiklappige ersetzt wird, wie die erwachsene Miesmuschel sie trägt. Inzwischen ist das Velum verschwunden und der Mantel, der Fuß und andere Organe des erwachsenen Tieres fangen an, sich zu entwickeln.

Vom Frühsommer an leben diese winzigen Geschöpfe, die bereits Schalen besitzen, in erstaunlichen Mengen im Tang der Küste. Nahezu in jedem Stückchen Alge, das ich mitnehme, um es unter dem Mikroskop zu untersuchen, sind sie zu finden. Sie kriechen umher, erforschen

Zottige Seerinde, Membranipora pilosa

ihre Welt mit dem langen, röhrenförmigen Organ, das man Fuß nennt und das eine merkwürdige Ähnlichkeit mit einem Elefantenrüssel besitzt. Die junge Miesmuschel benützt ihn, um Gegenstände zu untersuchen, die auf ihrem Wege liegen, um über ebene oder abschüssige Felsen zu kriechen oder an der Unterseite des Häutchens entlangzuspazieren, das bei ruhiger See die Oberfläche des Wassers bildet. Bald allerdings erhält der Fuß eine neue Aufgabe: Er hilft beim Spinnen der zähen Seidenfäden, mit denen sich eine Muschel an allem verankert, was festen Halt bietet und was sie davor bewahrt, in der Brandung weggeschwemmt zu werden.

Allein das Vorhandensein der Muschelfelder ist ein Beweis, dass diese Kette von Umwandlungen ungezählte Millionen Male abgelaufen ist und ihr Ziel erreicht hat. Dennoch müssen für jede Muschel, die sich auf den Felsen am Leben erhält, Millionen Larven ins Meer hinausgeschwärmt sein, die elend umgekommen sind. Es herrscht ein feinabgestimmtes Gleichgewicht: Wenn keine Katastrophe eintritt, halten sich zerstörende und schöpferische Kräfte die Waage und während der Jahre eines Menschenalters und während der Jahrhunderte des gegenwärtigen geologischen Zeitalters ist die Gesamtzahl der Miesmuscheln an der Küste wahrscheinlich gleich geblieben.

In einem Großteil dieses Gebiets leben die Muscheln in enger Gemeinschaft mit einer Rotalge, dem Kerntang. Er wird nicht sehr hoch, wächst in buschigen Rasen und besitzt beinahe knorpelige Gewebe. Pflanzen und Muscheln vereinigen sich untrennbar zu einer festen Matte. Sehr kleine Miesmuscheln können in solcher Fülle zwischen den Pflanzen liegen, dass sie deren Ansatzstellen am Felsen völlig verdecken. Die Stiele und die wiederholt verzweigten Ästchen des Kerntangs wimmeln von Lebewesen, aber es sind so kleine Formen, dass ein menschliches Auge sie nur mit Hilfe eines Mikroskops wahrnehmen kann.

Schnecken, manche von ihnen mit leuchtend gestreiften und stark gerieften Schalen, kriechen an den Thallusästen entlang und weiden mikroskopische Pflanzen ab. Viele der Hauptstrünke der Rotalge sind dick überzogen von der Zottigen Seerinde, einem Moostierchen. Aus allen Einzelkammern gucken die winzigen, mit Tentakeln versehenen Köpfe ihrer Bewohner heraus. Ein anderes Moostierchen von gröberem Bau, Frustrella, bildet ebenfalls Matten, es umkleidet die abgebrochenen Stiele und Stoppeln der Rotalge und wuchert so kräftig, dass mancher Stängel dadurch fast so dick wie ein Bleistift wird. Derbe Haare oder Borsten ragen aus dieser Matte heraus, so dass sich allerlei fremde Substanzen daran festsetzen. Doch besteht Frustrella – ebenso wie die Zottige Seerinde – aus Hunderten kleiner aneinanderliegender Kammern. Während ich sie unter dem Mikroskop beobachte, taucht aus einem dieser Abteile nach dem anderen vorsichtig ein kräftiges, kleines Geschöpf auf und entfaltet seinen Kranz aus hauchdünnen Tentakeln wie einen Regenschirm. Fadenfeine Würmer kriechen über das Moostierchen, sie winden sich wie Schlangen zwischen den Borsten hindurch. Ein winziger Krebs, eine Art der sogenannten Ruderfüßer, mit einem einzigen rubinrot glitzernden Auge, läuft unablässig und ziemlich linkisch über die Kolonie, offensichtlich stört er ihre Inwohner, denn sobald einer von ihnen die Berührung des tollpatschigen Krebschens fühlt, faltet er schleunigst die Tentakel zusammen und zieht sich in seine Kammer zurück.

In den oberen Verzweigungen dieses Dschungels, der von der Rotalge gebildet wird, gibt es viele Nester oder Röhren, in denen Flohkrebse hausen, die unter dem Namen Amphitoe bekannt sind. Diese kleinen Lebewesen sehen aus, als trügen sie blassgelbe Wolljacken mit leuchtend rotbraunen Flecken; jeder der ziegenähnlichen Köpfe besitzt zwei auffallende Augen und zwei Paar Fühler, die Hörnern gleichen. Die Nester sind so fest und kunstfertig angelegt wie bei den Vögeln, aber sie werden weit ausgiebiger benützt, denn diese Flohkrebse sind schlechte Schwimmer und verlassen ihre Wohnung höchst ungern. Sie bleiben lieber in ihren behaglichen kleinen Säcken, aus denen oft der Kopf und der obere Teil ihres Körpers herausragen. Die Wasserströmungen, die durch ihre Behausung in den Rotalgen streichen, schwemmen abgebrochene kleine Pflanzenteilchen heran und lösen so die Frage des Lebensunterhalts.

Den größten Teil des Jahres leben die Krebschen einzeln, in jedem Nest ein Tier. Im Frühsommer suchen die Männchen die Weibchen auf, die ihnen an Zahl weit überlegen sind, und die Paarung findet innerhalb des Nestes statt. Solange die Jungen sich entwickeln, sorgt das Muttertier für sie und trägt sie in einem Brutsack, der aus den Anhängen des Hinterleibs gebildet wird. Während die Alte ihre Jungen bei sich hat, verlässt sie öfter das Nest und fächelt heftig, damit Wasser durch den Brutsack strömt.

Aus den Eiern werden Embryonen und später Larven; aber immer noch behält sie die Mutter bei sich und betreut sie, bis ihre kleinen Körper sich so weit entwickelt haben, dass sie imstande sind, sich selbst auf den Weg zu machen und in den Algen eigene Nester herzustellen; diese bestehen aus Pflanzenfasern und Silberfäden, die sie auf rätselhafte Weise in ihrem Organismus erzeugen; sie sind nun fähig, sich selbst zu ernähren und zu schützen.

Sobald ihre Jungen so weit sind, dass sie ein unabhängiges Dasein führen können, ist die Krebsmutter ungeduldig bestrebt, die hungrige Schar loszuwerden, die im Nest sitzt. Mit Krallen und Fühlern stößt die Alte die Jungen an den Nestrand, sie schiebt und pufft sie und versucht, sie hinauszuwerfen. Die Jungen klammern sich mit den gekrümmten borstigen Klauen an die Wände und den Eingang der vertrauten ›Kinderstube‹. Sobald sie endlich vertrieben sind, verweilen sie gern noch eine Zeitlang in der Nähe des Nestes; taucht die Mutter unvorsichtigerweise daraus auf, springen sie an ihr hoch, um sich an ihren Körper zu heften und so wieder in die gewohnte Obhut mitgeschleppt zu werden; doch die Mutter schüttelt sie von neuem recht unwillig ab.

Die Jungen, die aus dem Brutsack kommen, bauen sich kleine Nester und vergrößern sie erst, wenn sie heranwachsen. Aber sie scheinen weniger Zeit darin zu verbringen als die erwachsenen Tiere und krabbeln freier auf den Algen umher. Häufig kann man nahe der Behausung eines großen Flohkrebses etliche winzige Nester erblicken; vielleicht bleiben die Jungen, selbst nachdem sie aus dem alten Nest hinausgeworfen worden sind, noch gerne in der Nähe der Mutter.

Bei Ebbe sinkt das Wasser bis unterhalb der Zone des Ledertangs und der Miesmuscheln, es zieht sich auf einen breiten Streifen zurück, der mit dem rötlich braunen Rasen des Knorpeltangs bedeckt ist. Er bleibt nur eine kleine Weile der Luft ausgesetzt, denn die Ebbe verstreicht hier so schnell, dass der Knorpeltang seine schimmernde Frische und Feuchtigkeit bewahrt; funkelnde Wasserperlen verraten, dass die Brandung erst vor kurzem über ihn hinweggebraust ist. Dieses Gebiet können wir nur in der flüchtigen Stunde des Gezeitenwechsels aufsuchen. Seinem Raum sind die Wellen ganz nahe; sie brechen sich an Felsgraten, zersprühen in Schaum und Gischt und rauschen erneut, von unzähligen Wasserlauten begleitet, dem Meere zu.

Hier in diesem moosigen Rasen spielt sich das Leben in übereinanderliegenden Schichten ab. Ein Geschöpf haust oft buchstäblich auf dem anderen, es benützt den Nachbarn manchmal als ›Wirt‹ oder verkriecht sich unter ihm.

Weil der Knorpeltang nicht sehr hoch wird und sich ausgiebig und wirr verzweigt, beschirmt er wie ein weiches Kissen die Lebewesen, die in ihm hausen, vor den Stößen der Brandung und speichert für die kurzen

Zeiträume, in denen das Wasser bei Ebbe ganz tief sinkt, das Nass der See.

Hatte ich einmal eine Weile an der Küste verbracht und hörte dann bei Nacht, wie die Brandung mit dem wuchtigen Gang der Herbstgezeiten über diese bemoosten Klippen donnerte, fragte ich mich, wie sie alle standhalten konnten: die kleinen Seesterne, die Seeigel, die Schlangensterne, die Flohkrebse in ihrem Bau, die Nacktkiemer und die ganze andere kleine und zartgebaute Fauna des Knorpeltangs. Aber ich weiß, wenn es in ihrer Welt überhaupt Sicherheit gibt, dann hier in diesem dichtesten Dschungel des Gezeitensaums, über dem sich die Wogen brechen, ohne Schaden anzurichten.

Der Knorpeltang bildet eine so dichte Decke, dass man nicht sehen kann, was sich an Geschöpfen unter ihm verbirgt, wenn man nicht genau nach ihnen forscht. Die überquellende Reichhaltigkeit des Lebens, an Arten wie an Einzeltieren, erreicht hier ein Ausmaß, das sich schwer erfassen lässt. Es gibt kaum einen Stängel des Knorpeltangs, der nicht völlig eingehüllt ist von den Matten der Moostierchen, von dem weißen Spitzenwerk der Zottigen Seerinde oder der glasigen, spröden Kruste von Microporella. Eine solche Kruste besteht aus einem Mosaik von nahezu mikroskopisch kleinen Zellen oder Kammern, die in regelmäßigen Reihen und Mustern angeordnet sind und deren Oberfläche fein modelliert ist. Jede Zelle wird von einem winzigen Geschöpf bewohnt, das Tentakel besitzt. Nach vorsichtiger Schätzung leben etliche Tausende davon auf einem einzigen Stiel des Knorpeltangs. Auf dem zehnten Teil eines Quadratmeters sprießen wahrscheinlich einige Hunderte solcher Stängel, die wiederum Lebensraum für etwa eine Million Moostierchen bieten. An einer Küstenstrecke in Maine, die das

Rechts: Knorpeltang (Krausmoos)
Links: Meersalat

Auge mit einem Blick umfassen kann, muss die Zahl für diese einzige Tiergruppe in die Trillionen gehen.

Wenn die Moostierchen so ungeheuer stark verbreitet sind, müssen die Geschöpfe, von denen sie sich ernähren, noch unendlich zahlreicher sein. Eine Kolonie von Moostierchen verhält sich wie eine höchst wirksame Falle oder ein Filter, der dem Meerwasser winzige Futtertiere entnimmt. Die Tore der getrennten Kammern öffnen sich eines nach dem anderen, und aus jedem schießt ein Quirl Fäden hervor, die wie Blütenblätter aussehen.

In einem Augenblick ist vielleicht die ganze Oberfläche der Kolonie lebendig; Tentakelkränze wiegen sich wie Blumen in einem Feld, durch das der Wind streicht; gleich darauf sind sie alle in die schützenden Zellen zurückgeschnellt und die Kolonie gleicht wiederum einem kunstvoll gemusterten Steinpflaster. Aber solange die ›Blumen‹ über dem Steinfeld hin- und herschwanken, bedeutet jede für viele Wesen des Meeres den sicheren Tod; sie fangen die winzigen Kugeln, die eiförmigen und halbmondähnlichen Gebilde der Urtierchen sowie die kleinsten Algen ein, vielleicht auch manches Krebschen oder Würmer, Larven von Weichtieren und Seesternen, die alle unsichtbar in diesem moosigen Dschungel anwesend sind, zahllos wie die Sterne am Himmel.

So viele größere Tiere gibt es hier natürlich nicht, immerhin begegnen wir ihnen in erstaunlichen Mengen. Seeigel, die wie große grüne Spitzkletten aussehen, liegen oft tief im Knorpeltang vergraben. Ihre kugeligen Körper sind mit den Saugscheiben vieler Füßchen fest auf dem steinigen Untergrund verankert. Die Gemeinen Uferschnecken, die überall zu finden sind, bleiben merkwürdigerweise unberührt von den Bedingungen, die in dem Gezeitensaum die meisten Tiere auf bestimmte Gebietsstreifen beschränken, sie leben in der Knorpeltangzone, aber auch oberhalb und darunter. Hier liegen ihre Gehäuse bei Ebbe auf dem Algenteppich oder hängen schwer von den Ästen herab, bereit, sich bei der geringsten Berührung fallen zu lassen.

Auch junge Seesterne gibt es zu Hunderten hier, denn diese Tangwiesen scheinen eine der Hauptbrutstätten für die Seesterne der nördlichen Küsten zu sein. Im Herbst beherbergt fast jede zweite Pflanze Tiere von sechs bis zwölf Millimetern Größe. Diese jugendlichen Seesterne zeichnen sich durch Farbmuster aus, die wieder verlorengehen, wenn sie heranwachsen. Die Saugfüßchen, die Stacheln und alle die anderen seltsamen Ausstülpungen der Oberhaut dieser Stachelhäuter sind im Vergleich zum Gesamtkörper übergroß und bereits in Form und Bau vollkommen ausgebildet.

Auf dem Felsboden zwischen den Pflanzenstängeln liegen die ganz kleinen Seesterne als weiße, unwirklich zarte Fleckchen, die in Größe und köstlicher Schönheit Schneeflocken gleichen. Sie sehen so offenkundig frisch aus, als wollten sie verkünden, dass sie erst jüngst ihre Verwandlung zum erwachsenen Tier vollzogen haben. Nachdem die Larven ihre Lebensperiode im Plankton vollendet hatten, setzten sie sich vielleicht gerade hier an den gleichen Felsen zur Ruhe, verankerten sich fest und lebten für eine kurze Weile als sesshafte Tiere. Damals waren ihre Körper wie aus Glas geblasen, aus dem schlanke Hörner herausragten; diese Hörner oder Lappen trugen Wimpern, mit deren Hilfe sie schwammen, einige davon hatten Saugnäpfe; die konnte die Larve gebrauchen, wenn sie den festen Meeresgrund aufsuchte. Während des kurzen, aber entscheidenden Zeitraums, in dem sie sich anheftete, wurden die Zellgewebe so völlig umgelagert und neugeordnet, wie bei einer Insektenpuppe im Kokon; die Gestalt der Jugendform verschwand und an ihrer Stelle entstand der fünfstrahlige Körper des erwachsenen Tieres. Diese neugeschaffenen Seesterne, die wir nun vorfinden, benützen gewandt ihre Saugfüßchen, kriechen über die Felsen und bringen ihre Körper wieder in die richtige Lage, wenn sie umgedreht werden; sie suchen sich sogar schon winzige Futtertiere und verschlingen sie nach echter Seesternart.

Der Gemeine Seestern der nördlichen Gewässer lebt beinahe in jedem Tümpel, der bei Ebbe stehenbleibt, oder er verkriecht sich in den feuchten Knorpeltang, manchmal auch unter einen Felsüberhang, unter dem es kühl und nass ist, und wartet die Stillwasser-Pause ab. Bei sehr tiefem Wasserstand zur Ebbezeit, wenn das Meer sich eben erst zurückgezogen hat, liegen diese Seesterne mit ihren verschieden getönten Formen über dem Knorpeltang verstreut, als wären es ebenso viele Blüten – hellrosa, blau, purpurn, pfirsichfarben oder gelblichngrau. Hier und dort sieht man einen grauen oder orangefarbenen Seestern, bei dem die Stacheln in einem auffallenden Muster wie weiße Punkte herausragen. Seine Arme sind runder und kräftiger als beim Nördlichen Gemeinen Seestern und die kreisförmige Steinplatte an der Oberseite ist gewöhnlich leuchtend organgefarben statt blassgelb wie bei der nördlichen Abart. Dieser Seestern ist südlich von Cape Cod allgemein verbreitet und nur ein paar einzelne Tiere verirren sich weiter nach Norden. Noch eine dritte Art bewohnt die Felsen dieser Zone – der Blutrote Seestern mit dem lateinischen Namen Henricia, der nicht nur in diesen Randgebieten

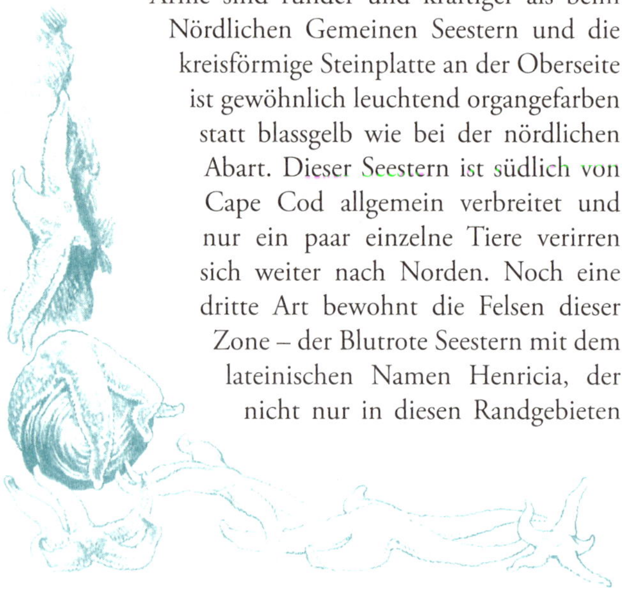

Gemeiner Seestern nördlicher Gewässer;
Asterias vulgaris

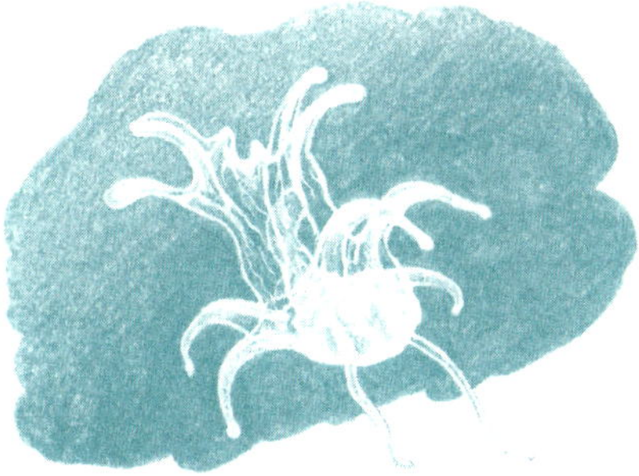

Schwimmende Larve eines Seesterns

der See haust, sondern dicht am Saum des Schelfs zum lichtlosen Meeresgrund hinuntersteigt. Er ist ausschließlich ein Bewohner kühlen Wassers und südlich von Cape Cod muss er weiter von der Küste wegziehen, um die Temperaturen zu finden, die er braucht. Aber er verbreitet sich nicht, wie man annehmen könnte, durch Larven, und bringt im Gegensatz zu den meisten anderen Seesternen keine freischwimmenden Jungen hervor; stattdessen verwahrt das Muttertier die Eier und die Jungen, die sich daraus entwickeln, in einer Tasche, die es aus den gekrümmten Armen bildet. So sorgt es für die Nachkommen, bis sie vollentwickelte, kleine Seesterne sind.

Die Jonah-Krabben aus der Familie der Taschenkrebse benützen das federnde Polster des Knorpeltangs als Versteck, in dem sie die Wiederkehr der Flut oder den Einbruch der Dunkelheit abwarten. Ich erinnere mich an eine bemooste Klippe, die an einer Felswand über die Tiefen der See herausragte, wo die Bänder des Riementangs in der Flut rollten. Der Wasserspiegel war erst kurz zuvor unter diese Klippe gesunken; die Rückkehr der Flut

Jonah-Krabbe, Cancer borealis. Felsen-Krabbe, Cancer irroratus. Von diesen beiden Taschenkrebsarten besitzt die Jonah-Krabbe einen breiteren Panzer mit stärker ausgeprägten Höckern.

stand aber schon wieder bevor und jede glasklare, weitausholende Woge, die sachte an der Felskante hochwallte und wieder zurücksank, kündigte sie verheißungsvoll an. Der Knorpeltang hatte sich mit salzigem Nass vollgesogen, er bewahrte es so getreulich wie ein Schwamm. Unten, in dem weichen Pelz dieses Teppichs, erhaschte ich einen Schimmer rosiger Farbe. Auf den ersten Blick hielt ich ihn für eine Kruste Korallenalgen, aber als ich die Wedel zerteilte, erschrak ich, weil sich plötzlich etwas regte; eine große Krabbe hatte ihren Standort gewechselt und verfiel nun wieder in untätiges Warten. Erst als ich tief im krausen Tang weitersuchte, fand ich noch etliche solcher Krabben; sie hielten sich ruhig und ließen die kurze Zwischenzeit des tiefsten Ebbestands verstreichen, denn sie waren hier ziemlich sicher davor, von den Möwen entdeckt zu werden.

Die sichtliche Trägheit dieser nördlichen Krabbenart muss damit zusammenhängen, dass sie den Möwen entrinnen wollen, die wahrscheinlich ihre hartnäckigsten Feinde sind. Am Tag muss man immer nach den Krabben suchen. Wenn sie nicht tief in den Algen versteckt sind, dann haben sie sich vielleicht in die abgelegensten Schlupfwinkel verkrochen, die ihnen ein überhängender Fels gewährt, und dort, in der dämmrigen Kühle, lassen sie ihre Fühler spielen und warten in sicherer Hut, bis die See zurückkehrt.

Doch wenn es dunkel wird, gehört die Küste den großen Krabben. Eines Nachts, als Ebbe herrschte, wanderte ich in diese Welt hinunter, um einen dicken Seestern zurückzutragen, den ich am Morgen mitgenommen hatte. Der Seestern war in jenem Gebiet daheim, wo unter dem Einfluss des Augustmonds Niedrigwasser stand, und dorthin musste ich ihn wieder bringen. Ich nahm eine Taschenlampe und machte mich auf den Weg über den schlüpfrigen Tang. Es war eine unheimliche Welt: Klippen, mit Algen verhangen, und Steinblöcke, die bei Tage vertraute Wegweiser im Gelände waren, schienen drohend und größer vor mir aufzuragen, als ich sie in Erinnerung hatte, und sie waren in seltsame Gebilde verwandelt, denn jede vorspringende Zacke wurde durch die Schatten kühn überhöht. Überall, wohin ich blickte – geradeaus im Strahl meiner Lampe oder seitlich im Halbdunkel –, eilten Krabben umher und zeigten, dass die algenumhüllten Felsen ihr Reich waren. Das Wunderliche ihrer Gestalt kam noch mehr zur Geltung als sonst: Sie schienen diesen mir bei Tage so vertrauten Ort in eine Welt von Kobolden zu verwandeln.

An manchen Stellen ist der Knorpeltang nicht am felsigen Untergrund befestigt, sondern an der nächsten tieferliegenden Lebensschicht, einer Ansammlung von Großen Miesmuscheln. Dieses mächtige Weichtier

Große Miesmuschel

bewohnt schwere, bauchige Schalen, deren schmälere Enden von derben, gelben Haaren starren, die als Auswüchse der Oberhaut entstehen. Es bildet die Grundlage für eine ganze Tiergemeinde, für die das Leben auf diesen Felsen, über die dauernd Wogen hinwegrollen, unmöglich wäre, gäbe es hier nicht diese großen Muscheln mit ihren besonderen Gewohnheiten. Sie haben ihre Schalen mit einem schier unlösbaren Gewirr von goldfarbenen Byssusfäden an den Felsen gefesselt. Diese Fäden werden von Drüsen in dem langen, schlanken Fuß erzeugt; das Tier spinnt sie aus einer seltsamen milchigen Absonderung, die fest wird, sobald sie mit Meerwasser in Berührung kommt. Die Eigenschaften dieser Fäden sind bemerkenswert, sie verbinden Zähigkeit und Stärke mit Biegsamkeit und federnder Spannkraft. Die Muschel streckt sie nach allen Richtungen aus und ist daher imstande, sich trotz des Ansturms der einströmenden Wogen an ihrem Platz zu halten und auch dem Sog der Rückwelle zu widerstehen, der bei schwerer Brandung ungeheuer stark ist.

Während der Jahre, in denen die Muscheln hier herangewachsen sind, haben sich unter ihren Schalen und um die Ankerleinen der Byssusfäden kleine Stückchen schlammiger Abfallstoffe angesammelt. Dies hat wieder eine andere Welt geschaffen, eine Art Kellergeschoss, das von einer mannigfaltigen Fauna bevölkert ist, von Würmern, Krebsen, Stachelhäutern und zahlreichen Weichtieren, desgleichen von den Muschel-Sprösslingen einer neuen Generation; die sind noch so klein und durchsichtig, dass die Formen ihrer Körper durch die neugebildeten Schalen schimmern.

Im Gefolge der Großen Miesmuscheln leben fast immer ganz bestimmte Tiere; Schlangensterne winden ihre zierlichen Körper zwischen den Fäden und unter den Schalen der Muscheln hindurch, sie gleiten mit wirklich schlangenähnlichen Bewegungen ihrer dünnen Arme dahin. Auch die Schuppenwürmer gibt es hier und unten, in noch tieferen Schichten dieser eigenartigen Tiergemeinschaft, können Seesterne hausen und unterhalb der Seesterne Seeigel und ein wenig weiter abwärts Seegurken.

Von den Stachelhäutern, die hier leben, gehören nur wenige zu den größten Vertretern ihrer Art. Die Decke aus Großen Miesmuscheln scheint eine Zufluchtstätte für junge, heranwachsende Tiere zu sein, und in der Tat könnte es vollerwachsenen Seesternen und Seeigeln schwerlich hier behagen. Während der Ebbe ziehen sich die Seegurken zu kleinen, eiförmigen Bällen zusammen, die nicht viel länger als zweieinhalb Zentimeter sind. Unter Wasser sind sie dagegen ganz ausgedehnt, ihre Körper erreichen eine Länge von zwölf bis fünfzehn Zentimetern und sie entfalten einen Kranz von Tentakeln. Die Seegurken fressen Abfälle und durchsuchen die schlammigen Rückstände ihrer Umgebung mit den weichen Tentakeln, die sie hin und wieder zurückziehen und mit ihnen über die Mundöffnung streichen, wie ein Kind, das sich die Finger ableckt.

In Gruben, die sich tief im Knorpeltang unter den Muschelschichten befinden, liegt ein schlanker, kleiner Fisch aus der Familie der Schleimfische, der Butterfisch, mit mehreren seiner Art zusammengeringelt in seinem wassergefüllten Schlupfwinkel und wartet auf die Rückkehr der Flut. Werden die Fische von einem Eindringling gestört, peitschen sie alle heftig das Wasser und versuchen, mit aalartigen, wellenförmigen Bewegungen zu entkommen.

In den seewärts gelegenen ›Vororten‹ dieser ›Muschelstädte‹ werden die großen Muscheln spärlicher und auch der Teppich aus Knorpeltang wird ein wenig dünner; aber ganz bloß liegt der Felsuntergrund selbst an dieser Stelle nur selten. Der grüne Brotkrumen-Schwamm, auch Klumpenschwamm genannt, der auf höheren Ebenen Obdach unter Felsüberhängen und in Fluttümpeln sucht, scheint hier fähig zu sein, der unmittelbar einwirkenden Gewalt der See standzuhalten; er wächst in weichen, dicken Matten, die wie blassgrüne Brotkrusten aussehen und mit den für das Tier typischen Kegeln und Kratern übersät sind. Und hier und da zeigen sich wie eingesetzte andersfarbige Flicken inmitten des schwindenden Knorpeltangs ein mattes Rosa und ein glänzendes rötliches Braun, das wie Atlas schimmert; es sind Vorboten der Formen, die in tiefergelegenen Zonen gedeihen.

Während der meisten Zeit des Jahres fällt das Wasser bei Springflut bis zu dem Streifen des Knorpeltangs. Nur in bestimmten Monaten erreichen die Springfluten ein noch größeres Ausmaß, und ihr Wasserschwall steigt

Seenelken

dann noch höher am Ufer empor und weicht bei Ebbe noch weiter seewärts zurück. Im Herbst ist die Bewegung der Gezeiten immer stark und wenn der Mond zunimmt und sich rundet, kommen Tage und Nächte, in denen die Fluten an dem glatten Granitfelsen hochspringen und ihre spitzenumsäumten Schaumkronen so weit vorschicken, dass sie die Wurzeln der Wachsbeerensträucher berühren. Wenn dann bei Ebbe die vereinte Anziehungskraft von Sonne und Mond die Wasser abströmen lässt, steigen Klippen aus dem Meer, die nicht mehr bloßgelegen haben, seit der Aprilmond ihre dunklen Grate beschien. Dann sehen wir den Meeresgrund wie von einem Farbenschmelz überzogen. Er stammt von den rosa Krusten der Korallenalgen, von dem Grün der Seeigel und der schimmernden Bernsteinfarbe des Riementangs.

Während der starken Gezeiten wandere ich oft hinunter bis an jene Schwelle des Meeres, zu der Landgeschöpfe nur selten im Kreislauf des Jahres Zutritt haben. Dort habe ich dunkle Höhlen gefunden, in denen die Seeanemonen mit ihrem gelblich weißen Tentakelkranz wie hübsche Chrysanthemen in kleinen Tümpeln blühen, die sich in Vertiefungen oder am Grund knapp unterhalb des Gezeitensaums angesammelt haben. Wo die Tiere bei außergewöhnlich starker Ebbe nicht von Wasser umhüllt sind, ist ihr Aussehen so verändert, dass es scheint, als seien sie selbst für ein so kurz dauerndes Landleben nicht geeignet. Überall, wo die Bodenform dieses unebenen Meeresgrunds einen geschützten Winkel bietet, habe ich ihre freiliegenden Kolonien gesehen – bis zu zwanzig Stück standen sie manchmal beisammen, so dicht, dass ihre durchscheinenden Körper sich mit den Seitenwänden berührten. Die Anemonen, die auf waagrechten Flächen haften, verschwinden beim Abfließen des Wassers ganz in einer festen, flach kegelförmigen Masse aus dichtem Gewebe; die Krone ihrer federweichen Tentakel wird eingezogen und im Innern verstaut, und nichts lässt mehr die Schönheit ahnen, die eine entfaltete Anemone zeigt.

Diese vom Meer im Stich gelassenen Anemonen besitzen nur noch ganz entfernte Ähnlichkeit mit den anderen Artgenossen, die etwas weiter von der Küste entfernt ›blühen‹ und ihre ganzen Tentakel ausgebreitet haben, um Futter herbeizuholen. Kommen kleine Wassertiere mit diesen Tentakeln in Berührung, erhalten sie eine tödliche Salve von Geschossen. Jedes der tausend und mehr Tentakel trägt eine Unzahl eingerollter Pfeile im Gewebe eingebettet, deren winziger Stachel herausragt. Vielleicht löst dieser Stachel bei Berührung eine Art Explosion aus oder die Nähe einer Beute wirkt an sich schon als ein chemischer Reiz, der den Pfeil mit großer Heftigkeit schlagartig herausschnellen lässt; er durchbohrt das Opfer oder hält es fest und entleert beim Eindringen sein Gift.

Wie die Anemonen lassen die Lederkorallen ihre Kolonien von der Größe eines Fingerhuts an der Unterseite von Felsleisten herabhängen. Zur Ebbezeit sind sie schlaff und triefend nass und verraten nichts von der Lebendigkeit und Pracht, die erst das zurückkehrende Wasser wieder herstellt.

Diese Lederkoralle, auch Meerhand oder ›Tote Manneshand‹ genannt, scheidet keine Becher aus Kalk ab wie die entfernt verwandten Steinkorallen, sondern sie bildet Kolonien, bei denen viele röhrenförmige Polypen in einer zähen Grundmasse eingebettet sind, die durch Kalknadeln Festigkeit erhält. Diese Nadeln sind zwar winzig, doch erlangen sie geologische Bedeutung an Stellen, wo sich in den tropischen Riffen die Lederkorallen unter die anderen Korallen mischen und sich als winzige Bausteine an deren Zusammensetzung beteiligen. Lederkorallen wachsen in üppiger Reichhaltigkeit und Vielfalt an den Korallenriffen und -bänken des Indischen Ozeans, denn sie sind vorwiegend Geschöpfe der Tropen. Ein paar jedoch wagen sich in polare Gewässer vor. Eine riesige Art, die so groß wie ein Mensch werden kann und sich wie ein Baum verzweigt, lebt in den Fischereigebieten der verschiedenen Bänke vor Nova Scotia und Neuengland. Die meisten Angehörigen der Gruppe, die manchmal auch als Schwamm- oder Kork-Korallen bezeichnet werden, ziehen tiefe Gewässer vor; im Gezeitensaum siedeln sich ihre Kolonien nur gelegentlich an dunklen und verborgenen Stellen an.

In Ritzen und Felsspalten, in kleinen wassergefüllten Gruben oder an Felswänden, die bei Ebbe nur kurz der Luft ausgesetzt sind, bilden Kolonien des Köpfchenpolypen,

Nesselzelle eines Hohltiers

Tubularia, mit ihren hellroten, herzförmigen Enden prächtige Gärten. Wo das Wasser sie noch bedeckt, wiegen sich die blumenähnlichen Tiere anmutig auf den langen Stielen, sie strecken die Tentakel aus, um Plankton zu fangen. Vielleicht können sie sich aber nur dort, wo sie dauernd untergetaucht bleiben, wirklich voll entwickeln. Ich habe gesehen, wie sie die Pfahlroste von Landeplätzen, Flöße sowie Taue und Kabel unter Wasser so dick umkleideten, dass man keine Spur der Unterlage mehr entdecken konnte; sie sahen Tausenden von Blüten täuschend ähnlich, von denen jede so groß war wie die Spitze meines kleinen Fingers.

Unterhalb der letzten Polster des krausen Knorpeltangs tritt eine neue Art Meeresboden zutage. Der Übergang erfolgt unvermittelt. Als wäre eine Linie gezogen, gibt es plötzlich keinen Knorpeltang mehr und man tritt von dem weichen, rötlich braunen Kissen auf eine Fläche, die anscheinend aus blankem Stein besteht. Doch ist das, was wir vor uns haben, kein nackter Fels. Jede Fläche

Meerhand (Seemannshand), eine Lederkoralle

des steinigen Untergrunds ist mit einer Kruste Korallenalgen bedeckt, vorwiegend von Lithothamnion, so dass sie eine satte, altrosa Farbe erhält. Stein und Alge sind so innig vereint, dass die Pflanze ein Teil des Felsens zu sein scheint. Hier tragen sogar die Uferschnecken kleine rote Flicken auf ihren Gehäusen, alle Felsgrotten und Spalten sind mit der gleichen Farbe ausgeschlagen, und so weit der Blick reicht, ist der steinige Meeresboden, der schräg in grüne Tiefen absinkt, rosig getönt.

Die Korallenalgen sind Pflanzen von ungewöhnlichem Reiz. Sie gehören zu der Gruppe der Rotalgen, von denen die meisten in den tieferen Küstengewässern leben. Die Pflanzen besitzen als Farbstoffe chemische Verbindungen, die bei den meisten ihrer Art eine abschirmende

Wasserwand brauchen, um sie in den Geweben vor dem Sonnenlicht zu schützen. Dennoch gibt es auch Formen, die außerordentlich widerstandsfähig gegen unmittelbare Sonnenstrahlung sind. Sie können Kalziumkarbonat einlagern, das den Thallus härter macht. Meist bilden sie auf Felsen, Schalen und anderen festen Unterlagen Krustenflecke. Dieser Überzug kann dünn und glatt sein und an eine Emailmalerei erinnern; manchmal wird er auch dicker und kleine Knötchen und Höcker machen seine Oberfläche rau. Hier und da bedecken sie im ostindischen Gebiet die Ebenen der Gezeitenzone, so weit das Auge blicken kann, mit ihren zart getönten Krusten und viele der ›Korallenriffe‹ des Indischen Ozeans enthalten überhaupt keine Korallen, sondern sind größtenteils aus diesen Pflanzen aufgebaut. Im Umkreis der Küsten Spitzbergens, wo in den matt erhellten Gewässern des Nordens die großen Wälder der Braunalgen wachsen, gibt es auch riesige Bänke aus Kalkstein, die sich viele Kilometer weit erstrecken und aus diesen Rotalgen gebildet sind. Da diese Pflanzen nicht nur in tropischer Wärme leben können, sondern auch an Stellen, wo die Wassertemperaturen selten über den Gefrierpunkt steigen, gedeihen sie überall in den Meeresgebieten zwischen Nord- und Südpol.

Sichtbares tierisches Leben ist spärlich, wo diese Algen wie ein rosenfarbener Streifen die Felsen der Küste von Maine bedecken, als wollten sie die tiefste Niedrigwasser-Grenze der Springtiden markieren. Doch wenn auch wenig andere Geschöpfe in dieser Zone zu sehen sind, Seeigel gibt es zu Tausenden dort. Statt sich in Ritzen oder unter Steinen zu verbergen, wie sie es in höhergelegenen Gebieten tun, bewegen sie sich ganz offen auf den ebenen oder sanft abfallenden Felsflächen. Gruppen zu zwanzig bis fünfzig Einzeltieren liegen auf den Felsen beisammen; sie bilden Flecke von klarem Grün auf dem rosigen Hintergrund. Ich sah solche Herden von Seeigeln auf Steinen, die von einer schweren Brandung überspült wurden, aber offensichtlich hielten die kleinen Saugfüßchen fest, die sie als Anker verwenden. Obwohl die Wogen sich donnernd brachen und in einem wirbelnden Wasserschwall zurückrauschten, ließen sich die Seeigel nicht stören. Vielleicht ist die ausgesprochene Neigung, sich zu verstecken und sich in Spalten und unter Steinblöcke zu zwängen – wie es die Seeigel in Fluttümpeln oder in der Ledertang-Zone weiter oben tun –, nicht so sehr ein Versuch, der Gewalt der Brandung auszuweichen; die Tiere wollen anscheinend vielmehr den gierigen Augen der Möwen entrinnen, die bei jeder Ebbe rücksichtslos auf sie Jagd machen. Diese Zone der Korallenalgen, in der die Seeigel so ungescheut leben, ist fast dauernd von einer schützenden Wasserschicht bedeckt. Höchstens ein dutzendmal im Jahr fallen die Fluten bei Ebbe bis zu dieser Ebene. Zu allen anderen Zeiten hindert die Höhe des Wassers, das über den Seeigeln steht, die Möwen daran, ihre Beute zu erreichen; denn eine Möwe kann zwar ein wenig tauchen, aber nur flach, nicht so gut wie eine Seeschwalbe und wahrscheinlich kann sie nicht bis zum Grund vorstoßen, wenn die Wassertiefe größer ist als ihre eigene Körperlänge.

Die Seeigel suchen in dieser tiefliegenden Zone der Springfluten eine Zuflucht vor den Möwen, aber anderen Tieren gegenüber treten sie selbst als gefährliche Räuber auf. Wo sie in die Knorpeltang-Gebiete vordringen und versteckter leben, verschlingen sie unzählige Uferschnecken und greifen selbst Seepocken und Muscheln an.

So bestehen zwischen vielen dieser Geschöpfe der Felsenregion des Niedrigwassers enge und mannigfaltige

Gespensterkrebs auf Hydroid-Polyp Tubularia

Beziehungen; die einen sind Räuber, die anderen deren Beutetiere. Oder sie befinden sich miteinander im Kampf um Nahrung und Lebensraum. Darüber hinaus übt das Meer selbst auf alle diese Geschöpfe seine Macht aus und kann ihr Dasein mit seiner wechselnden Temperatur beeinflussen. Wo es etwas weiter vor der Küste kühl und tief ist und die Wasser der Gezeiten aus diesen eisigen Becken stammen, können sich vielerlei Räuber bis hinauf in das Gebiet von Ebbe und Flut ausbreiten und die Zahl ihrer Beutetiere stark vermindern. Sobald aber an der Oberfläche eine warme Wasserschicht liegt, müssen sie ihre Jagd auf die kalten und tiefen Stellen beschränken. Sie ziehen sich dann in den Ozean zurück, die Scharen ihrer Beutetiere folgen ihrem Beispiel und steigen so weit wie möglich in das Reich der Niedrigwasser der Springtiden hinab.

Gezeitentümpel enthalten in ihren Tiefen geheimnisvolle Welten, in denen die ganze Schönheit des weiten Meeres wie mit zarten Pinselstrichen im Kleinen abgebildet scheint. Einige dieser Tümpel füllen Spalten und

Rippenquallen
Links: Seestachelbeere, Pleurobrachia
Rechts: Meer-Walnuss, Mnemiopsis

Risse aus; an ihrem meerwärts gelegenen Ende verschwinden diese Rinnen unter Wasser, aber gegen das Land zu bilden sie schräge Einkerbungen im Fels, ihre Wände werden höher und werfen tiefe Schatten über das Wasser, das sie umschließen. Andere Tümpel füllen Steinbecken, deren hoher Rand an der Seeseite etwas von dem abfließenden Wasser zurückhält. Algen säumen die Wände; Schwämme, Hydroid-Polypen, Seeanemonen, Nacktkiemer – schalenlose Meeresschnecken –, Muscheln und Seesterne leben dort in einem kleinen Weiher, in dem es stundenlang ganz ruhig ist, während vielleicht dicht hinter dem schützenden Rand die Brandung tost.

Die verschiedensten Stimmungen kann man an diesen Tümpeln erleben. Bei Nacht fangen sie die Sterne ein und spiegeln das Licht der Milchstraße wider, die sich über ihnen am Himmel hinzieht. Andere, lebende Sterne kommen vom Meer herein: die schimmernden Smaragde winziger, phosphoreszierender Kieselalgen, die glühenden Augen kleiner Fische, die zum dunklen Wasserspiegel emporschwimmen und deren Körper schlank wie

Zündhölzchen sind; sie bewegen sich nahezu senkrecht und heben ihre kleinen Schnäuzchen hoch; die Rippenquallen blitzen wie flüchtige Mondstrahlen auf, auch sie sind mit einer steigenden Flut hereingeschwommen. Fische und Rippenquallen machen in den schwarzen Schlupfwinkeln der Felsbecken Jagd auf allerlei Getier, aber sie kommen und gehen mit den Gezeiten und haben keinen Anteil an dem ständigen Leben des Tümpels.

Bei Tage herrschen andere Stimmungen. Einige der schönsten Tümpel liegen hoch oben an der Küste. Farbe, Form und Spiegelwirkung zaubern ihre Schönheit hervor. Ich kenne einen seichten Tümpel, der dennoch die ganze Tiefe des Himmels umfasst und mit seinem begrenzten Rund das Blau weiter Fernen einfängt. Der Tümpel ist von einem leuchtend grünen Streifen eingerahmt, der von Beständen der Darmalge gebildet wird. Die Thallusäste dieser Alge sind einfache Röhren, die Strohhalmen gleichen. An der Landseite erhebt sich bis zu Mannsgröße eine graue Felswand, sie spiegelt sich im Wasser und scheint sich in ihm fortzusetzen. Über dem Abbild der Klippe schimmert die weite Kuppel des Firmaments. Sind Beleuchtung und eigene Stimmung gerade richtig, kann man so tief in das Blau hineinblicken, dass man zaudern würde, den Fuß in ein so grundloses Wasser zu setzen.

In einem anderen hochgelegenen Weiher in der Nähe erheben sich überall vom Grund die grünen Darmalgen. Wie durch einen Zauber weitet sich der Weiher und schafft aus der nüchternen Wirklichkeit von Felsen, Wasser und Pflanzen das Traumbild einer anderen Welt. Blickt man in ihn hinein, sieht man nicht das Wasser, sondern eine liebliche Landschaft mit Hügeln, Tälern und eingestreuten Wäldern – sie erinnern an Pinselstriche eines begabten Malers: die einzelnen Fäden der Algen stellen nicht genaue Abbilder echter Bäume dar, sie deuten sie nur an.

Tierisches Leben ist wenig oder gar nicht zu sehen, vielleicht nur ein paar Uferschnecken und vereinzelte bernsteinfarbene Asseln. In allen Tümpeln, die hoch oben an der Küste liegen, herrschen schwierige Lebensbedingungen, weil das Meer für lange Zeiträume fernbleibt. Die Temperatur des Wassers kann an warmen Tagen viele Grade steigen. Gibt es heftige Regenfälle, nimmt der Salzgehalt ab, und wenn die Sonne heiß brennt, erhöht er sich.

Diese Tümpel gehören überhaupt kaum noch zur See; sie fangen den Regen auf und erhalten nur gelegentlich bei stürmischer Brandung oder sehr starker Flut einen Zufluss von Salzwasser. Aber die Möwen fliegen über sie hinweg und bringen einen Seeigel, eine Krabbe oder eine Muschel mit, die sie hier auf die Steine fallen lassen, um die hartschalige Außenhülle aufzubrechen und die Weichteile im Inneren freizulegen. Stückchen von Skelettplatten der Seeigel, Krabbenklauen oder Muschelschalen finden so ihren Weg in die Tümpel und sobald sie verwesen, beteiligen sie sich an der chemischen Zusammensetzung des Wassers, das dann alkalisch wird. Für eine kleine einzellige Pflanze, Sphaerella, die Blutalge, ist das ein günstiges Klima; sie ist ein winziges, kugeliges Lebewesen, das einzeln fast unsichtbar bleibt, aber in ihrer Millionenzahl das Wasser dieser hochgelegenen Tümpel rot wie Blut färbt. Offensichtlich ist die Alkalität eine notwendige Vorbedingung für ihr Gedeihen. In anderen Tümpeln, die nach außen hin ähnlich sind, aber zufällig keine Schalen enthalten, findet man nicht ein einziges dieser winzigen, karminroten Bällchen.

Selbst die kleinsten Pfützen – Vertiefungen, nicht größer als eine Teetasse – enthalten Leben. Oft ist es nur ein kleines Insekt, das an der Meeresküste vorkommt, mit dem Namen Anurida maritima, die ›Flügellose, die am Meer wohnt‹. Dieses Tierchen, das zu den sogenannten Springschwänzen gehört, drängt sich in Scharen auf einem Fleck zusammen oder läuft auf dem Oberflächenhäutchen, solange das Wasser ruhig ist, und überquert mit Leichtigkeit den Tümpel von einem Rand zum anderen. Doch selbst die geringste Kräuselung des Wasserspiegels lässt es hilflos treiben, so dass es zu Hunderten zusammengeschwemmt wird und nun erst auffällt, weil diese Ansammlungen wie dünne, verwehte Blätter obenauf schwimmen. Eine einzelne Anurida ist so klein wie eine Mücke.

Unter einer Lupe sieht sie aus, als wäre sie in blaugrauen Samt gehüllt, aus dem viele Borsten herausragen. Geht das Insekt ins Wasser, halten die Borsten um seinen Körper eine dünne Luftschicht fest, und wenn die Flut steigt, braucht das Tierchen nicht in den oberen Küstenabschnitt zu flüchten. Es ist von einer glitzernden Lufthülle umgeben, bleibt trocken und ist mit Atemvorrat versorgt; so wartet es in Ritzen und Spalten, bis die Flut wieder verebbt. Dann taucht es auf, streift auf den Felsen umher und sucht nach toten Fischen, Krabben, Weichtieren und Seepocken, die seine Nahrung bilden; denn es gehört zu den Geschöpfen, die Abfälle vertilgen und im Haushalt des Meeres eine Rolle spielen, weil sie den Kreislauf der organischen Stoffe beschleunigen.

Oft finde ich die Tümpel im oberen Drittel der Küste mit einer braunen samtigen Schicht ausgeschlagen. Sie lässt sich mit tastenden Fingern wie Pergamentpapier in dünnen, glattflächigen Lappen vom Stein schälen.

Es handelt sich um eine Braunalge, die Warzige Ralfsie, auch Krustentang genannt; sie erscheint in kleinen, flechtenähnlichen Beständen auf den Felsen oder breitet sich wie hier weithin als dünner Überzug aus. Wo sie wächst, geht in dem Tümpel eine Veränderung vor, denn sie sorgt für eine schützende Zuflucht vor der Brandung, die viele Geschöpfe so dringend suchen.

Betrachtet man diese Tümpel mit ihrem Samtfutter, würde man sagen, es gebe hier wenig Leben, nur vereinzelt weiden einige Uferschnecken, deren Gehäuse sachte schaukeln, während sie die braune Kruste abschaben; oder vielleicht sieht man ein paar Seepocken mit ihren Kegeln durch die Pflanzendecke stoßen und ihre Schalentore öffnen, um sich Futter aus dem Wasser zu angeln. Aber sooft ich ein Stückchen dieser Braunalge unter mein Mikroskop legte, entdeckte ich, dass es darin von Lebewesen wimmelte. Immer waren viele zylindrische, nadelfeine Röhrchen dabei, die aus einer lehmigen Substanz bestanden. Der Baumeister jeder Röhre ist ein kleiner Wurm, dessen Körper aus einer Reihe von elf unendlich kleinen Ringen, sogenannten Segmenten, gebildet ist, die wie aufeinandergeschichtete Spielmarken aussehen. Vom Kopf des Wurms erhebt sich ein Gebilde, das dieses sonst unscheinbare Tier verschönt – eine fächerförmige Tentakelkrone, die wie ein Federbusch aussieht und aus flaumfeinen, fiedrigen Fäden besteht. Sobald der Wurm sie aus der Röhre hinausstreckt, nehmen sie Sauerstoff auf und dienen ihm außerdem zum Umgarnen kleiner Futter-Organismen. Und immer sind unter dieser Fauna der Ralfsia-Kruste kleine Krebschen mit Gabelschwänzen und glitzernden, rubinfarbigen Augen. Andere Arten, Muschelkrebse genannt, sind in flache, pfirsichfarbene Schalen eingeschlossen, die zweiteilig sind und wie eine

Schachtel mit Deckel aussehen; zwischen den Schalen können lange Gliedmaßen hervorgestreckt werden, mit denen die Geschöpfe durchs Wasser rudern. Aber am zahlreichsten von allen sind die winzigen Würmer, die eilig über die Pflanzendecke kriechen – viele Arten Borstenwürmer und schlangenähnliche Schnurwürmer, deren Aussehen und flinke Bewegungen verraten, dass sie auf Raub aus sind.

Ein Tümpel muss nicht groß sein, um mit seinen durchsichtig klaren Tiefen schön zu wirken. Ich erinnere mich an einen, der nur eine ganz seichte Höhlung füllte; wenn ich mich ausgestreckt neben ihm auf den Felsen lagerte, konnte ich mit meiner Hand leicht das andere Ufer berühren. Dieser Miniatur-Weiher befand sich etwa in der Mitte des Gezeitensaums und so weit ich sehen konnte, bewohnten ihn nur zwei Tierformen. Der Boden war mit Essbaren Miesmuscheln gepflastert. Ihre Schalen hatten eine weiche Farbe, ähnlich dem verschleierten Blau ferner Bergketten, und ihre Anwesenheit ließ das Wasser ganz tief erscheinen. Es war so klar, dass es für meine Augen unsichtbar blieb. Die Grenzfläche von Wasser und Luft konnte man nur wahrnehmen, wenn man sie mit den Fingerspitzen berührte und merkte, wie kühl sie war.

Die Muscheln gewährten dem einzigen Lebewesen, das ich noch zu entdecken vermochte, einen Platz, um sich anzuheften. Wie feinste Fäden zogen sich die Stiele der Kolonien von Hydroid-Polypen als kaum sichtbare Striche über die Muschelschalen. Die Polypen gehörten zu einer Gruppe mit dem lateinischen Namen Sertularia, auch Seemoos genannt, weil es getrocknet und gefärbt unter dieser Bezeichnung in den Handel kommt. Bei dieser Art sind jedes Einzeltier der Kolonie und alle stützenden und verbindenden Ästchen von durchsichtigen

Seemoos, Sertularia, ein Hydroid-Polyp. Die kleineren Becher enthalten Fresspolypen, die größeren die Medusen-Generation.

Scheiden umschlossen wie ein Baum, der im Winter einen Eismantel trägt. Von den Hauptstämmen steigen senkrechte Zweige hoch, von denen jeder eine doppelte Reihe Kristallbecher trägt; in ihnen hausen die winzigen Tierchen der Kolonie. Das ganze Gebilde war geradezu die Verkörperung zerbrechlicher Schönheit und als ich neben dem Tümpel lag und mit meiner Lupe die Hydroid-Polypen genauer betrachtete, schienen sie mir wie aus ganz fein geschliffenem Glas geformt – ähnlich den Armen eines kunstvoll gearbeiteten Kronleuchters. Jedes Tierchen in seinem schützenden Kelch glich einer sehr kleinen Seeanemone – es war ein röhrenförmiges Wesen, überragt von einem Tentakelkranz. Die zentrale

Leibeshöhle stand mit einem Gang in Verbindung, der sich durch die Längsachse des Zweiges zog, an dem der Polyp saß. Diese Kanäle setzten sich in die größeren Äste und in den Hauptstamm fort, so dass die ganze Kolonie mitgefüttert wurde, wenn jedes einzelne Tierchen fraß.

Wovon ernährten sich diese Geschöpfe? Gerade aus ihrem reichlichen Vorkommen schloss ich, dass Lebewesen, die ihnen als Futter dienten, unendlich zahlreicher sein mussten als die fleischfressenden Hydroid-Polypen selbst. Doch konnte ich nichts entdecken. Offenkundig musste ihre Nahrung aus winzigen Geschöpfen bestehen, denn jeder fressende Polyp war selbst fadendünn und hatte Tentakel wie feinste Spinnweben. Irgendwo in der kristallenen Klarheit des Tümpels konnte mein Auge – oder wenigstens erschien es mir so – einen feinen Nebel von unendlich kleinen Teilchen entdecken, wie Stäubchen, die in einem Sonnenstrahl tanzten. Als ich genauer hinsah, waren die Stäubchen verschwunden, das Wasser schien wiederum vollkommen durchsichtig zu sein und ich hatte das Gefühl, dass ich einer optischen Täuschung unterlegen war. Doch wusste ich: Nur die Unvollkommenheit des menschlichen Sehvermögens hinderte mich, jene Horden mikroskopisch kleiner Wesen wahrzunehmen, die den tastenden, suchenden Tentakeln, die ich kaum ausmachen konnte, zum Opfer fielen.

Beide, Polypen wie Muscheln, waren völlig von diesem Treibgut der Gezeitenströme abhängig; die Muscheln ließen sich das Pflanzenplankton herantragen und siebten es aus, die Polypen als unternehmungslustige Räuber packten und umstrickten die winzigen Wasserflöhe, Ruderfüßer und Würmer. Sollte aber das Plankton einmal weniger reichlich werden und seine Lebewesen aus dem Gezeitenstrom verschwinden, dann würde der

Tod in diesen Tümpel einziehen; und die Muscheln in ihren blauen Schalen sowie die zierlichen Kolonien der Polypen müssten verhungern.

Einige der schönsten Tümpel der Küste bleiben dem verborgen, der vorübergeht, ohne genau hinzugucken. Nach ihnen muss man richtig suchen – vielleicht in tiefliegenden Becken, zwischen großen Blöcken versteckt, die wahllos und wirr übereinandergetürmt erscheinen, manchmal in dunklen Winkeln unter einem vorspringenden Felssims oder hinter einem dichten Algen-Vorhang, der sie verbirgt.

Ich kenne so einen verborgenen Tümpel. Er liegt in einer Meergrotte und bei Ebbe nimmt er etwa das untere Drittel ihres Raums ein. Kehrt die Flut wieder, so schwillt der Tümpel an, bis die Grotte voll steht und die Höhle samt den Felsen, in die sie eingebettet ist, unter der rauschenden Wasserfülle versunken ist. Bei Ebbe dagegen kann man sich der Grotte vom Lande aus nähern. Wuchtige Felsen bilden Boden, Wände und Dach. Nur wenige Öffnungen sind eingeschnitten – zwei dicht am Boden an der Seeseite und eine hoch oben an der Wand, die dem Festland zugekehrt ist. Hier kann man an der Felsschwelle liegen, durch den niederen Einlass in die Grotte spähen und auf das Wasser hinunterblicken. Die Höhle ist nicht völlig dunkel; an einem hellen Tag leuchtet sie sogar in einem kühlen, grünen Licht. Die Quelle dieses milden Schimmers ist der Sonnenschein, der tief unten am Boden einfällt; aber erst nachdem er in die Höhle eingedrungen ist, geht eine Verwandlung vor sich und seine Strahlen glänzen in reinstem, ganz hellem Grün, das ihm die Schwammdecke am Grunde der Grotte verleiht. Durch die gleichen Öffnungen, die das Licht einlassen, schwimmen Fische aus dem Meer herein,

Sternkoralle Astrangia, die einzige echte Koralle des Nordens

erkunden die grüne Halle und verschwinden wieder in die jenseits liegende hohe See. Durch diese niederen Pforten strömt auch das Wasser bei Ebbe und Flut. Es bringt die unsichtbaren Mineralien – die Rohstoffe für die chemischen Vorgänge der Pflanzen und Tiere der Grotte. Ebenfalls unsichtbar trägt es die Larven vieler Meeresgeschöpfe herein, die sich auf der Suche nach einem Ruheplatz immer weitertreiben lassen. Manche bleiben vielleicht hier und siedeln sich an, andere schwimmen mit der nächsten Flut wieder fort.

Blickt man in die kleine Welt hinunter, die von den Wänden dieser Höhle umschlossen wird, fühlt man die Rhythmen des weiten Meeres. Die Wasser des Tümpels kommen nie zur Ruhe. Sie steigen und sinken nicht nur allmählich bei Flut und Ebbe, ihre Höhe ändert sich auch jäh mit dem pulsierenden Wogen der Brandung.

Überschlägt sich eine Welle und stürzt ins Meer zurück, fällt das Wasser ganz schnell. Dann kehrt sich plötzlich der Vorgang um und die hereinrauschende See schäumt und wogt beinahe bis zu dem Beobachter herauf.

Strömt sie wieder ab, kann man bis auf den Grund hinuntersehen, und in dem immer seichter werdenden Wasser treten die Einzelheiten deutlicher zutage. Einen Großteil des Tümpelbodens bedeckt der grüne Brotkrumen-Schwamm, er bildet einen Teppich mit einem dicken Flaum, der aus zähen, kleinen, filzähnlichen Fasern besteht, die von glasigen, an beiden Seiten zugespitzten Kieselnadeln zusammengehalten werden; sie sind die Skelettstützen des Schwammes, auch Spicula genannt. Die grüne Farbe des Teppichs stammt von reinem Chlorophyll; Träger dieses Pflanzenfarbstoffs sind die Zellen einer Alge, von denen die Gewebe des Wirtstieres durchsetzt sind. Der Schwamm schmiegt sich eng an den Stein und gerade seine Glätte und der flache Wuchs legen Zeugnis ab für die formende Gewalt schwerer Brandung. In stillen Gewässern ragen bei der gleichen Art viele Kegel in die Höhe; hier würden sie den wirbelnden Wassern nur eine Angriffsfläche bieten, um den Schwamm zu packen und loszureißen.

Der grüne Teppich ist von andersfarbigen Flecken unterbrochen; einige davon schimmern in kräftigem Senfgelb. Wahrscheinlich wuchert dort ein Bohrschwamm. Einen flüchtigen Augenblick lang, während der Großteil des Wassers abgeflossen ist, leuchten in dem tiefsten Teil der Grotte satte Orchideenfarben auf; sie stammen von Krusten der Korallenalgen.

Schwämme und diese Algen bilden zusammen den Hintergrund für die größeren Tiere des Gezeiten-Tümpels. In der Stille der Ebbe ist nur wenig oder gar keine

Bewegung zu sehen, selbst die räuberischen Seesterne haften wie orangefarbene, rosa oder purpurn bemalte Ornamente an den Wänden. Eine Gruppe großer Seeanemonen lebt an der Wand der Grotte; ihre Aprikosenfarbe sticht grell von dem grünen Schwamm ab. Heute sitzen vielleicht die ganzen Anemonen an der Nordwand des Tümpels, anscheinend reglos und bewegungsunfähig; bei der nächsten Springtide, wenn ich den Tümpel wieder aufsuche, sind sicher einige von ihnen zur Westseite hinübergewandert und haben dort ihren Standort bezogen, und wieder hat man den Eindruck, als könnten sie sich nicht vom Fleck rühren.

Viele Anzeichen deuten darauf hin, dass die Anemonenkolonie gut gedeiht und erhalten bleiben wird. An den Wänden und an der Decke der Höhle sieht man Reihen junger Tiere – kleine, glitzernde Kuppen aus weichem Gewebe von einem hellen, durchscheinenden Braun. Aber die eigentliche Brutkammer der Kolonie scheint in einer Art Vorraum zu liegen, der durch eine Öffnung mit der Hauptgrotte verbunden ist. Dort wird eine annähernd zylinderförmige Höhlung, die höchstens dreißig Zentimeter im Querschnitt misst, von hohen, senkrechten Steinplatten umschlossen, an denen Hunderte junger Anemonen haften.

Wie stark die Brandung hier tobt, lässt sich an ihrer Wirkung auf das Dach der Grotte ablesen. Wogen, die in einen begrenzten Raum eindringen, vereinen ihre ganze, ungeheure Kraft in einem mächtigen Schwung nach aufwärts; auf diese Weise werden die Dächer von Höhlen allmählich von den Stößen zertrümmert und abgetragen. Die offene Pforte, an der ich liege, bewahrt die Decke dieser Grotte davor, die volle Wucht der emporspringenden Wellen aufzufangen;

trotzdem gehören die Geschöpfe, die an ihr hausen, ausschließlich einer Fauna an, wie sie in schwerer Brandung vorkommt. Es ist ein einfaches Mosaik in Schwarz und Weiß – die schwarzen Muschelschalen, auf denen die weißen Kegel der Seepocken wachsen. Aus irgendeinem Grund scheinen die Seepocken nicht imstande gewesen zu sein, unmittelbar an der Decke der Höhle Fuß zu fassen, obwohl sie besonders dazu geeignet sind, Felsen zu besiedeln, die von Brandung umtost werden. Trotzdem haben sich zuerst die Miesmuscheln dort festgesetzt. Wie das geschah, kann ich nur erraten. Ich kann mir vorstellen, wie die jungen Muscheln über das feuchte Gestein hereinkrochen, während das Wasser abfloss, und ihre Silberfäden spannen, die ihnen sicheren Halt gaben. Und war es dann so weit, vermochten die jungen Seepocken vielleicht an der heranwachsenden Kolonie leichter Fuß zu fassen als am glatten Gestein, so dass sie sich an den Muschelschalen festmauerten. Wie es auch dazu kam, jetzt finden wir sie jedenfalls an diesem Platz.

Während ich daliege und in den Tümpel blicke, gibt es Augenblicke, in denen eine Pause verhältnismäßiger Ruhe eintritt, wenn eine Woge abgeflaut und die nächste noch nicht hereingebraust ist. Dann kann ich die unbedeutenderen Geräusche vernehmen: das Tropfen des Wassers, das von den Muscheln an der Decke oder von den Algen herabrieselt, mit denen die Wände gepolstert sind – ein leises, helles Aufklatschen, das in dem weiten Raum und in dem verworrenen Murmeln und Raunen verhallt, das von der Grotte selbst ausgeht; denn in ihr ist es niemals ganz still.

Wenn ich dann suchend mit meinen Fingern zwischen den dunkelroten Riemen des Hauttangs herumtaste und die krummen Ästchen des Knorpeltangs beiseiteschiebe, die unter mir an den Wänden stehen, entdecke ich Geschöpfe von so außerordentlich zartem Bau, dass ich mich wundere, wie sie in dieser Höhle gedeihen können, wenn die rohe Gewalt einer Sturmbrandung in dem engen Raum entfesselt wird.

An den Felswänden kleben dünne Krusten eines Moostierchens, eine Form, bei der Hunderte winziger, flaschenförmiger Zellen von zerbrechlichem Bau, spröde wie feines Glas, nebeneinander in regelmäßigen Reihen liegen und einen einheitlichen Überzug bilden. Sie haben die Farbe heller Aprikosen und dem ganzen Gebilde scheint nur eine kurze Lebensdauer bestimmt; es wirkt, als müsse es bei der geringsten Berührung zerfallen und dahinschwinden wie Raureif an der Sonne.

Ein winziges, spinnenähnliches Geschöpf mit langen, schlanken Beinen läuft auf der Kruste umher. Aus irgendeinem Grund, der vielleicht mit seiner Ernährungsweise zusammenhängt, besitzt es die gleiche Aprikosenfarbe wie der Teppich aus Moostierchen, über den es krabbelt; auch diese Asselspinne aus der Familie der Pycnogoniden kommt uns wie die Verkörperung zarter Gebrechlichkeit vor.

Bei einem anderen Moostierchen von derberem, aufrechtem Wuchs, bei der Flustrella, erheben sich kleine Keulen von einer mattenförmigen Unterlage. Wiederum macht die mit Kalkeinlagerungen durchsetzte Keule einen brüchigen und glasigen Eindruck. Über diese Vorsprünge und dazwischen schlängeln sich unzählige winzige, fadendünne Rundwürmer; junge Miesmuscheln kriechen umher und erkunden vorsichtig eine Welt, die so neu für sie ist, dass sie noch keinen Platz in ihr gefunden haben, an dem sie sich mit ihren feinen, seidigen Leinen verankern könnten.

Als ich mit der Lupe weiterforschte, fand ich in den Algen ganz kleine Schnecken. Eine von ihnen war offensichtlich noch nicht lange auf der Welt; denn ihr reinweißes Gehäuse hatte erst die Anfangswindung der Spirale gebildet, die sich beim Weiterwachsen noch oft um die eigene Achse drehen musste, bis das Tier seine volle Größe erreicht hatte. Eine andere, die auch nicht größer war, besaß dennoch ein höheres Alter. Ihr schimmerndes, bernsteinfarbenes Haus war eingeringelt wie ein Waldhorn und während ich das kleine Tierchen beobachtete, streckte es den kuhähnlichen Kopf hervor und schien seine Umgebung mit zwei pechschwarzen Äuglein zu mustern, die wie ganz kleine Stecknadelköpfe aussahen.

Aber am zerbrechlichsten von allen erschienen mir die kleinen Kalkschwämme, die hier und dort zwischen den Algen zu finden waren. Sie bildeten dichte Bestände aus winzigen, emporstrebenden Röhren, die wie Vasen aussahen, von denen keine größer als zwölf Millimeter war. Die Wand einer jeden Vase bestand aus einem Netz feiner Fäden, einem Spinnengewebe, das wie eine von Feenhand gefertigte, steife Spitze wirkte.

Ich hätte jedes dieser zarten Gebilde zwischen den Fingern zerdrücken können; doch irgendwie hatten diese Kalkschwämme eine Möglichkeit gefunden, hier inmitten der donnernden Brandung auszuharren, der die Höhle bei Flut ständig ausgesetzt ist. Vielleicht bildeten die Algen den Schlüssel zu diesem Geheimnis, denn ihre federnden Thalluslappen beschirmten all die winzigen und feingebauten Lebewesen in ihrem Bereich.

Aber es sind die Schwämme, die der Grotte und dem Tümpel ihre besondere Eigenart verleihen; man hat das Empfinden, dass die Zeit spurlos an ihnen vorübergeht. Denn an jedem Tag, an dem ich den Tümpel beim tiefsten Stand der Ebbe im Sommer aufsuche, scheinen sie unverändert, ob es nun Juli, August oder September ist. Und sie sind in diesem Jahr genauso hier wie im letzten und wahrscheinlich werden sie auch hundert oder tausend Sommer später noch da sein.

Einfach gebaut, wenig verschieden von den ersten Schwämmen, die ihre Matten auf den Felsen der Vorzeit ausgebreitet und sich ihre Nahrung aus einem Urmeer geholt haben, überbrücken diese Tiere Äonen. Der grüne Brotkrumen-Schwamm, der den Boden dieser Grotte bedeckte, wuchs schon in anderen Tümpeln, ehe diese Küste entstand; er war schon alt, als die ersten Geschöpfe in jenen Urzeiten des Paläozoikums vor 300 Millionen Jahren das Meer verließen; ihn hat es sogar in jener dunklen Vergangenheit gegeben, aus der uns noch keine Fossilien anderer Arten überliefert sind; denn die harten, kleinen Nadeln – die allein übrigbleiben, wenn das lebende Gewebe zerfallen ist, findet man in den Felsen, die die ersten Versteinerungen aus dem Kambrium enthalten.

So klingt in dieser verborgenen Kammer mit ihrem Tümpel der Widerhall aus fernen, längst versunkenen Tagen bis in eine Gegenwart, die nur einen flüchtigen Augenblick umfasst.

Während ich beobachtete, schwamm ein Fisch in den Tümpel herein; wie ein Schatten war er im grünen Licht durch eine der Öffnungen eingedrungen, die unten an der Meerseite lagen. Verglichen mit den uralten Schwämmen war der Fisch fast ein Sinnbild jüngster Entwicklung, weil wir die Spuren seiner fischähnlichen Vorfahren nur halb so weit in die Vergangenheit verfolgen können. Und ich, die diese uralten Tiere als Geschöpfe meiner eigenen Zeit vor mir sah, war nur ein ›Neuling‹, dessen Ahnen die Erde erst so kurz bewohnten, dass ich gar nicht in diese Welt zu gehören schien.

Viertes Kapitel

Die Sandküste

An den Sandufern des Meeres, besonders dort, wo der Strand breit ist und von hohen Dünenketten umsäumt wird, haben wir das Empfinden, auf uraltem Boden zu stehen – ein Gedanke, der uns an der ›jungen‹ Felsküste Neuenglands nicht in den Sinn kam. An jener Felsküste sind die Wasser des Ozeans plötzlich in die Täler eingedrungen und gegen die Berggrate des versunkenen Kontinentrandes gebrandet; hier dagegen hat sich das Verhältnis zwischen dem festen Land und der See im Laufe von Jahrmillionen allmählich herausgebildet.

Während jener langen geologischen Zeiträume hat das Meer die große atlantische Küstenebene abwechselnd freigegeben und wieder überspült: Es stieg langsam und näherte sich den Appalachen, hielt eine Weile inne und zog sich dann wieder zurück – manchmal bis weit in sein altes Becken; doch jedes Mal, wenn es vorrückte, rieselte ein Regen von Sedimenten auf den Grund. Das Meer ließ auf diesen riesigen, ebenen Flächen die Überreste seiner Geschöpfe zurück; und daher hat es in der Geschichte der Erde und auch für den Strand selbst wenig zu bedeuten, wie der Wasserspiegel im gegenwärtigen Zeitpunkt steht – ob ein paar Meter höher oder tiefer –, denn heute wie einst steigt und fällt das Meer über schimmernde Sandflächen.

Auch das Material selbst, aus dem der Strand sich zusammensetzt, ist uralter Herkunft. Sand ist ein Stoff von unendlicher Mannigfaltigkeit und geheimnisvoller Schönheit; jedes Körnchen an einem Strand ist das Ergebnis von Vorgängen, die bis in jene dunklen Zeiten zurückreichen, in denen das Leben, ja die Erde selbst am Beginn ihrer Entwicklung standen.

Die Hauptmasse des Sands an der Küste stammt von verwitterten und abgetragenen Felsen, deren Teilchen von ihrem Ursprungsort durch Regenfälle und Flüsse zum Meer befördert worden sind. In den Bergen schreiten der allmähliche Zerfall und die Auflösung des Felsgesteins unentwegt fort, oft unvermittelt in gewaltigen Bergrutschen, dann wieder langsam, aber unerbittlich, wenn das Gestein vom Wasser abgetragen wird. So wächst der Strom der Sedimente und tritt seine Wanderung zum Meere an. Manche Sedimente lösen sich im Wasser auf; oder sie werden in den Stromschnellen eines Flussbetts durch die Reibung zermahlen. Hin und wieder lässt sie das Hochwasser auf den Uferböschungen zurück, dort bleiben sie hundert, oft tausend Jahre liegen und gehen eine feste Verbindung mit den Ablagerungen der Ebene ein; vielleicht warten sie dort eine weitere Million Jahre, während der das Meer über sie hereinströmt. Hat es sie dann wieder freigegeben, werden sie erneut durch die hartnäckige Arbeit der Erosionskräfte, durch Wind, Regen und Frost herausgelöst und setzen ihren Weg zum Meer fort. Im Salzwasser beginnt das alte Spiel von neuem, sie lagern sich um, werden ausgesondert und weitergeschleppt. Leichte Mineralien, wie Glimmerplättchen, werden dabei sogleich fortgeschwemmt; die schweren Bestandteile wie die schwarzen Sandmassen des Ilmenit und Rutil reißt die heftige Brandung mit sich und schleudert sie höher an den Strand hinauf.

Kein einzelnes Sandkorn bleibt lange an seinem Platz. Je kleiner es ist, desto weitere Strecken legt es zurück – größere Körner führt das Wasser mit sich, kleinere verweht der Wind. Ein gewöhnliches Sandkorn ist nur zweieinhalbmal so schwer wie die gleiche Raummenge Wasser, aber es wiegt über zweitausendmal mehr als das entsprechende Volumen Luft; so können nur die kleineren Körner vom Wind bewegt werden. Und obwohl Wind und Wasser ständig am Werk sind, zeigt ein Strand von einem Tag zum anderen wenig sichtbare Veränderung; denn sobald ein Körnchen weggetragen wird, tritt gewöhnlich ein anderes an seine Stelle.

An den meisten Küsten besteht der Sand in der Hauptsache aus Quarz, dem häufigsten Mineral, das in nahezu jeder Gesteinsart vorkommt. Aber zwischen seinen Kristallkörnern finden sich viele andere Mineralien und eine kleine Probe Sand kann Teilchen von mehr als einem Dutzend Arten enthalten. Wind, Wasser und Schwerkraft besorgen das Aussondern und es kommt vor, dass die Überreste dunkler, schwererer Mineralien wie Flecken auf dem hellen Quarz lagern.

In manchen Gegenden der Erde, wie zum Beispiel an der Südküste Schottlands, stellen die Sandmassen Überreste von Pflanzen, von Korallenalgen dar, die im lebenden Zustand mit Kalk inkrustierte Gewebe besessen haben und Nulliporensand heißen; oder sie bestehen aus zerbrochenen Kalkhüllen der Seetiere, aus Foraminiferen-Gehäusen, Weichtierschalen- und Korallenresten, die wir am Strand im Süden Floridas finden.

Entlang der Atlantikküste Amerikas findet sich Sand der verschiedensten Herkunft und Zusammensetzung. Gegen Norden zu herrschen die rein mineralischen Bestandteile vor, während weiter südlich sich immer stärker Schalen darunter mischen; und auf den Keys finden wir fast ausschließlich Sand aus Gehäusen lebender Organismen.

So klein ein einzelnes Sandkorn ist, kann es doch durch seine Gestalt und Beschaffenheit etwas von seiner Geschichte verraten. Sand, der vom Wind verweht wurde, ist meist stärker rundgeschliffen als einer, den das Wasser mit sich reißt; zudem sind die Oberflächen der Körnchen aufgeraut, weil sie sich aneinander scheuern, wenn sie in der Luft hochwirbeln. Die gleiche Wirkung kann man an Fensterscheiben in der Nähe des Meeres beobachten oder an alten Flaschen im Strandgut. Bei Sandkörnern älteren Ursprungs können wir aus den eingeritzten Zeichen auf das Klima früherer Zeitalter schließen. In europäischen Sandablagerungen aus dem Pleistozän – also aus der geologisch ›jüngsten‹ Zeit – sind die Körnchen von den starken Stürmen, die von den Eiszeitgletschern wehten, abgeschürft und rau.

Ein Felsen ist für uns das Sinnbild der Beständigkeit; aber selbst das härteste Gestein zerfällt und wird abgetragen, sobald Regen, Frost und Brandung es angreifen. Doch ein Sandkorn ist nahezu unzerstörbar. Es ist das letzte Ergebnis der Arbeit von Wind und Wellen, der winzige, harte Mineralkern, der nach endlosem Mahlen und Abschleifen übrigbleibt. In feuchtem Sand berühren die Körner einander nicht unmittelbar, denn jedes wird von einem Wasserhäutchen umhüllt, das infolge Kapillarwirkung daran haftet. Und diese weiche, schützende Flüssigkeitsschicht verhindert selbst unter den Schlägen einer schweren Brandung jede stärkere Reibung.

In der Gezeitenzone ist diese Miniaturwelt zugleich ein Reich unvorstellbar winziger Lebewesen, die in dem dünnen Wassermantel eines Sandkorns schwimmen wie Fische im Ozean, der die Erdkugel umgibt. Unter dieser Fauna und Flora finden wir einzellige Tiere und Pflanzen, Wassermilben, garnelenähnliche Krebschen, Insekten und die Larven gewisser unendlich kleiner Würmer; sie alle leben, sterben, schwimmen, fressen, atmen und pflanzen sich fort in einer Welt, deren geringes Ausmaß wir mit unseren menschlichen Sinnen nicht fassen können; in ihr gleicht das Mikro-Tröpfchen Wasser, das ein Sandkorn vom anderen trennt, einem riesigen, dunklen Meer.

Nicht jeder Sand beherbergt diese Fauna. Ist er durch Verwitterung kristallinen Gesteins entstanden, wimmelt es in ihm von Geschöpfen; Sand aus Schalen oder Korallen dagegen enthält wenig oder gar keine Ruderfüßer-Krebschen und andere mikroskopisch kleine Organismen; wahrscheinlich machen die Körner aus Kalziumkarbonat das umgebende Wasser alkalisch und schaffen dadurch ungünstige Lebensbedingungen. An jedem Strand stellt die Summe all der kleinen Pfützen zwischen den Sandkörnern jene Wassermenge dar, die den Tieren dort während der Ebbe zur Verfügung steht. Mittelfeiner Sand kann beinahe sein eigenes Volumen an Wasser enthalten und daher trocknen bei Ebbe unter den Strahlen einer warmen Sonne nur die obersten Schichten aus. Darunter ist es feucht und kühl, denn das Wasser hält die Temperatur in den tieferen Lagen praktisch immer gleich. Selbst der Salzgehalt bleibt ziemlich unverändert; nur ganz oberflächlich wechselt er, wenn Regen auf den Strand fällt oder Flüsse mit Süßwasser ihn überqueren.

Apfel-Stachelschnecke, Murex pomum

Der Strand sieht so öde aus, als sei er nicht nur unbewohnt, sondern tatsächlich unbewohnbar. An der Oberfläche zeigen sich nur die von den Wellen eingekerbten Rippelmarken – das feine Maßwerk aus Sandkörnern, die von den Wogen am Ende fallengelassen worden sind, wenn deren Schwung sich erschöpft hat – und man sieht die verstreuten Schalen längst zugrunde gegangener Weichtiere. Im Sand spielt sich fast alles Leben im Verborgenen ab. Die einzigen Anzeichen, dass der Strand seine Bewohner hat, sind gewundene Spuren, geringe Bewegungen in den oberen Schichten, kaum sichtbare Röhren, die herausragen oder fast völlig zugeschüttete Eingänge, die zu einem versteckten Bau führen.

Wenn man die Tiere selbst auch nicht bemerkt, verrät sich ihre Anwesenheit oft in den tief eingeschnittenen Rinnen, die bei Ebbe parallel zur Uferlinie verlaufen und Wasser von mindestens einigen Zentimetern Höhe enthalten. Aus einem kleinen Sandhügel, der sich regt, mag vielleicht eine Nabelschnecke auftauchen, die auf Raub ausgeht. Eine V-förmige Spur kann bedeuten, dass sich hier eine Muschel, eine Seeraupe oder ein Herzigel

Seeraupe

eingegraben haben. Ist eine Fährte flach und bandähnlich, führt sie uns oft zu einem Sanddollar oder einem Seestern, die sich verkrochen haben. Und überall, wo geschützte Sandflächen oder sandiger Schlamm bei Ebbe bloßliegen, bilden sie den geeigneten Grund für eine Art Maulwurfkrebs, Callianassa, der sie zu Hunderten mit seinen Gängen durchlöchert. Andere ebene Stellen sehen manchmal ganz borstig aus, weil ein Wald von Röhren aus dem Boden ragt, die bleistiftdünn und wunderlich verziert mit Schalen- oder Algenstückchen sind; sie zeigen uns an, dass hier unter dem Sand der Borstenwurm, Diopatra, mit seiner gefiederten Tentakelkrone in Mengen haust. Dann wieder ist ein weites Gebiet von den schwarzen, kegeligen Hügeln des Köderwurms bedeckt, der auch Fischerwurm oder Pier genannt wird. Oder eine Kette kleiner pergamentähnlicher Kapseln ragt mit einem Ende aus dem Sand, in dem sie steckt, und verrät uns, dass eine der großen räuberischen Wellhornschnecken in der Tiefe liegt, emsig mit der zeitraubenden Aufgabe beschäftigt, ihre Eier zu legen und zu betreuen.

Aber fast immer bleiben diese Geschöpfe unseren Augen verborgen: Die Tiere suchen ihr Futter, sie verbergen sich vor ihren Feinden, fangen ihre Beute und bringen ihre Jungen hervor, kurz, das ganze Leben, Sterben und die Fortpflanzung dieser Strandfauna spielen sich ab, ohne dass ein flüchtiger Beschauer etwas davon merkt. Er muss den Eindruck gewinnen, hier sei alles öde und leer.

Ich erinnere mich an einen kalten Dezembermorgen auf einer von Floridas ›Zehntausend Inseln‹, als der Sand noch feucht von der erst kürzlich gewichenen Flut war und der frische, reine Wind den Gischt an der Küste vor sich herwehte. Einige hundert Meter an dem Ufer entlang, das sich in einem weiten Bogen vom Golf in die geschützte Bucht erstreckte, sah man knapp oberhalb des Wassersaums merkwürdige Zeichen auf dem dunklen, nassen Sand. Sie waren in Gruppen angeordnet, wobei jedes Mal eine Reihe feiner, spinnenartiger Linien von einem Mittelpunkt ausstrahlte, als wären sie mit einem dünnen Stöckchen etwas unsicher gezogen worden. Zuerst war kein lebendes Wesen zu entdecken, nichts, das hätte verraten können, von welchem Geschöpf diese Striche scheinbar achtlos hingekritzelt worden waren. Nachdem ich mich auf den feuchten Sand gekniet und mir diese seltsamen Inschriften näher angesehen hatte, entdeckte ich, dass unter jedem Mittelpunkt die flache, fünfstrahlige Scheibe eines Schlangensterns lag. Die Zeichen im Sand stammten von seinen langen, schlanken Armen und man konnte an ihnen die langsame Fortbewegung ablesen.

Und dann fällt mir ein Junitag ein, an dem ich nach dem Bird Shoal hinüberwatete, der vor der Stadt Beaufort in North Carolina liegt. Dort sind bei Ebbe viele Morgen

Schwertschwänze, Limulus polyphemus

sandigen Grunds nur von ein paar Zentimetern Wasser bedeckt. In der Nähe der Küste fand ich zwei scharf umrissene Furchen im Sand; ich hätte ihren Abstand mit dem Zeigefinger messen können. Zwischen den Rinnen lief noch eine schwache, unregelmäßige Linie. Schritt um Schritt führten mich diese Fährten über den flachen Grund; schließlich endeten sie bei einem jungen Schwertschwanz, der dem Meere zustrebte.

Um an einem sandigen Ufer bestehen zu können, müssen sich die meisten Tiere in den feuchten Boden eingraben, und sie besitzen Einrichtungen, die es ihnen ermöglichen, sich zu ernähren, zu atmen und sich fortzupflanzen, während sie sich unterirdisch aufhalten, wo die Brandung sie nicht erreichen kann. Und so handelt die Geschichte vom Sand zu einem guten Teil von dem Dasein der kleinen Geschöpfe, die in ihm verborgen hausen und in der dunklen, feuchten Kühle eine Zuflucht vor der Fressgier der Fische finden, die mit der Flut hereinschwimmen, und vor den Vögeln, die am Rande des Wassers bei Ebbe ihr Futter suchen.

Haben sich die Tiere erst einmal unter den Deckschichten eingegraben, finden sie nicht nur gleichmäßige Lebensbedingungen vor, sondern auch Schlupfwinkel, in denen sie vor den meisten Feinden sicher sind. Ein paar Räuber allerdings können sie in der Tiefe aufspüren – vielleicht stößt ein Vogel mit seinem langen Schnabel in die Höhle einer Winkerkrabbe hinab oder ein Stechrochen streicht mit wallendem Flossensaum über den Grund und durchpflügt den Sand nach vergrabenen Weichtieren; manchmal lässt auch ein Krake einen Fangarm suchend in ein Loch gleiten.

Nur hin und wieder gibt es einen Feind, der geradewegs durch den Sand angeschlichen kommt. Die Nabelschnecke Lunatia ist ein Räuber, der sich auf diese schwierige, aber erfolgreiche Weise seinen Lebensunterhalt verschafft. Sie ist blind und hat für Augen keine Verwendung, weil sie sich dauernd durch das Dunkel tastet und Weichtiere jagt, die etwa dreißig Zentimeter tief im Grund leben. Ihre glatte, runde Schale erleichtert ihr das Vordringen, bei dem ihr der riesige Fuß als Grabwerkzeug dient. Hat sie eine Beute ausgemacht, hält sie das Tier mit dem Fuß fest und bohrt ein rundes Loch in die Schale. Die Nabelschnecke ist sehr gefräßig; junge Tiere verzehren jede Woche mehr als ein Drittel ihres Gewichts an Muscheln. Auch einige Würmer sind Räuber, die sich Höhlen bauen, ebenso eine kleine Anzahl Seesterne. Aber die meisten Fleischfresser würden für das Graben mehr Kräfte verbrauchen, als ihnen das Verschlingen der Beute, die sie auf diese Weise finden, zu ersetzen vermag. Die meisten Tiere, die sich einbohren, lassen sich die Nahrung herantragen und graben nur, um sich eine Behausung zu schaffen; in ihr bleiben sie und fangen sich das Futter aus dem

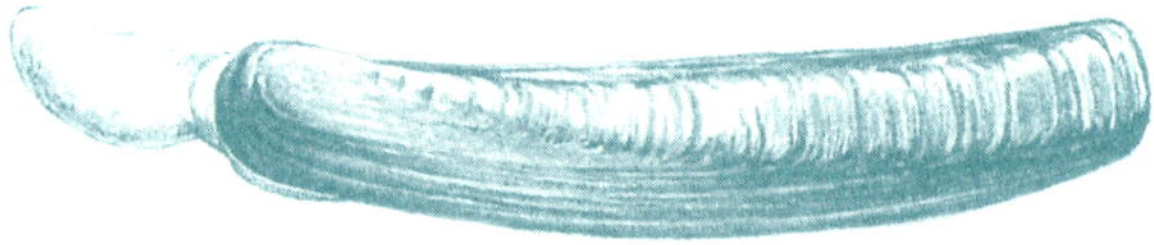

Schwertförmige Scheidemuschel, die sich geschickt eingraben kann

Wasser oder halten sich an die Abfälle, die sich am Meeresgrund ansammeln.

Steigt die Flut, beginnt die Arbeit der lebenden Filter, durch die erstaunliche Wassermengen geseiht werden. Eingebuddelte Weichtiere stecken ihre Siphonen nach oben, um die einströmende Flut durch ihren Körper kreisen zu lassen. Würmer, die in U-förmigen Pergamentröhren liegen, beginnen zu pumpen. Das Wasser wird an einem Ende eingesogen und bringt Sauerstoff und Futter heran; fließt es am anderen Ende wieder ab, ist ihm ein großer Teil der Nahrung entnommen und es schwemmt die Abfallstoffe des Wurms mit sich fort. Kleine Krabben breiten ihre gefiederten Fühler wie Fangnetze aus, um sich etwas zum Fressen heranzuholen.

Mit der Flut kommen die Räuber vom Meer herein. Eine Blaue Schwimmkrabbe schießt aus der Brandung heraus und packt eine fette Maulwurfskrabbe aus der Familie der Sandkrebse, die gerade dabei ist, ihre Fühler spielen zu lassen, um sich aus einer zurückrollenden Woge Futter zu fischen. Wolken von Zahnkarpfenarten, die im Salzwasser leben, rücken mit der Flut an, sie suchen nach den kleinen Flohkrebsen am oberen Ufersaum. Die großen Sand-Aale, auch Sand-Spierlinge genannt, flitzen pfeilschnell durch das seichte Wasser und holen sich Ruderfüßerkrebse oder Fischbrut; manchmal werden die Sand-Aale selbst von den dunklen Gestalten größerer Fische verfolgt.

Sobald die Flut fällt, lässt diese außerordentlich geschäftige Tätigkeit wieder nach. Fressen und Gefressenwerden werden seltener. Doch gehen manche Tiere auch noch auf Nahrungssuche, nachdem die Flut zurückgewichen ist. Köderwürmer sind immer bei der Mahlzeit und lassen um der kleinen Futterbröckchen willen, die er enthält, weiter Sand durch ihren Körper wandern. Herzigel und Sanddollars liegen im vollgesogenen Grund und suchen sich noch kleine Leckerbissen. Doch sonst herrscht beschaulich satte Ruhe – man wartet auf die Wiederkehr der Flut.

Von den vielen Plätzen an stilleren Küsten und geschützten Untiefen, wo eine solche Fülle des Lebens zu finden ist, sind mir einige besonders gut im Gedächtnis geblieben. Eine der Inseln vor Georgia besitzt einen großen Strand, der nur von einer ganz milden Brandung heimgesucht wird. Stürme ziehen gewöhnlich daran vorbei, denn das Ufer erstreckt sich innerhalb des langen, landeinwärts schwingenden Küstenbogens zwischen Cape Fear und Cape Canaveral und es wehen dort so sanfte Winde, dass keine großen, weitausholenden Wogen es überrollen. Der Boden ist ungewöhnlich fest, weil sich Schlamm und Lehm unter den Sand mischen. Man kann dort eine Höhle graben, ohne dass sie einstürzt, und die Strömungen der Gezeiten hinterlassen auf dem Meeresboden kleine Rippelmarken, die auch nach dem Abfließen des Wassers nicht mehr verschwinden und aussehen wie ein Miniaturbild der Wellen. Diese niedrigen Sandrücken enthalten Futterstückchen, die von der

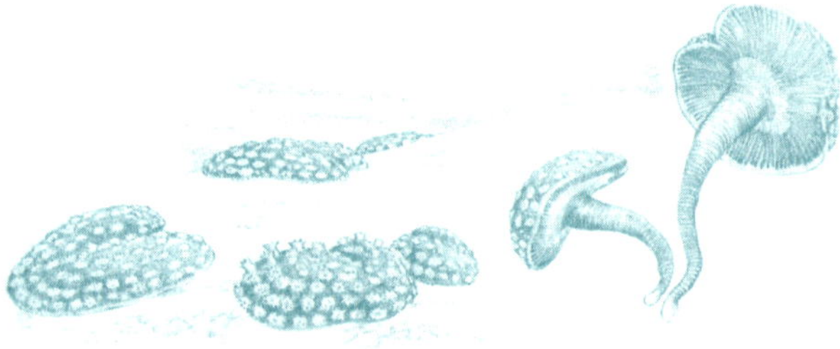

Violette Nierenfedern, Renilla reniformis

Strömung fallengelassen wurden, sie bilden eine Vorratskammer, aus der die Abfallfresser zehren können. Der Strand ist so sanft geneigt, dass beim tiefsten Stand der Ebbe eine Sandfläche von etwa vierhundert Metern Breite zwischen dem Hochwasser- und dem Niedrigwasser-Saum liegt. Aber dieser ausgedehnte Streifen ist keine vollkommen ebene Fläche, denn gewundene Rinnen durchziehen ihn wie Bäche das trockene Land; sie enthalten einen Wasserrest von der letzten Flut und bieten Tieren eine Wohnstätte, die nicht einmal einen vorübergehenden Entzug des nassen Elements ertragen können.

An diesem Platz fand ich einst ganz am Rande der Flut ein großes ›Beet‹ Violetter Nierenfedern, die sonst unter dem Sand stecken, um sich vor den austrocknenden Strahlen der Sonne zu schützen. Aber es war ein Tag mit stark bewölktem Himmel und deshalb hatten sie sich wohl ins Freie gewagt und ihre rosa- und lavendelfarbenen ›Blumengesichter‹ aus dem Sand gehoben. Wenn man sie so sah – selbst wenn man ihre wahre Natur kannte –, hatte man das Gefühl, dass ein Wesen, das so ausgesprochen blumengleich wirkte, nicht hierher an den Saum des Meeres passte.

Diese flachen, herzförmigen Violetten Nierenfedern, die an kurzen Stielen aus dem Sand ragten, gehören zu der gleichen großen Gruppe einfacher Geschöpfe wie die Seeanemonen, Quallen und Korallen, aber wenn man ihre nächsten Verwandten suchen wollte, müsste man weitab vom Ufer auf den Grund der Tiefsee hinabsteigen, wo die Seefedern, auch Federkorallen genannt, wie farnähnliche Gewächse einen seltsamen ›Wald‹ bilden, in dem die einzelnen Tiere mit langen Stielen im Schlamm stecken.

Jede Nierenfeder hier am Rande des Meeres ging aus einer winzigen Larve hervor, die einst von der Strömung an dieser Küste abgesetzt wurde. Aber aus dem ursprünglichen Einzeltier entstand im Verlauf einer außergewöhnlichen Entwicklung eine Gruppe, eine Kolonie aus vielen Geschöpfen, die miteinander zu einem einzigen blumenähnlichen Wesen vereinigt sind. Die verschiedenen Einzelpolypen besitzen alle Röhrengestalt und sind in die fleischige Grundsubstanz der Kolonie eingebettet. Aber manche Röhren tragen Tentakel und sehen aus wie ganz kleine Seeanemonen; diese Polypen fangen das Futter für die Kolonie, und wenn die richtige Jahreszeit dafür gekommen ist, bilden sie Fortpflanzungszellen. Anderen Röhren fehlen die Tentakel, sie sind die ›Techniker‹, die das Einpumpen des Wassers besorgen und überwachen. Durch wechselnden Wasserdruck werden die Bewegungen der Kolonie geregelt; sobald der Stiel infolge erhöhter Flüssigkeitsaufnahme anschwillt, kann er in den Sand getrieben werden und zieht den Hauptkörper nach sich.

Während die steigende Flut die flachen Körper der Violetten Nierenfedern überspült, sind die ganzen Tentakel der

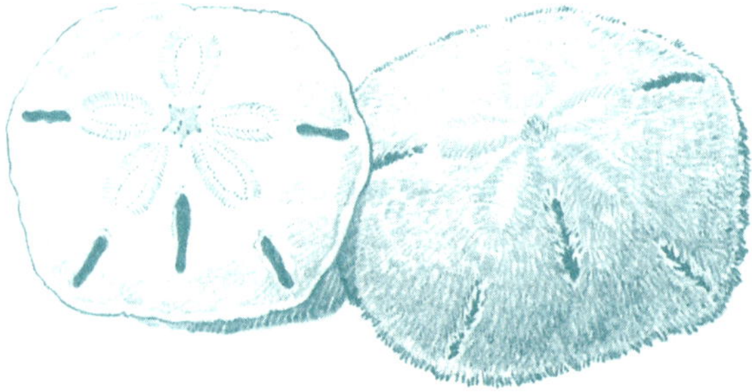

Sanddollars

Fresspolypen ausgestreckt und fassen nach den lebenden Stäubchen, die im Wasser tanzen – nach den Ruderfüßern, den Kieselalgen und den Fischlarven, die klein und fadendünn sind.

Und nachts muss das seichte Wasser, das in sanft gekräuselten Wellen über diese Flächen gleitet, milde erglühen von Hunderten kleiner Lichter, von denen die Zone der Nierenfedern gekennzeichnet ist. Denn die Nierenfedern leuchten genau wie ihre Verwandten der Tiefsee mit wunderschönem Schein.

Wenn es an der Zeit ist, trägt die Flut, die über diese Niederungen rauscht, birnenförmige, schwimmende Larven mit sich fort, aus denen sich neue Kolonien der Nierenfedern entwickeln. In verflossenen Zeitaltern, als noch keine Landbrücke Nord- und Südamerika verband, siedelten sie sich auch an der Küste des Pazifiks an, nach Norden bis Mexiko und südlich bis Chile.

Wurde der Sand an diesem Saum des Ebbestreifens feucht und weichfließend, sah ich oft, wie er unter der Oberfläche Blasen warf und hochwallte, sobald einer oder der andere Bewohner dieser verborgenen Welt aus und ein schlüpfte.

Da gab es – flach wie Waffeln – Sanddollars aus der Familie der Schildigel, deren fünf Poren wie Schlüssellöcher geformt waren. Grub sich einer von ihnen ein, dann glitt er mit dem vorderen Rand schräg in die Tiefe und wechselte aus dem Reich des Sonnenlichts und Wassers in jene dunklen Regionen hinüber, die ich mit meinen Sinnen nicht erfassen konnte. Die Schalen der Tiere sind besonders hart und zum Einwühlen geeignet und schützen diese Seeigel gegen die Gewalt der Brandung, zumal zwischen den oberen und unteren Platten noch überall, außer in der Mitte der Scheibe, Stützpfeiler eingebaut sind. Die Oberfläche des Tieres ist mit winzigen Stacheln bedeckt, die sich weich wie Filz anfühlen. Sie schimmerten nun im Sonnenlicht, wenn ihre wellenförmigen Bewegungen einen Wasserstrom erzeugten, der die Sandkörner aufwirbelte und das Einwühlen in den Boden erleichterte. Auf dem Rücken der Scheibe war undeutlich ein Muster zu erkennen, das wie eine fünfstrahlige Blüte aussah. Das bedeutsame Sinnbild der Fünfzahl – das Kennzeichen der Stachelhäuter – wiederholte sich in den fünf Poren, von denen die flache Scheibe durchlöchert war. Als das Tier dicht unter der dünnen, wandernden Sandschicht weiterkroch, drangen Körnchen von der Unterseite durch die Poren nach oben, was beim Vorankommen half und einen bergenden Sandschleier über den Körper breitete.

Die Sanddollars teilen ihre dunkle Welt mit anderen Stachelhäutern. In dem nassen Grund hausen Herzigel, deren kleine Gehäuse man erst an der Oberfläche erblickt, wenn sie leer von der Flut an Land gespült werden; dort erfasst sie der wirbelnde Wind und lässt sie schließlich in dem herumliegenden Strandgut am Hochwassersaum zurück.

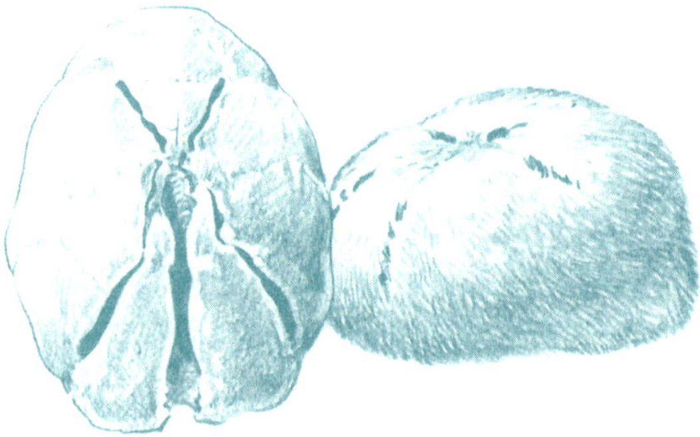

Herzigel

Die wunderlich geformten Herzigel hausen in Kammern, die fünfzehn Zentimeter unter der Oberfläche oder noch tiefer angelegt werden; Kanäle, die mit klebrigem Schleim ausgekleidet sind, halten den Zugang offen, und durch sie erreichen die Tiere den Grund des seichten Wassers, wo sie zwischen den Sandkörnern Kieselalgen und anderes Kleinzeug als Nahrung finden.

Manchmal sah ich auch ein Sternenmuster in diesem Sand flimmern; es verkündete, dass darunter einer der sandbewohnenden Seesterne lag. Die Umrisse seiner Gestalt zeichnen sich durch Wasserströmungen ab, die er selbst erzeugt; denn das Tier saugt Meerwasser zum Atmen an und stößt es durch viele Poren an der Oberseite wieder aus. Als ich in dem Sand herumstocherte, verblasste das fünfstrahlige Bild wie ein Gestirn, das am Himmel im Nebel verschwindet; das Tier war blitzschnell weggeglitten und auf breitgedrückten, schlauchförmigen Füßchen im Sand untergetaucht.

Wenn ich über die Niederung dieses Strandes vor Georgia zurückwanderte, war ich mir immer bewusst, dass ich über die dünnen Dachfirste einer unterirdischen Siedlung schritt. An einer Stelle entdeckte ich Kamine, aufgeworfene Hügel und Kanäle für die Luftzufuhr unterirdischer Behausungen, anderswo führten verschiedene Gänge und Tunnel in die Finsternis hinunter. Manchmal lagen kleine Abfallhäufchen umher, die ans Tageslicht gebracht worden waren, als hätte man versucht, eine Art ›Müllabfuhr‹ einzurichten. Aber die Lebewesen selbst hielten sich verborgen, sie hausten stumm in ihrer dunklen Welt.

Die zahlreichsten Bewohner dieser Siedlung grabender Tiere waren die Maulwurfskrebse der Art Callianassa stimpsoni. Der Durchmesser ihrer Höhlen erreicht nicht einmal die Dicke eines Bleistifts; die Zugänge sind von einem kleinen Haufen Kügelchen, den Ausscheidungsstoffen der Tiere, umgeben. Solche Kügelchen sammeln sich infolge der Lebensweise dieses Maulwurfkrebses in großer Zahl an; er muss eine riesige Menge Sand und Schlamm durchsuchen, um das Futter zu erlangen, das mit diesen unverdaulichen Substanzen vermengt ist. Der Bau selbst erstreckt sich oft über einen Meter in die Tiefe; er besteht aus langen, nahezu senkrechten Gängen, von denen andere abzweigen und manche sich fortsetzen bis in das feuchte, dunkle ›Kellergeschoss‹; andere führen zur Oberfläche hinauf, als sollte für Notausgänge gesorgt werden.

Die Eigentümer dieser unterirdischen Höhlen zeigten sich nur, wenn ich einen Kunstgriff anwandte und Sandkörner – immer nur ein paar auf einmal – in ihren Eingang plumpsen ließ. Der Maulwurfskrebs Callianassa ist ein merkwürdig geformtes Geschöpf mit einem langen, schlanken Körper. Nur ganz selten streift er umher und benötigt deshalb kein hartes, schützendes Außenskelett;

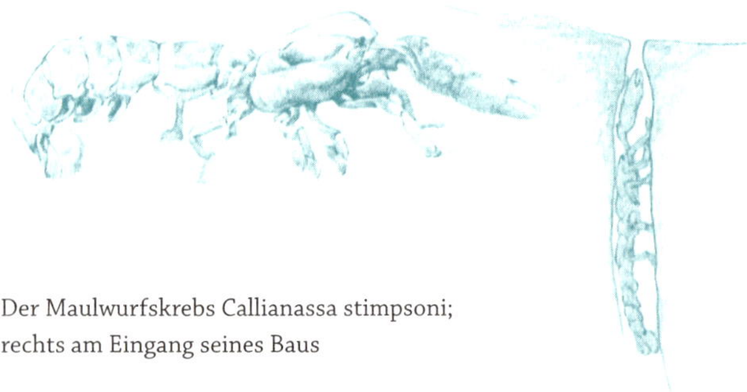

Der Maulwurfskrebs Callianassa stimpsoni; rechts am Eingang seines Baus

stattdessen ist er mit einer biegsamen Oberhaut bedeckt, die dem engen Tunnel angepasst ist, in dem er imstande sein muss, sich umzudrehen und zu graben. An der Unterseite des Körpers sind mehrere Paare flacher Gliedmaßen angebracht, die unentwegt auf und ab fächeln, um einen Wasserstrom zu erzeugen; denn in den tiefen Sandschichten ist der Sauerstoffnachschub gering und lufthaltiges Wasser muss dauernd von oben nachgeführt werden. Sobald die Flut kommt, wandern die Maulwurfskrebse an den Eingang ihres Unterschlupfs und machen sich an die Arbeit, aus den Sandkörnern Bakterien, Kieselalgen und vielleicht noch größere Teilchen organischer Abfallstoffe auszulesen. Das Futter wird mit Hilfe kleiner Haare, die an einigen Vordergliedmaßen ausgebildet sind, aus dem Sand ›gebürstet‹ und dann zum Munde geführt.

Nur wenige Tiere, die in dieser unterirdischen Siedlung eine dauernde Wohnstätte haben, leben für sich. An der Atlantikküste beherbergt der Maulwurfskrebs in seinem Bau regelmäßig eine kleine, rundliche Krabbe, die mit der Art nahe verwandt ist, die man oft in Austern findet. Diese Erbsenkrabbe erhält in der gut durchlüfteten Behausung des Maulwurfskrebses zugleich Obdach und einen ständigen Nachschub an Nahrung. Sie seiht sich ihr Futter aus dem Wasser, das durch den Bau strömt, und verwendet dazu kleine, federartige Körperanhänge als Netze. An der Küste Kaliforniens gewährt der Maulwurfskrebs Callianassa nicht weniger als zehn verschiedenen Tierarten Unterschlupf. Eine davon ist ein Fisch – eine kleine Meergrundel, Clevelandia –, die den Bau gelegentlich bei Ebbe als Versteck benützt und durch die Gänge streift, wobei sie, wenn nötig, den Eigentümer beiseite drängt. Ein anderer Gast ist eine Muschel, die sich außerhalb der Hohlräume aufhält, aber ihre Siphonen durch die Wände steckt und dem Wasser, das durch den Tunnel kreist, Futter entnimmt. Die Muschel besitzt kurze Siphonen und unter gewöhnlichen Umständen müsste sie knapp unter der Sandoberfläche leben, um das Wasser und die nötige Nahrung zu erreichen. Wenn sie sich eine Verbindung zu der Wohnung des Maulwurfskrebses schafft, genießt sie den Vorteil, in größerer Tiefe und daher besser geschützt zu leben.

In den schlammreicheren Abschnitten der gleichen Gebiete vor Georgia haust der Köderwurm. Seine Gegenwart verrät sich in runden, schwarzen Erhebungen, die aussehen wie niedrige Vulkankegel. Überall, wo an Küsten Amerikas und Europas die Köderwürmer vorkommen, lockert ihre gewaltige Schwerarbeit den Strandboden auf, sorgt für seine Erneuerung und hält die Menge verfaulender organischer Stoffe im rechten Gleichgewicht. Wo die Tiere häufig sind, können sie in einem Jahr nahezu zweitausend Tonnen Boden pro Morgen bewältigen. Wie der Regenwurm, sein Gegenstück an Land, lässt der Köderwurm Unmengen Grund durch seinen Körper wandern. Die Nahrung an faulenden organischen Substanzen nimmt der Verdauungsapparat auf; der Sand dagegen

Köderwurm

wird fein säuberlich in Form eingerollter Kringel ausgeschieden. In der Nähe jedes dunklen Kegels zeigt sich im Sand eine kleine, trichterförmige Vertiefung. Der Wurm liegt wie ein ›U‹ im Boden, mit dem Schwanz unter dem Kegel und mit dem Kopf unter dieser Vertiefung. Steigt die Flut, streckt er den Kopf zum Fressen hinaus.

Andere Anzeichen der Anwesenheit des Köderwurms erscheinen im Hochsommer: große, durchsichtige rosa Säcke, von denen jeder wie ein Luftballon im Wasser schaukelt, während er mit dem unteren Ende im Sand feststeckt. Diese dichtgepackten Gallertmassen sind die Eibehälter des Wurms und in jedem von ihnen entwickeln sich an die 300 000 Junge.

Riesige Sandflächen werden ständig von diesen und anderen Meereswürmern durchwühlt. Einer, der Trompetenwurm aus der Familie der Köcherwürmer, benützt den gleichen Sand, der seine Nahrung enthält, um daraus eine kegelförmige Röhre zu bauen; mit ihr schützt er den weichen Körper, wenn er sich unterirdisch den Weg bahnt. Manchmal kann man den lebenden Trompetenwurm am Werk sehen, denn er lässt seine Hülle ein wenig über die Oberfläche vorschauen. Weit häufiger allerdings findet man im Schwemmgut der Gezeiten die leeren Behausungen. Trotz ihres zerbrechlichen Aussehens bleiben sie

Trompetenwurm, Cistenides und seine Köcher

noch lange, nachdem ihre Erbauer tot sind, unversehrt erhalten; die Wand besteht aus einer einfachen Schicht Sandkörnchen, die wie Steine mit peinlicher Sorgfalt zu einem natürlichen Mosaik zusammengefügt sind.

Ein Schotte namens A.T. Watson verbrachte viele Jahre damit, die Lebensgewohnheiten dieses Borstenwurms zu studieren. Weil das Röhrenbauen unterirdisch vor sich geht, stieß er auf schier unüberwindliche Schwierigkeiten, als er feststellen wollte, wie die Sandkörner an ihren Platz gebracht und zusammengemauert wurden. Da kam er schließlich auf den Gedanken, ganz junge Larven zu sammeln, die er im Laboratorium in eine Glasschale mit einer dünnen Sandschicht setzte, wo er sie beobachten konnte. Bald nachdem die Larven aufgehört hatten herumzuschwimmen und sich auf dem Grund der Glasschale niederließen, fingen sie mit dem Bau ihres Köchers an. Zuerst schied jede Larve eine häutige Röhre um sich ab, die später als innere Auskleidung des Kegels dienen sollte und die Unterlage für das Sandkornmosaik bildete. Diese jungen Larven besaßen nur zwei Tentakel, mit ihnen sammelten sie Sandkörner und führten sie zum Mund. Dort wurden die Körnchen prüfend hin- und hergerollt, und waren sie für geeignet befunden, wurden sie an der dafür ausersehenen Stelle am Rande der Hülle abgelegt. Dann wurde von der Zementdrüse ein wenig Flüssigkeit ausgeschieden und anschließend strich der Wurm mit schildähnlichen Organen über sein Haus, als wollte er es glätten.

»Jeder Köcher«, schrieb Watson, »ist das Werk des Insassen und ist kunstvoll und schön aus Sand erbaut, wobei jedes Körnchen mit der ganzen Geschicklichkeit und Genauigkeit eines menschlichen Baumeisters an die richtige Stelle gesetzt wird … Der Augenblick, in dem es gelungen ist, das Steinchen haargenau einzufügen, wird offensichtlich mittels eines hervorragend feinen Tastsinns wahrgenommen. Bei einer Gelegenheit sah ich, wie der Wurm die Lage eines Sandkorns, das er gerade an seinen Platz gebracht hatte, geringfügig veränderte, ehe er es festmauerte.«

Diese kleinen Kunstwerke dienen den Eigentümern während ihres ganzen Daseins, das sie unter der Erde zubringen, als Wohnstätte. Wie bei den Köchern trügt das zarte Aussehen der Grabwerkzeuge; sie sind schlanke, scharf zugespitzte Borsten, die in zwei Gruppen wie ›Kämme‹ angeordnet sind und fantastisch unbrauchbar wirken. Man könnte leicht glauben, dass jemand sie in einer wunderlichen Laune aus glänzenden goldenen Blättchen geschnitten und den Rand mit der Schere wiederholt in Fransen geschnipselt habe, ähnlich wie man einen Christbaumschmuck herstellt.

Ich habe selbst diese Würmer an der Arbeit beobachtet – in einer Miniaturwelt aus Sand und Meerwasser, die ich in meinem Laboratorium für sie geschaffen hatte. Sogar in der dünnen Sandschicht einer Glasschale werden die Kämme mit einer kraftvollen Geschicklichkeit gebraucht, die an einen Bullenbeißer erinnert. Der Wurm taucht ein Stückchen aus der Röhre auf, stößt die Kämme in den Sand, nimmt eine Ladung auf und wirft sie sozusagen über die Schulter; dann scheint er die Schaufeln blankzukratzen, indem er mit ihnen über den Rand des Köchers streicht. Die ganze Arbeit wird mit abwechselnden Bewegungen nach rechts und links schwungvoll, flink und mit großem Nachdruck ausgeführt. Die goldenen Schaufeln lockern den Sand und das Tier kann mit den weichen Tentakeln zwischen den Sandkörnern herumtasten, um Futter zu suchen und die Happen, die es aufspürt, zum Mund zu führen.

Entlang der Inselkette, die sich zwischen der Ostküste des amerikanischen Kontinents und dem Ozean an vielen Stellen wie eine Schranke erhebt, haben die Wogen Wasserrinnen eingeschnitten, durch deren Einlasspforten sich die Gezeiten in die Buchten und Meerengen hinter den Inseln ergießen. Die gegen die See zu gelegenen Ufer der Inseln werden von Strömungen umspült, die sich längs der Küste hinziehen und Kilometer um Kilometer ihre Ladung an Sand und Schlamm mit sich tragen. Treffen diese dahinziehenden Wassermassen im wirbelnden Zusammenfluss auf die Gezeiten, die den Einfahrtsrinnen zueilen oder sich von ihnen zurückziehen, werden sie langsamer und haben nicht mehr die Kraft, manche der Sedimente weiter mitzuschleppen. So entstehen vor den Mündungen vieler dieser Rinnen langgestreckte Sandbänke, die ins Meer hinausziehen; sie bilden die für die Schiffe gefährlichen Gebiete des Diamond Shoal, des

Frying Pan Shoal und unzähliger anderer Untiefen mit oder ohne besonderen Namen. Aber nicht alle Sedimente werden auf diese Weise abgelagert. Viele werden von den Gezeiten erfasst, durch die Wasserstraßen geschwemmt und dann in den stilleren Gewässern vor dem Festland fallengelassen. In den Buchten bei den Vorgebirgen und an den Mündungen der Zufahrtsrinnen, in Stillwassern und Meerengen bauen sich die Sandbänke auf. Wo sie vorhanden sind, werden sie von den Larven oder den Jungen der Meeresgeschöpfe aufgesucht, für deren Lebensweise ruhiges und seichtes Wasser erforderlich ist.

Im Bereich des Cape Lookout gibt es solche Sandbänke, die bis zum Wasserspiegel reichen; während der Ebbe tauchen sie kurz auf und sind Luft und Sonne ausgesetzt, dann versinken sie wieder in die See. Selten geht eine schwere Brandung über sie hinweg, und obwohl die Gezeitenströmungen, die sie umrauschen oder über sie wegwirbeln, ihre Gestalt und ihr Ausmaß allmählich ändern können, geschieht das nur, indem sie sich heute ein wenig Sand ›ausborgen‹ und ihn am nächsten Tag wieder aus anderen Gebieten heranbringen und ›zurückzahlen‹; im Großen gesehen bilden diese Plätze eine beständige und friedliche Welt für die Tiere, die im Sand hausen.

Einige Sandbänke tragen die Namen der Tiere, die bei ihnen anzutreffen sind, wie Shark-, Sheepshead- und Bird-Shoal (Haifisch-, Schafskopffisch- und Vogel-Bank). Will man Bird-Shoal aufsuchen, fährt man mit einem Boot durch die Kanäle, die sich durch das Sumpfgebiet winden, das beim Cape Lookout noch zur Stadt Beaufort gehört, und gelangt an ein Ufer, an dem der schmale Sandstreifen von den tieferen Wurzeln der Strandgräser festgehalten wird; dort liegt die Landgrenze der Sandbank. Die

Höhlen Tausender Winkerkrabben durchlöchern den schlammigen Strand, der sich an die Sümpfe anschließt. Die Beinchen der Krabben schlürfen über den Boden, sobald sich ein Eindringling nähert, und das Geräusch vieler kleiner Chitinfüßchen klingt, als raschle Papier. Wenn man den Dünenrücken überquert hat, blickt man über das seichte Wasser hinaus. Tritt Ebbe ein, taucht allmählich am Strand ein Saum feuchten Sandes auf und schiebt sich immer mehr in die See hinaus. Und noch ein Stück weiter draußen erblickt man auf dem seidig glänzenden Wasserspiegel einen Fleck, der wie matter Samt wirkt; er gleicht dem Rücken eines riesigen Fisches, der sich langsam aus den Fluten wälzt. Es ist eine langgestreckte Sandzunge, die nun emporsteigt und sichtbar wird. Während der Springtiden erhebt sich die Kuppe dieser großen, ausgedehnten Sandbank höher aus der See und liegt länger frei; bei den Nipptiden, wenn Ebbe und Flut schwächer pulsieren und nur träge strömen, bleibt die Bank fast ganz verborgen, und selbst beim tiefsten Stand der Ebbe kräuselt sich über ihr eine dünne Wasserdecke. Aber zu jeder anderen Zeit des Monats kann man bei Ebbe, wenn kein stürmisches Wetter herrscht, vom Dünensaum über riesige Strecken hinauswaten in ein Wasser, das so seicht und glasklar ist, dass sich unserem Blick jede Einzelheit des Grunds enthüllt.

Selbst bei mäßig starken Gezeiten bin ich so weit hinausgewandert, dass der trockene Strand ganz fern in meinem Rücken blieb. Vor mir begannen tiefe Kanäle die vorderen Teile der Sandbank zu durchziehen. Als ich näher kam, konnte ich sehen, dass der Grund unter dem kristallklaren Wasser steil in eine Tiefe abfiel, die mattgrün schillerte. Die Abschüssigkeit des Hangs wurde noch unterstrichen, als kleine Schwärme von

Zahnkarpfen durch das Seichtwasser flitzten und in silbern funkelnden Kaskaden in die Dunkelheit hinuntergitten. Größere Fische wanderten durch schmale Rinnen vom Ozean herein. Ich wusste, dass dort an den tieferen Stellen Bestände der Sonnenstrahlen-Muschel Macrocallista waren und Wellhornschnecken auf sie Jagd machten. Krabben schwammen umher oder gruben sich bis zu den Augen in den sandigen Grund ein; dann wirbelten hinter jedem Tier zwei kleine Wasserstrudel hoch und zeigten an, dass Atemwasser durch die Kiemen strömte.

Wo das Meer auch nur in einer ganz dünnen Schicht die Bank bedeckte, kamen die Lebewesen aus ihrem Versteck. Eilig schwamm ein junger Schwertschwanz ins Tiefe hinaus; ein kleiner Froschfisch huschte unter ein dichtes Bündel Seegras und ›quakte‹ in hörbarem Unwillen zu Füßen des fremden Besuchers dieser Welt. Eine Schnecke mit hübschen schwarzen Spiralen ums Haus und einem dazupassenden schwarzen Fuß und röhrenförmigen Siphonen – eine Gebänderte Teppichschnecke – glitt eilig über den Boden und hinterließ eine deutliche Spur im Sand.

Hier und dort hatten sich Seegräser angesiedelt – jene Wagemutigen unter den blühenden Pflanzen, die ins Salzwasser vordringen. Ihre flachen Halme sprossten aus dem Sand hervor und die ineinander verflochtenen Wurzeln hielten und festigten den Grund. In Lichtungen solcher Grasflecke fand ich Kolonien einer merkwürdigen, im Sand hausenden Seeanemone. Wegen ihres Baues und ihrer Lebensgewohnheiten brauchen Anemonen eine feste Unterlage, an der sie sich festklammern können, während sie sich ins Wasser vorstrecken, um Futter zu fangen. Im Norden oder wo sich anderwärts harter Grund findet, halten sie sich an die Felsen; hier erreichen sie das gleiche

Die Krabbe Hepatus epheliticus; über den hellen Panzer sind rote Flecke mit dunklem Rand verstreut (ähnlich wie bei der nahe verwandten europäischen Schamkrabbe, Calappa granulata).

Ziel, indem sie sich in den Sand einwühlen, bis nur mehr die Tentakelkrone über die Oberfläche guckt. Die Amerikanische Zylinderrose gräbt sich ein, indem sie das untere Ende der Röhre zusammenzieht und nach abwärts stößt; dann dehnt sich der Körper in einer langsam wandernden Wellenbewegung aus, und das Tier sinkt in den Sand ein; diese im Grund verankerten Zylinderrosen waren zweifellos genauso geschützt wie die große Seeanemone oder die Seenelke, die an der Wand eines Gezeitentümpels an der Küste von Maine gedeiht.

Hier und dort ragten auf den grasigen Teilen der Sandbank die Zwillingskamine der Röhre des Borstenwurms Chaetopterus ein wenig aus dem Sand. Der Wurm selbst lebt immer unterirdisch in einem U-förmigen Bau, durch dessen spitz zulaufende Enden das Tier die Verbindung mit dem Meer aufrechterhält. Es liegt in seinem

Der Borstenwurm Chaetopterus variopedatus; rechts die Wohnröhre

Schlupfwinkel und verwendet fächerförmige Körperanhänge, um dauernd Wasser durch den dunklen Tunnel seiner Behausung strömen zu lassen; auf diese Weise werden die winzigen Pflanzenzellen, die seine Hauptnahrung darstellen, herbeigeholt sowie die Ausscheidungsstoffe fortgetragen und – wenn die Zeit dazu gekommen ist – gelangt auch die Nachkommenschaft, aus der eine neue Generation erwächst, auf diesem Wege ins Meer.

So sesshaft verbringt der Wurm sein ganzes Dasein, abgesehen von der kurzen Zeit, die er als Larve im Meer verlebt. Die Larve hört bald zu schwimmen auf, wird träge und lässt sich auf dem Grund nieder. Sie fängt an umherzukriechen, vielleicht sucht sie Kieselalgen als Futter, die in den Furchen zwischen den Sandwellen liegen. Beim Kriechen hinterlässt sie eine Schleimspur. Nach ein paar Tagen beginnt der junge Wurm, kurze, mit Schleim ausgekleidete Röhren zu bauen; er sucht sich dazu Stellen aus, an denen Ballen von Kieselalgen mit dem Sand vermischt sind. Von solch einem einfachen Tunnel, der vielleicht ein paarmal so lang wie ihr Körper ist, treibt die Larve Gänge nach oben zum Meeresgrund, wodurch die U-Form entsteht. Alle späteren Höhlen sind nur dieser abgeänderte und erweiterte ursprüngliche Bau, der dem wachsenden Körper des Wurms angepasst wird. Nachdem das Tier verendet ist, werden die schlaffen, leeren Röhren aus dem Sand gewaschen, und man findet sie häufig im Treibgut am Strand.

Irgendwann haben fast alle diese Borstenwürmer Mitbewohner; es handelt sich um die kleine sogenannte Erbsenkrabbe, Pinnixa chaetopterana, deren Verwandte in dem Bau der Maulwurfskrebse zu Gast sind. Oft bleiben die Tiere das ganze Leben beisammen. Angelockt von dem fortwährenden Strom nahrungsreichen Wassers, dringen die Krabben in die Wurmröhre ein, solange sie jung sind, aber bald werden sie zu groß und können durch den schmalen Ausgang nicht mehr hinaus. Der Wurm selbst verlässt übrigens seine Behausung ebenfalls nicht, obwohl man gelegentlich ein Tier mit einem neugebildeten Schwanz oder Kopf findet – als stummen Beweis, dass es doch einmal weit genug hinausgekrochen ist und einen vorüberschwimmenden Fisch oder eine Krabbe zum Zuschnappen verlockt hat. Gegen derlei Angriffe besitzt der Wurm keine Abwehr; nur das unheimliche blauweiße Licht, in dem der ganze Körper aufleuchtet, sobald man das Tier beunruhigt, schreckt vielleicht manchmal einen Feind ab.

Andere kleine Kamine, die herausguckten und über die Sandbank hochragten, gehörten dem Borstenwurm Diopatra. Sie standen nicht paarweise, sondern einzeln und waren wunderlich mit Schalenstückchen oder Algenfäden verziert, die für das menschliche Auge eine wirkungsvolle Tarnung darstellten: Hier befanden sich die freiliegenden Enden von Röhren, die manchmal bis

Der Borstenwurm Diopatra mit seinem wunderlich geschmückten Gehäuse

zu einem Meter in den Sand hinunterreichen. Vielleicht hilft die Maskierung auch gegen die natürlichen Feinde, aber um die Stückchen zu sammeln, die der Wurm auf alle freiliegenden Teile der Röhre klebt, muss er den ungeschützten Körper einige Zentimeter weit hinausstrecken. Doch wenn hungrige Fische ihn anknabbern, ist er – gleich dem Borstenwurm Chaetopterus – fähig, verlorene Gewebe zu ersetzen.

Als das Wasser verebbte, konnte ich die großen räuberischen Wieselschnecken bemerken. Sie glitten hier und dort auf der Suche nach Beute umher und hatten es auf die Muscheln abgesehen, die im Sand eingegraben lagen und durch ihren Körper einen Strom von Meerwasser pumpten, aus dem sie sich mikroskopische Pflanzen filterten. Doch die Schnecken suchten keineswegs ziellos, denn ihr scharf ausgeprägter Geschmackssinn leitete sie zu dem unsichtbar abfließenden Wasser, das sich aus den Siphonen der Muscheln ergoss. So eine leckere Spur mag zu einer kräftigen Schwertförmigen Amerikanischen

Busycon caricum, der Knotige Blitz aus der Familie der Wieselschnecken

Scheidenmuschel führen, deren Schalen das vorquellende Fleisch nur dürftig bedecken, oder zu einer Venusmuschel, die sich fest geschlossen hat. Sogar diese kräftigen Schalen kann eine Wieselschnecke öffnen; mit ihrem großen Fuß packt sie die Muschel und durch Zusammenziehen der Muskeln lässt sie mit ihrer eigenen dicken Schale eine Reihe Hammerschläge auf sie hinuntersausen.

Doch damit ist der Kreislauf des Lebens mit den eng verflochtenen Beziehungen der einen Art zur anderen noch nicht zu Ende. In dunklen kleinen Höhlen am Meeresgrund leben die Feinde der Schnecken, die Steinkrabben, Menippe mercenaria, mit ihrem wuchtig gebauten Körper und den grell gefärbten zermalmenden Scheren, die imstande sind, die Schale einer Wieselschnecke Stück für Stück abzubrechen. Die Krabben lauern in Vertiefungen zwischen den Steinen von Hafendämmen, in Grotten, die aus Muschelkalk ausgewittert sind, oder in Behausungen, die von Menschenhand stammen, wie in alten weggeworfenen Autoreifen. Um ihren Lagerplatz

Die Steinkrabbe, Menippe mercenaria

finden wir wie um die Höhlen sagenhafter Riesen die zerbrochenen Überreste ihrer Opfer verstreut.

Wenn die Schnecken diesem Feind entrinnen, naht durch die Luft ein anderer. Die Möwen statten den Sandbänken in großer Zahl ihren Besuch ab. Sie besitzen keine mächtigen Scheren, mit denen sie die Schalen zertrümmern könnten, aber eine ererbte Weisheit hat sie eine andere Jagdart gelehrt. Entdeckt eine Möwe eine Schnecke, die frei umherkriecht, packt sie das Tier und trägt es in die Lüfte. Dann sucht sie eine gepflasterte Straße, einen Hafendamm oder den Strand selbst, steigt hoch und lässt die Beute fallen; sie folgt ihr sogleich nach und stößt herab, um sich aus den zerschellten Schalenteilen ihre Mahlzeit herauszupicken.

Als ich den Heimweg über die Sandbank antrat, sah ich einen verschlungenen und gewundenen Strang liegen, der sich in Spiralen aus dem Sand schob und über den

Busycon cannaliculatum, der Gefurchte Blitz. Die Eikapseln besitzen einen scharfen Rand, während sie bei Busycon caricum breitrandig sind.

Rand einer grünen Unterwasserschlucht glitt; an einer zähen Pergamentschnur waren viele kleine Kapseln aufgereiht, die wie winzige Geldbeutel aussahen. Ich hatte den Eierstrang eines Schneckenweibchens vor mir, denn es war Juni, die Laichzeit dieser Art. In allen Kapseln waren – wie ich wusste – die geheimnisvollen Mächte der Schöpfung am Werk und schufen Tausende junger Wieselschnecken, von denen vielleicht hundert am Leben bleiben und aus dem dünnwandigen runden Tor in der Mitte jedes Behälters herausschlüpfen würden; jedes dieser winzigen Wesen steckte dann bereits in einem Miniatur-Gehäuse, das dem der Eltern genau glich.

Wo die Wellen vom offenen Atlantik heranrollen und keine Inseln vor der Küste liegen oder eine bogenförmige Landzunge die Macht der Wogen bricht und sie abhält, über den Strand hereinzustürzen, werden im Gebiet des Gezeitensaums die Lebensbedingungen schwierig. Dann wird er zu einer Welt, in der die Naturgewalten herrschen, mit ihrem ewigen Wechsel und ständiger Bewegung, und wo selbst der Sand gleich dem Wasser dauernd im Fluss zu sein scheint. Nur Geschöpfe, die sich ganz besonders angepasst haben, können hier in der schweren Brandung leben.

Tiere offener Sandufer sind immer klein und flink. Sie führen ein seltsames Dasein. Jede Woge, die sich am Strand bricht, ist zugleich ihr Freund und Feind; obwohl sie Nahrung heranschafft, droht sie mit ihrer wirbelnden Rückwelle die Geschöpfe wieder aufs Meer hinauszutragen. Nur Wesen, die ein erstaunliches Geschick haben, sich immer wieder rasend schnell einzugraben, können trotz wildbewegter Brandung und wanderndem Sand die Fülle des Futters auswerten, das hereingeschwemmt wird.

Eines der Tiere, das diesen Reichtum an Nahrung erfolgreich ausbeuten kann, ist die Maulwurfskrabbe, Emerita, aus der Familie der Sandkrebse; sie fischt in der Brandung und verwendet so wirksame ›Netze‹, dass sie mit ihnen sogar Mikro-Organismen fängt, die im Wasser schweben. Ganze ›Städte‹ von Maulwurfskrabben leben an Stellen, wo die Wogen sich brechen, die Tiere wandern mit der Flut der Küste zu und ziehen sich bei Ebbe zum Meer zurück. Etliche Male wechselt eine ganze Schar bei steigender Flut die Stellung und gräbt sich dann weiter oben an der Küste an einem Platz ein, wo ihr wahrscheinlich die Wassertiefe günstigere Futterbedingungen bietet. Bei dieser Massenwanderung scheint das Sandgebiet plötzlich Blasen zu werfen; denn in einem gemeinsamen Vorgehen, das eigenartig anmutet und an Vögel erinnert, die sich zu einem Zug ordnen, oder an Fische, die Schwärme bilden, tauchen alle Krabben gleichzeitig aus dem Sand auf, sobald eine Woge über sie hinweggerauscht ist. Mit dem Schwall des heftig bewegten Wassers werden sie an die Küste hinaufgetragen; wenn der

Maulwurfskrabbe Emerita aus der Familie der Sandkrebse

Schwung der Welle dann nachlässt, graben sie sich mit einer Leichtigkeit ein, die an Hexerei grenzt, indem sie mit den Gliedmaßen ihres Hinterleibs wirbelnde Bewegungen ausführen. Verebbt die Flut, kehren die Krabben wieder zur Niedrigwassergrenze zurück und unternehmen die Reise erneut in verschiedenen Teilstrecken. Wenn sich infolge eines unglücklichen Zufalls einige versäumen, bis das Wasser unter ihren Standort gesunken ist, buddeln sie sich etliche Zentimeter tief in den feuchten Sand ein und harren dort aus, bis die See wiederkehrt.

Wie der Name Maulwurfskrabbe andeutet, der an der amerikanischen Küste gebräuchlich ist, ähneln diese kleinen Sandkrebse mit ihren abgeflachten pfotenartigen Gliedmaßen Maulwürfen. Ihre Augen sind klein und im Grunde genommen nutzlos. Wie alle anderen Tiere, die in Sand leben, verlassen sie sich weniger auf den Gesichtssinn als auf ihr Tastgefühl; sie sind dazu mit Sinnesborsten ausgerüstet, deren Reizempfindlichkeit geradezu wunderbar ist. Aber ohne die langen, gebogenen und gefiederten Fühler, die so zweckmäßig gebaut sind, dass sogar kleine

Bakterien an ihren Fäden hängen bleiben, könnte sich die Maulwurfskrabbe nicht mit dem Fischen in der Brandung durchbringen. Wenn sich die Krabbe anschickt zu fressen, schiebt sie sich nach rückwärts in den Sand hinein, bis nur der Mundabschnitt und die Fühler herauslugen. Obwohl sie den Kopf dem Meer zugewandt hat, versucht sie nicht, das Futter aus der hereinrollenden Brandung zu holen. Sie wartet lieber, bis eine Woge ihre Kraft am Strand erschöpft hat und ins Meer zurückgleitet. Ist die ausschwingende Welle flach geworden und höchstens noch fünf Zentimeter tief, streckt die Krabbe ihre Fühler in das abfließende Wasser. Nachdem sie einen Augenblick lang ›gefischt‹ hat, zieht sie die Fühler durch die Mundwerkzeuge und pickt das gefangene Futter herunter. Und auch bei dieser Tätigkeit ist ein merkwürdiges Verhalten der ganze Gruppe zu beobachten; denn kaum lässt eine einzige Krabbe ihre Fühler spielen, folgen umgehend alle anderen der Kolonie ihrem Beispiel.

Wenn man zufällig über eine Stelle watet, an der sich eine große Krabben-Siedlung befindet, ist es ein außergewöhnliches Schauspiel zu beobachten, wie der Sand plötzlich lebendig wird. Zuerst hat es den Anschein, als hause dort überhaupt kein Lebewesen. In dem flüchtigen Augenblick aber, in dem das Wasser einer zurückweichenden Woge wie ein dünner Strom flüssigen Glases dem Meer zustrebt, spähen urplötzlich Hunderte kleiner Gnomenköpfe aus dem Sandboden – mit Knopfäuglein und langbärtigen Gesichtern auf einem Körper, der fast genau die gleiche Farbe besitzt wie der Hintergrund, so dass man sie kaum sehen kann. Und dann verschwinden sie mit einem Schlag wieder und keine Spur ist mehr von ihnen geblieben, so als habe eine Schar seltsamer kleiner Höhlenzwerge einen kurzen Blick durch die bergenden

Schleier ihres Reichs geworfen und sich dann blitzschnell wieder zurückgezogen; man erhält dabei ganz stark den fantastischen Eindruck, dass man sich alles nur eingebildet habe und von einem Trugbild genarrt worden sei.

Weil die Maulwurfskrabben bei ihrem emsigen Futterfang am Brandungssaum verbleiben müssen, sind sie Feinden vom Wasser wie vom Lande ausgesetzt; Vögel, die den feuchten Sand durchstöbern, stellen ihnen nach und ebenso die Fische, die mit der Flut hereinschwimmen und in dem steigenden Wasser auf Raub ausgehen; manchmal schießen auch Blaue Schwimmkrabben pfeilschnell aus der Brandung und packen zu. So bilden die Maulwurfskrabben im Haushalt des Meeres ein wichtiges Bindeglied zwischen den mikroskopischen Organismen, die sie verzehren, und den großen fleischfressenden Räubern.

Selbst wenn die einzelne Krabbe den größeren Tieren entrinnen kann, die im Gezeitensaum auf Jagd gehen, lebt sie nur eine kurze Zeitspanne – von einem Sommer bis zum nächsten. Sie beginnt ihr Dasein als winzige Larve, die aus einem orangefarbenen Ei schlüpft; das Muttertier hatte es monatelang mit einer Menge anderer Eier an der Unterseite des Körpers mit sich herumgetragen, wo es fest verankert war. Sobald die Zeit des Ausschlüpfens naht, wandert die Krabbenmutter nicht mehr mit den anderen auf Nahrungssuche die Küste auf und ab, sondern bleibt in der Nähe der Niedrigwasser-Zone; dadurch bewahrt sie ihre Sprösslinge vor der Gefahr, auf dem Sand des höhergelegenen Ufers zu stranden.

Wenn die kleine Larve die Eihülle verlässt, ist sie durchsichtig, besitzt einen mächtigen Kopf und große Augen wie alle jungen Krebse und ist mit sonderbaren Stacheln geschmückt. Sie ist ein Geschöpf des Planktons und weiß nichts von einem Leben im Sand. Sobald sie herangewachsen ist, häutet sie sich und wirft ihr Larvengewand ab. So erreicht sie ein Stadium, in dem sie zwar immer noch wie früher mit rudernden Bewegungen ihrer borstigen Beinchen schwimmt, aber sich nun auf den Grund der unruhigen Brandungsregion begibt, in der die Wellen den Sand aufwühlen und lockern. Gegen Ende des Sommers wirft sie erneut ihre alte Haut ab, diesmal verwandelt sie sich in das erwachsene Tier mit seinen Fressgewohnheiten.

Während der langen Zeit ihres Larvenlebens haben viele junge Maulwurfskrabben mit den Strömungen weite Wanderungen an der Küste unternommen, so dass sie am Ende in großer Entfernung von den elterlichen Sandgebieten ans Ufer kommen können – sofern sie die Reise heil überstehen. An der Küste des Pazifiks, an der starke Strömungen meerwärts ziehen, hat Martin Johnson entdeckt, dass eine große Zahl der Krabbenlarven auf die hohe See hinausgeschwemmt wird und zum sicheren Tode verurteilt ist, wenn die Tiere keine Möglichkeit mehr erhalten, den Rückweg anzutreten. Wegen der langen Larvenzeit werden manche junge Krabben bis zu dreihundertzwanzig Kilometern von der Küste weggetragen. An den Ufern des Atlantiks, wo Strömungen vorherrschen, die an der Küste entlangziehen, legen sie noch weitere Strecken zurück.

Auch wenn es Winter wird, bleiben die Maulwurfskrabben munter. In den nördlichen Abschnitten ihres Verbreitungsgebietes, wo der Frost tief in den Sand eindringt und sich am Strand Eis bilden kann, wandern sie über die Niedrigwasser-Grenze ins Meer hinaus, um die kalten Monate an Stellen zu verbringen, wo das Wasser mindestens eine Tiefe von etwa zwei Metern besitzt, und eine schirmende Schicht zwischen ihnen und der winterlichen Luft liegt. Der Frühling ist die Zeit der Paarung, und bis zum Juli gehen die meisten Männchen ein, die im vorausgegangenen Sommer ausgeschlüpft sind. Die Weibchen tragen ihre Eimassen einige Monate lang, bis die Jungen ausschlüpfen; ehe der nächste Winter kommt, sind auch alle Weibchen zugrunde gegangen und nur eine einzelne Generation dieser Art bleibt am Strand erhalten.

Als einzige andere Lebewesen, die an den Sandufern mit starkem Wellengang im Gezeitensaum daheim sind, finden wir regelmäßig die winzigen Dreiecksmuscheln, auch Stumpfmuscheln oder Sägezähnchen genannt. Das Dasein dieser Muschelchen ist durch eine außerordentlich lebhafte und nie erlahmende Tätigkeit gekennzeichnet. Haben die Wellen sie herausgerissen, müssen sie sich wieder eingraben und sie verwenden dazu den kräftigen, spitzen Fuß als Spaten; sie stoßen ihn nach abwärts, bis sie festen Halt finden, und ziehen dann eilends die glatte Schale in den Sand nach. Hat sich die Muschel fest eingewühlt, streckt sie ihre Siphonen nach oben. Der Sipho, durch den das Wasser einströmt, ist etwa so lang wie die Schale selbst und an der Mündung stark erweitert. Kieselalgen und anderes Futter, das von den Wogen hereingeschwemmt oder vom Grund hochgewirbelt wird, saugt die Dreiecksmuschel durch diese Röhre ein.

Wie die Maulwurfskrabben wechseln die Dreiecksmuscheln in Scharen von zwanzig bis zu hundert Tieren zwischen den oberen und den unteren Küstenabschnitten hin und her, vielleicht, um die vorteilhafteste Wassertiefe auszunützen. Tauchen die Muscheln aus ihren Löchern auf und lassen sie sich von den Wellen tragen, dann liegt über dem Sand von den lebhaft gefärbten Schalen plötzlich ein leuchtender Schimmer. Manchmal ziehen

Dreiecksmuscheln

andere kleine Grabtiere mit den Dreiecksmuscheln in den Wellen; es sind die Herden der kleinen Schraubenschnecke Terebra, auch Pfriemenschnecke genannt, die ein Fleischfresser ist und der Dreiecksmuschel auflauert. Andere Feinde sind die Seevögel. Eine Möwenart, Larus delewarensis, macht hartnäckig Jagd auf die Muscheln und scharrt sie im seichten Wasser aus dem Sand.

In einer bestimmten Küstenregion sind die Dreiecksmuscheln nur vorübergehende Bewohner; sie scheinen sich aus jedem Gebiet das vorhandene Futter zu holen und dann weiterzuziehen. Sind an einem Strand Tausende der prächtigen bunten Schalen verstreut, mag das nur ein Hinweis sein, dass sich früher hier eine Kolonie aufhielt.

Die Hochwasserzone weist an jeder Küste in ihrer ganzen Natur Eigenheiten auf, die sowohl dem Lande wie dem Meer zukommen; denn nur kurzdauernd und nicht allzu oft ergreift die See von diesem Raum Besitz. Diese Eigenschaft, Übergangsgebiet und eine Art Zwischenreich zu sein, prägt sich nicht nur in der physikalischen Beschaffenheit des höhergelegenen Strandgebietes aus, sie erstreckt sich auch auf die Lebewesen. Vielleicht haben sich hier manche Tiere des Gezeitensaums nach und nach daran gewöhnt, außerhalb des Wassers zu leben, möglicherweise befinden sich auch aus dem gleichen Grund unter den Bewohnern dieser Zone einige Formen, die in ihrem derzeitigen Entwicklungsstadium weder völlig dem Festland noch dem Meer angehören.

Die Gespenstkrabbe, Ocypode albicans, aus der Familie der Sandkrabben, die so hell gefärbt ist wie der trockene Sand am oberen Ufer, in dem sie haust, scheint fast schon ein Landtier zu sein. Oft liegen ihre tiefen Höhlen bereits dort, wo die Dünen sich allmählich erheben. Dennoch ist sie kein Luftatmer, sondern trägt stets ein Tröpfchen des großen Meeres in der Kiemenkammer mit sich und muss in gewissen Zeitabständen die See aufsuchen, um das Wasser zu erneuern. Und an ihr sehen wir noch eine andere, fast symbolische Rückkehr in den Ozean. Jede dieser Gespenstkrabben beginnt ihr Leben als winziges Geschöpf des Planktons; ist das Weibchen voll erwachsen und bereit zu laichen, begibt es sich wieder ins Meer, um die Jungen auszusetzen. Wären diese beiden Einrichtungen nicht eine Lebensnotwendigkeit, würden die Gespenstkrabben fast das Dasein echter Landtiere führen. Aber so müssen sie in gewissen Abständen jeden Tag an den Wassersaum hinunterwandern, um sich die Kiemen anzufeuchten, und dieser Tätigkeit unterziehen sie sich in einer Weise, dass sie möglichst wenig mit dem Wasser in Berührung kommen; sie suchen sich dazu eine Stelle aus, die ein wenig oberhalb des Streifens liegt, an dem sich in diesem Augenblick die meisten Wogen am Strand brechen. Mit den Beinen klammern sie sich – dem Festland zugewandt – im Sand fest und stellen sich seitlich zum Meer. Badende Menschen wissen, dass sich in jeder Brandung hin und wieder eine Welle höher auftürmt als die anderen und weiter den Strand hinaufgleitet. Die

Gespenstkrabbe, Ocypode albicans

Gespenstkrabbe wartet darauf, als wisse sie das auch, und nachdem sie sich von einer solchen Welle hat überspülen lassen, kehrt sie in den oberen Küstenabschnitt zurück.

Nicht immer hüten sie sich vor der Berührung mit dem Meer. Ich denke noch an die Gespenstkrabbe an einem Strand in Virginia, die rittlings auf einem Strandhafer-Stängel saß; es war ein stürmischer Oktobertag und das Tier schien emsig bemüht, Futter von dem Stiel zu picken. Es kaute drauflos, ganz vertieft in seine angenehme Beschäftigung, und kümmerte sich gar nicht um den großen Ozean, der in seinem Rücken toste. Plötzlich rollte der sprühende Schaum eines Brechers über die Krabbe hinweg, schleuderte sie von dem Stängel, und in sausender Fahrt ging's den Strand hinauf. Zu meiner Überraschung machte das Tier Anstalten, ins Meer zu laufen. Und fast jede Gespenstkrabbe, die in arger Bedrängnis ist, weil man sie fangen will, rast in die Brandung hinein, als wähle sie das kleinere Übel. Bei einer solchen Gelegenheit schwimmen die Tiere nicht, sondern marschieren am Grund entlang, bis sich ihre Angst gelegt hat und sie sich wieder herauswagen.

Obwohl an bewölkten Tagen und gelegentlich sogar in vollem Sonnenschein Krabben in kleiner Zahl unterwegs sein können, sind sie vorwiegend Räuber des nächtlichen Strands. Das schützende Dunkel verleiht ihnen einen Mut, der ihnen am Tage fehlt, und sie schwärmen dann kühn auf dem Sand umher. Manchmal graben sie sich nur für ein Weilchen in der Nähe des Wassersaums eine Vertiefung, legen sich hinein und lauern, was ihnen das Meer zuträgt.

Die Larve dieser Sandkrabbe haust wie die der Maulwurfskrabbe in der See und nachdem sie aus dem Ei geschlüpft ist, das vom Muttertier ausgebrütet und an der Luft herumgetragen worden ist, wird sie zum Plankton-Geschöpf. Solange die junge Krabbe in der Strömung treibt, wirft sie ihre Oberhaut einige Male ab, um sie dem wachsenden Körper anzupassen; bei jeder Häutung ändert sich die Gestalt ein wenig. Schließlich ist das letzte Stadium, die sogenannte Megalopa, erreicht. Dies ist die Form, in der sich das Geschick dieser ganzen Tierart widerspiegelt; denn als winziges Geschöpf, allein im weiten Meer, muss diese Larve ihrem Instinkt gehorchen, der sie zur Küste drängt und sie trachten lässt, auf dem Strand zu landen. Entwicklungsvorgänge, die sich in langen Zeiträumen vollzogen, befähigen sie, diese schwierige Aufgabe zu erfüllen, und verglichen mit den entsprechenden Stadien ganz nahe verwandter Formen weist ihr Körperbau besondere Eigenheiten auf. Jocelyn Crane studierte die Larven bei verschiedenen Arten dieser Krabben des südlichen Strands und fand an ihnen immer eine dicke feste Oberhaut und einen abgerundeten Körper. Die Gliedmaßen sind so gerillt und geformt, dass sie zusammengefaltet und eng an den Körper angelegt werden können. Bei dem gefährlichen Unternehmen,

Links: Larve der Gespenstkrabbe im Frühstadium; **rechts**: Megalopa

heil ans Ufer zu gelangen, schützen diese Besonderheiten die junge Krabbe gegen die vernichtende Gewalt der Brandung und den schürfenden Sand.

Hat die Larve jene Häutung durchgemacht, nach der sie die Gestalt des erwachsenen Tieres annimmt, besteht das Leben der jungen Krabbe in einer allmählichen Wanderung strandaufwärts. Das vollausgebildete Tier geht ziemlich weit ans Ufer hinauf, manchmal sogar zwischen die Dünen, und erreicht so den am weitesten auf das Festland vorgeschobenen Standort der ganzen Tiergruppe.

An jedem Strand, der von Gespenstkrabben bewohnt wird, erscheinen und verschwinden ihre Behausungen in einem täglichen und jahreszeitlichen Rhythmus, der mit den Lebensgewohnheiten der Tiere zusammenhängt. Während der Nacht steht der Zugang zum Bau offen, indes die Krabben auf dem Strand auf Nahrungssuche ausgehen. In der Morgendämmerung kehren sie zurück. Ob jede Krabbe grundsätzlich zu ihrem alten Schlupfwinkel heimwandert oder nur in einen kriecht, der gerade am Wege liegt, ist nicht genau bekannt. Das Verhalten mag sich mit der Örtlichkeit, dem Alter der Krabbe und anderen wechselnden Bedingungen ändern.

Meist ist der Bau ein einfacher Schacht, der etwa in einem Winkel von fünfundvierzig Grad in den Sand führt und sich am Ende zu einer Höhle erweitert. Einige besitzen noch einen zusätzlichen Tunnel, der von der Kammer an die Oberfläche führt. Er bildet einen Notausgang, wenn ein Feind – vielleicht eine größere Krabbe – mit Angriffsabsichten in den Hauptschacht eindringt. Dieser zweite Gang verläuft gewöhnlich fast senkrecht nach oben. Er liegt weiter vom Wasser entfernt als der Haupttunnel und muss nicht unbedingt den Grund durchstoßen.

Die ersten Morgenstunden werden damit zugebracht, die Wohnung, die sich eine Krabbe für den Tag erwählt hat, wieder instand zu setzen, zu erweitern oder zu verbessern. Wird Sand herausbefördert, taucht das Tier immer seitlich auf und trägt eine Ladung wie ein Päckchen unter den Beinen des Hinterleibs; manchmal schleudert die Gespenstkrabbe den Sand mit heftigem Schwung hinaus, sobald sie die Mündung der Höhle erreicht hat, und verschwindet wieder blitzartig in die Tiefe; ein andermal trägt sie ihre Last ein kleines Stück vom Bau weg, ehe sie ablädt. Oft speichern die Krabben noch Futter in ihrer Behausung und ziehen sich dann zurück; um die Mittagszeit schließen fast alle den Eingang.

Den ganzen Sommer hindurch kann man am Strand diesen Tageslauf beobachten. Bis zum Herbst sind die Krabben zum trockenen Ufer jenseits des Gezeitensaums hinaufgezogen. Ihre Schächte reichen tiefer in den Sand hinunter, als fühlten die Besitzer die Kühle des Oktobers. Dann werden anscheinend die Sandtore geschlossen und erst im Frühling wieder geöffnet. Denn im Winter zeigt

Strandflöhe

sich keine Spur von den Krabben oder ihren Höhlen; sie sind alle verschwunden – von den Jungtieren, die nicht größer als ein Fünfpfennigstück sind, bis zu den voll erwachsenen Krabben – und halten wahrscheinlich einen langen Winterschlaf. Geht man aber an einem sonnigen Tag im April spazieren, sieht man hier und dort schon einen offenen Bau. Und vielleicht taucht gleich darauf eine Gespenstkrabbe in einem offensichtlich neuen Frühlingskleid am Eingang auf und stützt sich recht zaghaft im milden Sonnenschein auf ihre Vorderbeinchen. Weht noch ein kühles Lüftchen, zieht sie sich bald wieder zurück und schließt die Tür. Aber die warme Jahreszeit ist nun angebrochen und unter der ganzen weiten Fläche des oberen Strandgebiets erwachen die Krabben aus ihrem Schlaf.

Ähnlich wie die Gespenstkrabbe verkörpert auch ein kleiner Flohkrebs, unter dem Namen Strandfloh bekannt, einen jener besonderen Augenblicke der Entwicklung, in denen ein Geschöpf seine alte Lebensweise mit einer neuen vertauscht. Die Vorfahren des Strandflohs waren Meerestiere; seine Nachkommen werden in ferner Zukunft – wenn wir die Geschehnisse richtig deuten – auf dem Festland hausen. Jetzt befindet sich das Tier in einem Übergangsstadium vom Leben im Meer zu einem Dasein auf dem Trockenen. Das ist eine missliche Lage; denn obwohl es bis in die oberen Uferzonen vorgedrungen ist, bleibt es weiterhin vom Meer abhängig und wird gleichzeitig gerade von dem Element bedroht, dem es sein Dasein verdankt. Freiwillig geht der Strandfloh anscheinend nie ins Wasser. Er kann schlecht schwimmen und dürfte ertrinken, wenn er lange untergetaucht wird. Trotzdem braucht er Feuchtigkeit und wahrscheinlich hat er auch das Salz im Ufersand nötig; so bleibt er ein Sklave der Wasserwelt.

Bei ihren Wanderungen folgen die Strandflöhe den Rhythmen der Gezeiten und dem Wechsel von Tag und Nacht. Wenn die Ebbe während der Dunkelheit eintritt, unternehmen die Tiere weite Streifzüge in den Gezeitensaum, um Futter zu suchen. Sie nagen an einem Stückchen Meersalat, an Seegras oder Tang und ihre kleinen Körper schwanken beim lebhaften Kauen hin und her. In den umherliegenden Überresten der Spülsäume der Gezeiten finden sie Bröckchen toter Fische oder Krabbenschalen, die noch Fleischfasern enthalten; so säubern sie den Strand, und die Phosphate, Nitrate und andere chemischen Stoffe werden den toten Organismen entnommen und kommen den lebenden zugute.

Wenn bei Ebbe das Wasser spätnachts gefallen ist, setzen diese Flohkrebse ihre Nahrungssuche bis kurz vor Morgengrauen fort. Ehe sich das erste Licht am Himmel zeigt, schicken sich alle Strandflöhe an, der Küste entgegenzuziehen, dem Hochwassersaum zu. Dort gräbt sich jeder eine Höhle, in der er sich vor dem Tageslicht und der steigenden Flut versteckt. Das Krebschen arbeitet ganz flink, es gibt die Sandkörner von einem Beinpaar an das nächste weiter, bis es sie dann mit dem dritten Paar des Brustabschnitts in einem Häufchen hinter sich ablegt. Hin und wieder schnellt es beim Graben den kleinen Körper mit solchem Schwung gerade, dass der angesammelte Sand aus dem Loch geschleudert wird. Fieberhaft arbeitet der Strandfloh an der einen Wand des Tunnels, während er sich mit dem fünften und vierten Beinpaar festklammert, dann dreht er sich um und beginnt sein Werk an der gegenüberliegenden Seite. So klein er ist und so zart und gebrechlich die Beine aussehen, in etwa zehn Minuten ist der Schacht fertiggestellt und an einem Ende eine Kammer ausgehoben. Die tiefsten derartigen Gänge stellen eine so gewaltige Leistung dar, als müsse ein Mensch, der als Werkzeug nur seine Hände benützt, einen Tunnel von achtzehn Metern Tiefe ausschaufeln.

Ist der Strandfloh mit dem Ausschachten fertig, kehrt er öfters an den Ausgang des Baus zurück, um sich zu vergewissern, dass die Pforte gut schließt, die von den angehäuften Sandmengen aus den tieferen Abschnitten der Höhle gebildet wird. Das Tierchen steckt dann die langen Fühler aus der Mündung des Gangs hinaus, betastet den Sand und zupft an den Körnchen, um noch einige mehr vor das Loch zu ziehen. Dann legt es sich eingeringelt in seiner dunklen behaglichen Kammer zurecht.

Während zu Häupten des kleinen Geschöpfes die Flut steigt und die Sturzseen über das Ufer hereinbrechen, dringt vielleicht etwas von dem schwingenden Rhythmus der Wogen bis zu seinem Schlupfwinkel hinunter und zeigt ihm warnend an, dass es in seinem Versteck ausharren muss, um dem Wasser und den Gefahren, die es mit sich bringt, zu entgehen. Weniger leicht ist zu verstehen, was den schützenden Instinkt der Tiere erweckt, das Tageslicht zu meiden, bei dem hungrige Seevögel sie bedrohen würden. Denn in dem tiefen Bau kann von dem Wechsel von Tag und Nacht kaum etwas zu merken sein. Doch rätselhafterweise verweilt der Strandfloh in seinem sicheren Sandgelass, bis wieder die zwei, für ihn wichtigen Bedingungen – Dunkelheit und Ebbe – auf dem Strand gegeben sind. Dann erwacht er aus seinem Schlummer, kriecht den langen Schacht empor und schiebt die Sandtüre beiseite. Wieder einmal dehnt sich der dunkle Strand vor ihm aus und ein zurückweichender Saum weißen Gischts am Rande der Flut zeigt ihm die Grenze seiner Jagdgründe an.

Jede Höhle, die mit so viel Mühe gegraben worden ist, gewährt nur für einen Tag oder eine Gezeitenperiode Obdach. Nachdem sich der Strandfloh bei Ebbe sattgefressen hat, gräbt er sich eine neue Zufluchtsstätte. Die Löcher, die wir im höhergelegenen Strandgebiet sehen, führen in einen leeren Bau hinunter, aus dem der frühere Besitzer ausgezogen ist. Denn eine belegte Höhle hat die Pforte geschlossen und man kann daher nicht so leicht entdecken, wo sie liegt.

So beherbergen die Sandküsten des Meeres eine große Fülle von Lebewesen in den geschützten Strandgebieten und Seichtwassern, dagegen nur eine spärliche Fauna und Flora an jenen Stellen, die von der Brandung umrauscht werden; zu ihnen gesellen sich die unternehmungslustigen Formen, die bereits an der Hochwassergrenze angelangt sind und räumlich wie zeitlich auf dem Sprung zu stehen scheinen, sich das feste Land als Lebensraum zu erobern.

Posthörnchen, Spirula

Doch der Sand gibt uns auch noch Kunde von anderen Formen des Lebens. Über den Strand breitet sich ein dünnes Netzwerk von Treibgut, das der Ozean angeschwemmt hat und das nun am Ufer eine Ruhestätte findet. Es besteht aus einer Ansammlung seltsamer Dinge, die von Wind, Wellen und Gezeiten mit rastloser Geschäftigkeit zusammengetragen werden. Der Nachschub an Material ist unerschöpflich: In den Halmen vertrockneter Strandgräser und Algen haben sich Krabbenklauen und Schwammstückchen verfangen, vermischt mit abgeschürften und zerbrochenen Weichtierschalen; man entdeckt alte Treibhölzer mit Krusten von Meeresgeschöpfen sowie Fischknochen und Vogelfedern. Was daraus für ein Gespinst entsteht, hängt davon ab, was eben gerade zur Hand ist. Die Muster wechseln und sehen an südlichen Gestaden anders aus als im Norden. In ihrer Zusammensetzung spiegelt sich die Beschaffenheit des Meeresgrunds vor der Küste wider. In dem verstreuten Schwemmgut und Geröll am Strand gibt es nur

Tintenfisch

wenig lebende Geschöpfe, aber es kündet uns von millionenfachem Leben, das nahebei im Sand herrscht oder aus der weit entfernten Tiefsee stammt. Zwischen den Überresten finden sich oft versprengte Formen aus den oberen Wasserschichten des offenen Ozeans; sie rufen uns ins Gedächtnis, dass Meerestiere Gefangene bestimmter Regionen sind, in denen sie hausen. Wenn Ausläufer ihrer Heimatgewässer vom Wind vertrieben werden oder durch schwankende Temperaturen und Salzgehalt in Fluss geraten und sich in fremdes Gebiet verirren, werden diese Lebewesen, die sich in ihnen aufhalten, unfreiwillig mitgeführt.

In den Jahrhunderten, in denen Menschen mit wissbegierigem Sinn an den Küsten der Erde entlangwanderten, sind viele unbekannte Tierformen aus dem offenen Ozean vereinzelt im Gezeitensaum angespült worden. Ein solches geheimnisvolles Bindeglied zwischen dem offenen Meer und der Küste ist das Posthörnchen, Spirula. Viele Jahre lang war nur seine Schale bekannt – eine kleine weiße Spirale mit zwei oder drei losen Windungen. Hält man ein solches Gehäuse ans Licht, kann man sehen, dass es in getrennte Kammern untergeteilt ist, aber selten lässt sich eine Spur des Tieres entdecken, das sie erbaut und bewohnt hat.

Bis 1912 waren etwa ein Dutzend Posthörnchen lebend gefunden worden, aber man wusste immer noch nicht, in welcher Region des Meeres sie daheim waren. Dann unternahm Johannes Schmidt seine klassischen Forschungen, durch die er die Lebensgeschichte des Aales ergründete; er überquerte den Atlantik in beiden Richtungen und nahm Planktonnetze ins Schlepptau, mit denen er vom Wasserspiegel bis in die Tiefen ewiger Finsternis Organismen heraufholte. Zusammen mit den glasklaren Larven des Aals, die das eigentliche Ziel seiner Untersuchungen darstellten, brachte er andere Tiere herauf; unter ihnen viele Posthörnchen, die in verschiedener Tiefe bis zu sechzehnhundert Metern gefangen worden waren. In der Zone, in der sie am häufigsten vorkommen und die zwischen 275 und 460 Metern zu liegen scheint, schwimmen sie wahrscheinlich in dichten Schwärmen. Sie gehören der gleichen Tiergruppe wie die Tintenfische an, besitzen zehn Arme und einen zylindrischen Körper, der an einem Ende propellerähnliche Flossen trägt. Bringt man die Tierchen in ein Aquarium, sieht man, dass sie mit abgehackten Bewegungen unter heftigem Rückstoß mit einer Art ›Düsenantrieb‹ schwimmen.

Es mag rätselhaft scheinen, dass sich die Überreste eines solchen Tiefsee-Geschöpfes im Strandgut ablagern, aber der Grund ist nicht schwer zu erraten. Die Schale ist außerordentlich leicht; sobald das Tier zugrunde geht und sich zersetzt, lassen es die Fäulnisgase wahrscheinlich an die Oberfläche steigen. Dort beginnt die zarte Schale langsam in den Strömungen zu treiben und wird zu einer natürlichen ›Flaschenpost‹, deren endgültiger Ruheplatz weniger einen Rückschluss auf das Verbreitungsgebiet dieser Art erlaubt als auf den Lauf der Strömungen, die es herantragen. Die Tiere selbst leben über den großen Ozeanbecken, am zahlreichsten vielleicht über den Steilhängen, die von den Kontinenträndern in abgründige Tiefen führen. Dort scheinen sie in tropischen und subtropischen Gebieten in einer weltumspannenden Zone vorzukommen. In diesem kleinen Tierchen, dessen Schale wie ein Widderhorn gekrümmt ist – was ihm auch den englischen Namen ›ramshorn shell‹ eingetragen hat –, sehen wir einen der wenigen Vertreter vor uns, der uns aus jenen Zeiten erhalten geblieben ist, als große Kopffüßer in Spiralgehäusen in den Ozeanen der Jurazeit und früherer Perioden umherschwärmten. Alle anderen Kopffüßer – außer dem Nautilus, dem Perlboot – haben entweder ihre Schalen ganz abgelegt oder sie besitzen wie die Tintenfische nur mehr Reste davon, die ins Körperinnere verlagert sind.

Manchmal findet sich unter dem Schwemmgut der Gezeiten auch eine dünne papierartige Schale, die auf ihrer weißen Oberfläche ein Rippenmuster trägt, wie es die Uferströmungen in die Sandkörner ritzen. Diese Schale stammt von Argonauta, dem Papierboot, einem Tier, das mit dem gemeinen Kraken, auch Seepolyp genannt, verwandt ist und wie er acht Arme besitzt. Das Papierboot lebt im Atlantischen und Pazifischen Ozean auf hoher See. Die ›Schale‹ ist in Wirklichkeit ein kunstvoller Eibehälter oder eine Art ›Wiege‹, die vom Weibchen ausgeschieden wird, um die Jungen zu beschützen. Dieses Gehäuse ist ein Gebilde, das vom Tier getrennt bleibt, und das Weibchen kann nach Belieben ein und

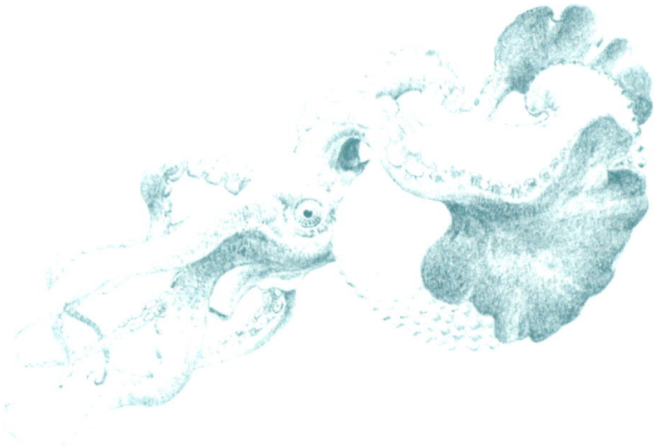

Papierboot, Argonauta, mit Eibehälter

aus schlüpfen. Das viel kleinere Männchen, das nur ein Zehntel so groß wie das Weibchen ist, scheidet keine Schale ab. Wie bei manchen anderen Kopffüßern auch, erfolgt die Befruchtung auf eine merkwürdige Weise: Einer der Arme des Männchens, der eine Ladung Samenbehälter trägt, bricht ab und dringt in die Mantelhöhle des Weibchens ein. Lange Zeit ist das Männchen dieser Tierart unerkannt geblieben. Cuvier, ein französischer Zoologe, der zu Anfang des neunzehnten Jahrhunderts lebte, kannte den abgelösten Arm, aber er hielt ihn für ein eigenes Tier und vermutete, dass es sich um einen schmarotzenden Wurm handelte. Argonauta, das Papierboot, ist nicht mit Nautilus, dem Perlboot, zu verwechseln. Das Perlboot ist zwar auch ein Kopffüßer, aber es gehört einer anderen Gruppe an und trägt eine echte Schale, die vom Mantel ausgeschieden wird. Es bewohnt tropische Meere und wie das Posthörnchen stammt es von großen

Veilchenschnecke an ihrem Floß aus Bläschen

Weichtieren mit Spiralgehäusen ab, die einst im Mesozoikum, im Mittelalter der Erde, die Ozeane bevölkerten.

Stürme bringen viele verirrte Geschöpfe aus tropischen Gewässern an. In einem Laden in Nags Head in North Carolina, in dem allerlei Schnecken- und Muschelschalen feilgeboten werden, versuchte ich einst die schöne Veilchenschnecke, Janthina, zu erstehen. Die Besitzerin des Geschäfts weigerte sich, das Gehäuse zu verkaufen, von dem sie nur ein Stück besaß. Ich verstand auch, warum sie es mir nicht geben wollte, als sie mir erzählte, dass sie die Veilchenschnecke nach einem Hurrikan einmal lebend am Strande gefunden hatte; das wundervolle Floß war noch unversehrt gewesen und der umliegende Sand purpurn gefleckt, weil das kleine Tier in seiner verzweifelten Lage versucht hatte, seine einzige Verteidigungswaffe zu verwenden, die es für den Notfall besaß. Später fand ich selbst ein leeres Haus, leicht wie eine Flaumfeder, das in einer Vertiefung auf dem Korallenfelsen von Key Largo ruhte, wohin es eine sanft bewegte Flut gespült hatte. So glücklich wie meine Bekannte in Nags Head bin ich nie gewesen, denn lebend habe ich das Tier noch nicht erblickt.

Die Veilchenschnecke treibt auf dem Wasserspiegel des offenen Ozeans und hängt dabei an einem Floß aus Schaumkügelchen. Das Floß besteht aus Schleim, den das Tier ausscheidet; er umschließt Luftbläschen und erhärtet zu einer durchsichtigen Masse, die wie steifes Zellophan aussieht. Zur Brutzeit befestigt die Schnecke ihre Eikapseln an der Unterseite des Floßes, das dem kleinen Tier das ganze Jahr hindurch hilft, auf dem Wasser zu treiben. Wie die meisten Artgenossen ist die Veilchenschnecke ein Fleischfresser; ihre Beute besteht aus anderen Planktontieren einschließlich kleiner Quallen, Krebse und sogar kleiner Entenmuscheln. Hin und wieder stößt eine Möwe vom Himmel herunter und holt sich eine Veilchenschnecke, aber meist dürfte das Floß aus Bläschen eine ausgezeichnete Tarnung sein, die fast nicht von einem treibenden Fleckchen Schaum zu unterscheiden ist. Es muss auch noch andere Feinde geben, die dem Tier aus der Tiefe nachstellen, denn die blauvioletten Farbtöne des Hauses, das unter dem Floß hängt, werden von vielen Geschöpfen getragen, die auf dem Wasserspiegel oder dicht unter ihm leben und sich vor Feinden verbergen müssen, die von unten nach ihnen ausspähen.

Der Golfstrom fließt mit starker Geschwindigkeit nordwärts und trägt auf seinen Wassern ganze Flotten lebender Segel; es sind Röhrenquallen, auch Staatsquallen genannt, eigenartige Hohltiere des offenen Meeres. Wenn Wind und Strömung ungünstig sind, geraten die kleinen Segler

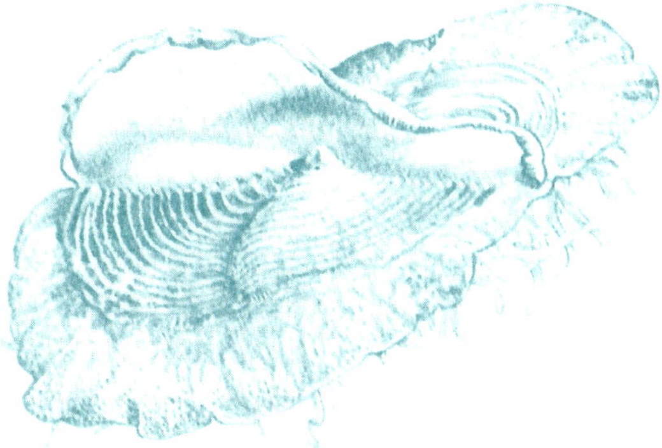

Segelqualle

manchmal in seichtes Wasser und stranden am Ufer. Am häufigsten geschieht das im Süden, aber auch an die Südküste Neuenglands verirren sich manchmal vereinzelte Tiere aus dem Golfstrom, denn die Untiefen von Nantucket wirken wie eine Falle, in der sie sich sammeln. Unter diesen Gestrandeten ist die Portugiesische Galeere, Physalia, fast jedem bekannt, denn ein so auffallendes Geschöpf kann kaum von einem Strandwanderer übersehen werden. Sie wird auch als Blasenqualle oder Seeblase bezeichnet. Die kleine Segelqualle Velella, von den Matrosen auch Segler vor dem Wind oder Sankt-Peters-Schifflein genannt, kennt man weniger, vielleicht weil sie von geringerer Größe ist und schnell eintrocknet, so dass sie ihre ursprüngliche Gestalt völlig verliert. Beide Röhrenquallen sind typische Bewohner tropischer Gewässer, aber im warmen Golfstrom können sie manchmal über das Meer bis an die Küste Großbritanniens gelangen, wo sie in gewissen Jahren in großer Zahl auftauchen.

Im lebenden Zustand ist das eirunde ›Floß‹ der Segelqualle von schöner blauer Farbe und trägt schräg aufgesetzt einen erhöhten Kamm, ein Segel. Die luftgefüllte Scheibe ist etwa vier Zentimeter lang und halb so breit. Die Qualle ist kein Einzeltier, sondern man kann sie eher als eine Kolonie untrennbar miteinander verbundener Wesen bezeichnen; sie geht aus einem einzigen befruchteten Ei hervor. Die verschiedenen Individuen haben getrennte Aufgaben. Von der Mitte des Floßes hängt ein Fresspolyp herab und rings um ihn scharen sich Tiere, die für die Fortpflanzung sorgen. Am Rande der Schwimmscheibe baumeln Polypen, die zu Tentakeln umgestaltet sind, kleines Getier aus dem Meer fangen und so der Nahrungsaufnahme dienen.

Wenn besondere Wind- und Strömungsverhältnisse eine größere Zahl Portugiesischer Galeeren zusammengetrieben haben, sieht man manchmal eine ganze ›Flotte‹ den Golfstrom durchqueren. Dann wieder kann man Stunden und Tage fahren, während immer nur ein paar dieser Röhrenquallen in Sicht bleiben. Mit dem Segel, das schräg auf der Schwimmblase sitzt, treibt das Tier vor dem Wind dahin. Blickt man in das klare Wasser hinab, kann man die Tentakel beobachten, die unterhalb der Schwimmblase weit in die Tiefe reichen. Die Portugiesische Galeere ist wie ein kleines Fischerboot, das ein Treibnetz hinter sich nachzieht, aber ihr Netz ähnelt mehr einer Gruppe Hochspannungsleitungen, so tödlich sind die Nesselzellen der Tentakel für fast jeden Fisch oder andere kleine Tiere, die unglücklicherweise mit ihnen in Berührung kommen.

Die wahre Natur der Portugiesischen Galeere ist schwierig zu erfassen, und tatsächlich sind viele Fragen ihrer Biologie noch ungeklärt. Aber wie bei der Segelqualle steht

Portugiesische Galeere

ein wesentlicher Punkt fest: Was ein einziges Tier zu sein scheint, ist in Wirklichkeit eine Vereinigung vieler verschiedener Einzelwesen, obwohl keines von ihnen unabhängig bestehen könnte. Man nimmt an, dass jede Schwimmblase mit ihrer Grundfläche ein Individuum darstellt, ebenso jedes der nachschleppenden Tentakel. Diese Fangpolypen können bei einer großen Physalia zwölf bis fünfzehn Meter lang werden; sie sind bei ihr dicht mit Nesselzellen bestückt, die ein so starkes Gift enthalten, dass sie das gefährlichste Hohltier ist.

Bei badenden Menschen ruft selbst die flüchtigste Berührung eines Tentakels eine Strieme hervor, die wie Feuer brennt; wer in die Fänge einer solchen Qualle gerät, kann von Glück sagen, wenn er mit dem Leben davonkommt. Die genaue chemische

Beschaffenheit des Giftes ist nicht bekannt. Manche sind der Meinung, dass es sich um dreierlei Giftstoffe handelt, von denen einer das Nervensystem lähmt, der zweite die Atmung schädigt und der dritte zu völliger Erschöpfung und zum Tode führt, wenn man eine große Menge davon aufnimmt. In Gebieten, wie an der Küste Floridas, in denen die Portugiesische Galeere häufig ist, haben die Badenden sie fürchten gelernt.

Wegen der höchst gefährlichen Gifte der Nesselzellen ist es verblüffend, ein Geschöpf zu finden, das anscheinend von ihnen unbehelligt bleibt. Es ist der kleine Fisch Nomeus, der zwischen den Fangarmen der Physalia lebt. Er ist noch nie anderswo entdeckt worden und flitzt zwischen den Tentakeln hin und her, ohne dass ihm ein Leid zu geschehen scheint – wahrscheinlich findet er dort Zuflucht vor seinen Feinden. Als Gegenleistung lockt er vielleicht andere Fische in den Bereich der Portugiesischen Galeere. Aber wie steht es mit seiner eigenen Sicherheit? Ist er tatsächlich unempfindlich gegen die Gifte? Oder führt er ein unglaublich waghalsiges Dasein? Ein japanischer Forscher berichtete vor Jahren, dass Nomeus tatsächlich kleine Stückchen der mit Nesseln bewehrten Tentakel anknabbert und vielleicht auf diese Weise sein ganzes Leben hindurch winzige Mengen des Giftes zu sich nimmt, so dass er dagegen gefeit wird. Aber einige Wissenschaftler, die sich in neuerer Zeit mit dieser Frage beschäftigt haben, behaupten, dass der Fisch keinerlei Immunität gegen das Gift besitzt und jeder Nomeus, der am Leben bleibt, einfach besonderes Glück hat.

Die Schwimmblase, der sogenannte Pneumatophor, einer Portugiesischen Galeere ist mit einem Gas gefüllt, das von einer eigenen ›Drüse‹ abgeschieden wird. Es besteht zum Großteil aus Stickstoff (84–91 Prozent) mit einem kleinen Zusatz an Sauerstoff und einer Spur Argon. Obwohl einige Röhrenquallen imstande sind, die Luftkammer zu entleeren und in stürmischer See in tieferes Wasser abzusinken, kann Physalia das offensichtlich nicht. Doch vermag sie bis zu einem gewissen Grade Stellung und Umfang des Pneumatophors zu regeln. Als ich einmal eine mittelgroße Portugiesische Galeere an einem südkalifornischen Strand angeschwemmt fand, bekam ich das anschaulich vorgeführt. Nachdem ich sie über Nacht in einem Eimer mit Salzwasser aufbewahrt hatte, versuchte ich sie wieder ins Meer zurückzubringen. Es herrschte gerade Ebbe, und ich watete in das Wasser hinaus, das noch winterlich kalt war. Die Physalia in meinem Eimer war mir mit all ihren Nesseln nicht recht geheuer, und ich schleuderte sie so weit ich konnte ins Meer hinaus. Immer wieder wurde sie von den hereinrollenden Wogen erfasst und ins Seichtwasser zurückgetrieben. Sie brachte es fertig, wieder abzusegeln – manchmal mit meiner Hilfe, manchmal aus eigener Kraft, wobei sie sichtlich Gestalt und Stellung ihrer Schwimmblase den Umständen anpasste, während sie vor dem Wind dahinglitt, der vom Süden landeinwärts wehte. Dieses Geschöpf ließ sich keineswegs untätig treiben, ganz gleich ob es zeitweilig Pech oder Glück hatte; vielmehr erweckte sein Verhalten stark die Vorstellung, dass es Sinneseindrücke wahrnahm und sich nach ihnen richtete. Dies war kein hilfloses Stückchen Strandgut, sondern ein Lebewesen, das jedes Mittel, das ihm zu Gebote stand, anwendete, um sein Geschick zu meistern. Als ich die Physalia zuletzt als kleines blaues Segel in der Ferne sah, war sie schon auf dem Wege ins offene Meer.

Manche der Überreste, die am Strand zurückgelassen worden sind, geben uns ein Abbild der Lebewelt der oberen Wasserschichten, doch ebenso klar enthüllen uns andere die Eigenart des Meeresgrundes, der weiter vor der Küste liegt. Tausende von Kilometern lang, vom südlichen Neuengland bis zur Spitze Floridas besitzt das Festland einen ununterbrochenen Sandsaum, der sich von den trockenen Dünen bis weit hinaus auf die untergetauchten Gebiete des Schelfs ertreckt. Doch hier und dort gibt es in dieser Sandwelt verborgene Felsgebiete. Eines davon ist eine verstreute und ununterbrochene Kette aus Riffen und Klippen, die unter den grünen Fluten vor den Inseln Carolinas liegen; einige dicht am Ufer, andere weit draußen am westlichen Gestade des Golfstroms. Die Fischer bezeichnen sie als ›black rocks‹, als ›schwarze Felsen‹, weil sich die sogenannten ›Schwarzfische‹ wie der schwarze Seebarsch bei ihnen versammeln.

In den Jahren nach 1940 tauchten dort Biologen der Duke University und erforschten einige dieser Felsen; sie entdeckten, dass sie nicht – wie auf den Meereskarten angegeben – aus Korallen bestehen, sondern aus einem weichen Gestein, das man Mergel nennt. Nach der Beschreibung der Taucher handelt es sich um niedrige Felsmassen, die sich manchmal ein paar Meter über den Sand erheben, an anderen Stellen aber zu ebenen Hochplateaus abgetragen sind, auf denen wogende ›Wälder‹ braunen Sargassotangs wachsen. In tiefen Spalten finden andere Algen ein Plätzchen, an dem sie sich festsetzen können. Ein Großteil des Felsens verschwindet unter einer erstickenden Decke seltsamer Tiere und Pflanzen. Die kalkhaltigen Korallenalgen, deren Verwandte den Felsen im Ebbesaum vor Neuengland eine satte, altrosa Tönung verleihen, umhüllen die höhergelegenen Teile des herausragenden Riffs und füllen die Ritzen aus. Ein

Überzug aus gewundenen und gedrehten Kalkröhren bedeckt ausgedehnte Flächen dieser Klippen; lebende Schnecken und Röhrenwürmer haben ihn angelegt und über dem älteren Gestein eine kalkhaltige Schicht geformt. Im Laufe der Jahre haben sich Algen und Röhren angehäuft und nach und nach zum Aufbau des Riffs beigetragen.

Wo der Fels bloßliegt, haben sich Weichtiere angesiedelt, die sich einbohren, wie Meerdatteln und andere große und kleine Bohrmuscheln, die in den Stein eingedrungen sind; sie haben sich Höhlungen in ihn gedrillt, in denen sie nun hausen und sich von den winzigen Organismen des Wassers ernähren. Inmitten des eintönig wandernden Sands und Schlicks ›blühen‹ farbenprächtige Gärten: Rote, orange- und ockerfarbene Schwämme strecken ihre Verästelungen in die Strömungen, die über das Riff ziehen, das ihnen eine feste Unterlage bietet; zierliche feinverzweigte Hydroid-Polypen erheben sich auf den Felsen, und von ihren hellen ›Blüten‹ schwimmen zur Fortpflanzungszeit winzige Medusen weg. Hornkorallen in orangefarbenen und gelben Tönen wirken wie große borstige Gräser. Und hier lebt auch eine merkwürdig strauchähnliche Form der Moostierchen; die zähe und gallertige Substanz ihrer Zweige enthält Tausende winziger Einzeltierchen, die ihre mit Tentakeln besetzten Köpfchen auf Futtersuche hinausstrecken. Oft umwuchern diese Moostierchen eine Hornkoralle und sehen dann aus wie ein grauer Mantel um einen dunklen Drahtkern.

Wären die Riffe nicht hier, könnte keine dieser Arten an der sandigen Küste gedeihen. Aber weil nun infolge von Veränderungen während früherer Zeitalter diese Felsen aus dem Miozän, einem Abschnitt der Erd-Neuzeit, über den flachen Meeresboden emporragen, gibt es hier Plätze,

Gallertmoostierchen, Alcyonidium gelatinosum

wo die ewige Suche nach einem festen Grund für die im Plankton lebenden Larven derartiger Tiere Erfolg hat.

Fast nach jedem Sturm erscheinen an Orten wie bei Myrtle Beach in Carolina auf dem Sand des Gezeitensaums die Geschöpfe der Riffe. Ihre Anwesenheit zeigt uns an, dass die See draußen stark bewegt ist; die Wogen müssen bis in große Tiefe gewirkt haben und mit wütender Gewalt über jene uralten Felsen gefegt sein, die den Ansturm der Brandung nicht mehr zu spüren bekamen, seit das Meer sie vor Tausenden von Jahren überspült hat. Die Sturmwellen reißen viele Tiere los, die sich dort zu einem sesshaften Dasein niedergelassen haben, und tragen sie in eine fremde Welt mit sandigem Grund und mit Gewässern, die immer seichter werden, und werfen sie schließlich auf den Strand.

Im beißenden Wind, der nach einem Nordweststurm wehte, wanderte ich einmal an diesen Ufern entlang; die Zackenkämme der Wogen säumten den Horizont, der Ozean schimmerte in kaltem bleiernen Grau, und ich war tief bewegt von dem Anblick, der sich mir bot: Unmengen des leuchtend orangefarbenen Baumschwamms lagen am Strand neben kleinen Stücken anderer, grüner, roter und gelber Schwämme, neben glitzernden Lappen der Seescheide Amaroucium, die gelb, rosig und grauweiß getönt waren; dann wieder sah man verwandte Formen, die höckerigen alten Kartoffeln glichen, dazwischen Seeperlmuscheln, die sich noch an dünne Äste von Hornkorallen klammerten. Manchmal waren auch noch lebende Seesterne darunter – die dunkelrote südliche Form des felsenbewohnenden Gemeinen Seesterns, Asterias. Einmal lag sogar ein Krake hilflos auf dem feuchten Sand, auf den ihn die Wogen geschleudert hatten. Aber es war noch Leben in ihm; als ich ihm half, dem Bereich der Brecher zu entrinnen, schoss er davon.

Bruchstücke des uralten Riffgesteins findet man häufig im Sand bei Myrtle Beach und vermutlich an jedem Platz, wo ein solches Felsengebiet in der Nähe ist. Der Mergel ist mattgrau und zementähnlich, von Bohrlöchern der Weichtiere durchsetzt, deren Schalen er noch manchmal enthält. Die Gesamtzahl der Tiere, die sich einbohren, ist immer so groß, dass man sich überlegt, wie heftig der Kampf auf dieser Felsfläche unter dem Meer um jeden Zentimeter festen Grunds entbrennen muss und wie vielen Larven es nicht gelingen mag, Fuß zu fassen.

Vielleicht noch häufiger als den Mergel findet man eine andere Art Fels in Brocken von verschiedener Größe am Strand. Diese Stücke sind eigenartig von kleinen gewundenen Gängen durchzogen. Sieht man sie das erste Mal – besonders wenn sie halb im Sand vergraben sind –, könnte man sie für einen Schwamm halten, wenn sie nicht so hart wie Stein wären. Doch handelt es sich um kein Mineral, sondern um die Behausung eines kleinen Meerwurms, der einen dunklen Körper und einen Kopf mit Tentakeln besitzt. Diese sesshaften Borstenwürmer, von denen viele Einzeltiere dicht gedrängt beisammen hausen, scheiden eine kalkhaltige Substanz aus, die ganz hart wird. Wahrscheinlich überziehen diese Wurmbauten die Riffe mit einer dicken Kruste oder erheben sich in festen Massen auf dem felsigen Meeresgrund. An der Atlantikküste war diese besondere Art ›Wurmfels‹ nicht bekannt, bis Frau Dr. Olga Hartmann meine gesammelten Stücke von Myrtle Beach als Werk einer Dodecaria-Art bestimmte, die eine Hüllsubstanz ausscheidet. Die nächsten Verwandten sind Bewohner des Pazifischen und Indischen Ozeans. Wie und wann gelangte diese besondere Art in den Atlantik? Wie groß ist dort ihr Verbreitungsgebiet? Auf diese und viele andere Fragen gibt es noch keine Antwort; sie weisen uns nur darauf hin, dass unserem Wissen bestimmte Schranken gesetzt sind und wir nur gleichsam durch ein Fenster in die grenzenlose Weite des Unbekannten hinausblicken.

Oberhalb der Zone, in der zweimal am Tage die Gezeiten das Wasser des Meeres heranbringen, trocknet der Sand aus. Diese Gebiete sind besonders großer Hitze ausgesetzt; auch ihre tieferen Schichten enthalten keine Feuchtigkeit mehr und sind so lebensfeindlich, dass sie nur wenigen Geschöpfen das Dasein möglich machen. Die Körnchen des trockenen Sandes scheuern sich aneinander. Winde packen sie und wehen sie in einer dünnen Staubwolke über den Strand, und die schneidenden Kanten dieser vom Winde hochgewirbelten Sandmassen fegen über das Treibholz, bis es silbern glänzt, sie putzen die Strünke alter Baumstämme blank und plagen die Vögel, die am Strand nisten.

Aber wenn dieser Raum auch selbst wenig Geschöpfe enthält, gibt es hier reichlich Überreste von Lebewesen aus anderen Bereichen. Denn oberhalb der Hochwassergrenze finden alle die leeren Schalen der Weichtiere eine Ruhestätte. Besucht man Sanibel Island vor Florida oder den Strand, der die Shackleford Shoals in North Carolina umsäumt, könnte man fast glauben, Weichtiere seien die alleinigen Bewohner des Meeressaums; denn ihre haltbaren Gehäuse herrschen noch lange im Strandgut vor, nachdem die vergänglichen Überbleibsel von Krabben, Seeigeln und Seesternen längst den Elementen zurückgegeben worden sind. Zuerst haben die Wellen diese Schalen weiter unten am Strand angespült, dann wanderten sie von einer Flut zur anderen immer höher hinauf und überschritten schließlich den Streifen, bis zu dem das Hochwasser der höchsten Springfluten vordringt. Hier bleiben sie, bis sie vom Treibsand begraben werden oder ein heftiger Wirbelsturm sie von neuem wegträgt.

Von Norden nach Süden wechselt die Zusammensetzung der Schalenansammlungen und spiegelt die verschiedenartigen Lebensgemeinschaften von Weichtieren wider. Jede kleine Grube voll grobem Sand, der sich an günstigen Stellen inmitten der nördlichen Felsen Neuenglands anhäuft, ist übersät mit Miesmuscheln und Uferschnecken. Und jedes Mal, wenn ich an die geschützten Strandflächen bei Cape Cod denke, sehe ich im Geiste die Unmenge Zwiebelmuscheln, die von der Flut sachte hin und her geschaukelt werden; ihre Schalen sind schuppenartig und so dünn, dass man sich fragt, wie

Pantoffelschnecken

sie ein Lebewesen beherbergen können. Die gewölbte obere Hälfte ist öfter im Treibgut zu finden als die flache untere Schale, die von einem Loch durchbohrt ist; durch diese Öffnung läuft der kräftige Strang von Byssusfäden, mit dem die Zwiebelmuschel am Felsen oder an einer anderen Muschel haftet. Silbern, golden und aprikosenfarben leuchten diese Schalen mit seidigem Glanz und heben sich auffallend von dem tiefen Blau der Miesmuscheln ab, die an den nördlichen Küsten überwiegen. Hier und da gibt es auch die gerippten Fächer der Kammmuschel Pecten irradians, und die kleinen weißen Gehäuse der Pantoffelschnecken, die am Strand gelandet sind. Die Pantoffelschnecke hat eine eigenartig abgewandelte Schale, die man auch mit einem Boot vergleichen könnte, das ein Zwischendeck besitzt; im Englischen heißt sie deshalb boat shell (Bootschnecke). Oft hängen ein halbes Dutzend oder mehr Einzeltiere in einer

Die Gewichtige Arche, Noetia ponderosa

Kette aneinander. Jede Pantoffelschnecke ist während ihrer Lebenszeit zuerst Männchen, dann Weibchen. Die Schnecken, die zuunterst am Stein sitzen, sind immer Weibchen, die am äußersten Ende dagegen Männchen.

An den Strandufern von Jersey und den Külsteninseln von Maryland und Virginia finden wir bezeichnenderweise Formen von derbem Bau, denen schmückende Stacheln fehlen. Die Welt wandernden Sands vor der Küste wird tief aufgewühlt durch die Wogen, die unaufhörlich über diese Ufer hereinrollen. Die dicke Schale der Gemeinen Strandmuschel, auch Trogmuschel genannt, schützt sie vor der Wut der Brandung. Diese Ufer sind auch übersät mit den schweren ›Panzern‹ der Wellhörner und der Wieselschnecken sowie mit den glatten kugeligen Formen von Nabelschnecken der Art Lunatia heros. Südlich der Inseln, die vor Carolina liegen, scheint die Strandwelt den verschiedenen Arten der Archemuscheln zu gehören, deren Schalen alle anderen an Zahl übertreffen. Sie weisen einen großen Formenreichtum auf, sind alle kräftig gebaut und haben einen langen geraden

Amerikanische Steckmuschel, Atrina

Schlossrand. Noetia ponderosa, die Gewichtige Arche, besitzt auf der äußersten hornartigen Schicht der Schale eine bartähnliche Behaarung, die bei lebenden Tieren kräftig ausgebildet ist, aber den Schalen fehlt, die auf den Strand geworfen werden. Eine andere Arche, Arca zebra, ist lebhaft gefärbt, mit rötlichen Streifen auf gelbgetöntem Grund, und wird in Amerika Truthahnflügel genannt. Auch sie trägt ein dichtes Haarkleid und lebt abseits der Küste in tiefen Spalten, in denen sie sich am Stein oder einer anderen Unterlage mit den kräftigen Ankerleinen ihrer Byssusfäden befestigt. Ein paar Arche-Arten kommen auch an der Küste Neuenglands vor, zum Beispiel Anadara transversa und Anadara ovalis, die eines der wenigen Weichtiere ist, die rotes Blut besitzen, was ihr auch den Namen Blutmuschel eingetragen hat. Doch vorherrschend werden die Archemuscheln nur an den Sandufern im Süden. Auf dem berühmten Sanibel Island vor der Westküste Floridas, wo wahrscheinlich die Schalen eine größere Mannigfaltigkeit der Gestalt zeigen als irgendwo anders an der

Atlantikküste, bestehen 95 Prozent der Ablagerungen am Strand aus Archen.

Unterhalb von Cape Hatteras und Cape Lookout erscheinen allmählich die Schalen von Steckmuscheln der Gattung Atrina in großer Zahl, aber auch von ihnen finden wir vielleicht die erstaunlichsten Mengen an der Golfküste Floridas. Sogar bei ruhigem Winterwetter habe ich Wagenladungen davon am Strand von Sanibel gesehen. Bei einem tropischen Hurrikan werden diese leichtschaligen Weichtiere in schier unglaublichem Ausmaß vernichtet. Auf Sanibel Island hat der Strand, der dem Golf von Mexiko zugewandt ist, etwa eine Länge von vierundzwanzig Kilometern. Hier wurden bei einem Sturm schätzungsweise eine Million Steckmuscheln an Land geworfen, die von Wogen mit einem Tiefgang von neun Metern losgerissen worden waren. Im Toben der stürmischen Brandung schlagen und mahlen die zarten Schalen der Steckmuscheln gegeneinander. Viele werden zertrümmert, aber selbst jene, denen es nicht so schlimm ergeht, haben keine Möglichkeit mehr, wieder ins Meer zurückzukehren, und sind zum Tode verurteilt. Als merkten die kleinen Erbsenkrabben das, die in ihnen hausen, kriechen sie heraus; diese Muschelwächter, wie die Familie der Krabben heißt, halten bei den Mahlzeiten ihrer ›Wirtin‹ mit und man glaubte früher, dass sie die Muschel zum Dank dafür warnen, wenn Gefahr droht. Sie verlassen nun ihre Unterkunft wie Ratten das sinkende Schiff. Zu Tausenden kann man sie ziemlich ratlos herumschwimmen sehen.

Die Steckmuscheln spinnen Byssusfäden, die golden glänzen und eine bemerkenswerte Festigkeit besitzen; sie dienen der Verankerung im Grund. Im Altertum wurden aus den Byssusfäden der Steckmuscheln des Mittelmeeres

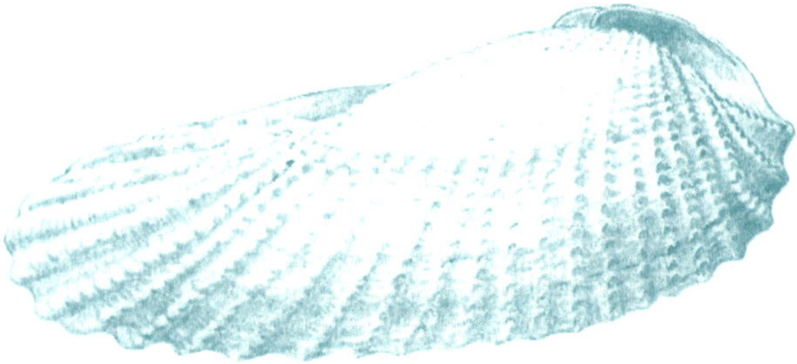

Engelsflügel, Barnea costata

goldene Gewänder gewoben, und es entstand ein so feines Gespinst, dass man es durch einen Fingerring ziehen konnte. In Tarent am Ionischen Meer werden noch heute aus diesen Naturfasern Handschuhe und andere kleine Bekleidungsstücke angefertigt, die man den Reisenden als Andenken verkauft.

In dem Spülgut am oberen Küstensaum findet man auch eine gerippte Bohrmuschel, die in Amerika ›Engelsflügel‹ genannt wird. Sie wirkt so zart und zerbrechlich, dass es wie ein Wunder erscheint, wenn man eine von ihnen noch unversehrt antrifft. Doch solange das lebende Tier diese Schalenklappen von reinstem Weiß trägt, sind sie imstande, in Torf und festen Lehm einzudringen. Dieser Engelsflügel ist eine der geschicktesten Bohrmuscheln und weil sie sehr lange Siphonen besitzt, durch die sie die Verbindung mit dem Meerwasser aufrechterhält, kann sie sich tief eingraben. Ich habe in Torflagern in der Buzzards Bay nach ihnen gesucht und sie auch an Stellen der Küste New Jerseys gefunden, an denen Torfschichten am Strand bloßlagen; aber nördlich Virginias sind sie nur selten und vereinzelt an manchen Plätzen zu entdecken.

Dieses wundervoll zarte Gebilde von reinster Farbe ist das ganze Leben lang in einer Lehmbank eingesargt, denn die Schönheit des Engelsflügels scheint dazu bestimmt, den Blicken verborgen zu bleiben; erst wenn das Tier zugrunde gegangen ist, werden die Schalen von den Wellen befreit und ans Ufer getragen. In ihrem dunklen Gefängnis verborgen entfaltet die Bohrmuschel eine weitere prächtige Eigenschaft, die uns noch rätselhafter bleibt: Sicher vor Feinden, wohl versteckt vor allen anderen Geschöpfen, erstrahlt der Engelsflügel in einem geheimnisvollen grünen Licht. Warum? Für wessen Augen ist es bestimmt Welchem Zweck dient es?

Außer den Gehäusen gibt es im Treibgut am Strand noch andere Dinge, die uns mit ihrer Form und Beschaffenheit zu raten aufgeben. Es sind flache, hornartige oder muschelähnliche Scheiben von verschiedener Gestalt und Größe – die Deckel von Meeresschnecken, die als schützende Tore die Öffnungen verschließen, sobald sich das Tier in sein Haus zurückgezogen hat. Einige dieser Deckel, die man Opercula nennt, sind rund, andere sehen wie ein Blatt aus oder sie gleichen schlanken gekrümmten Dolchen. Übrigens ist das sogenannte ›Katzenauge‹ im Südpazifik ebenfalls das Operculum einer Schnecke, dessen eine Seite abgerundet und blankgeschliffen wie eine Murmel ist. Diese Deckel der verschiedenen Arten sind so bezeichnend in Form und Material, dass sie ein gutes Hilfsmittel darstellen, um Tiere zu bestimmen, die sonst schwer zu erkennen sind.

In den Spülsäumen der Gezeiten gibt es auch reichlich kleine leere Eikapseln, in denen manche Meeresgeschöpfe die ersten Tage ihres Daseins zugebracht haben. Sie sind verschieden gestaltet und bestehen aus den mannigfaltigsten Stoffen. Die schwarzen ›Nixentäschchen‹ stammen

Die Nabelschnecke Lunatia heros mit ihrem eigenartigen, kragenförmigen Eibehälter

von einem Glattrochen. Sie sind flache hornartige Rechtecke mit langen gelockten Zipfeln oder Ranken an jeder Ecke. Mit ihnen befestigt der alte Glattrochen das Paket, das ein befruchtetes Ei enthält, an Algen, die irgendwo weit entfernt von der Küste wachsen. Hat der junge Glattrochen seine Entwicklung beendet und ist er ausgeschlüpft, wird die verlassene ›Wiege‹ oft an den Strand geschwemmt. Eibehälter der Gebänderten Teppichschnecke erinnern an vertrocknete Samenhülsen von Blumen, sie bilden Bündel pergamentähnlicher Kapseln, die an einem Stiel befestigt sind. Die Eihüllen des Gefurchten Blitzes, Busycon canniculatum, aus der Familie der Wieselschnecken und des Knotigen Blitzes, Busycon caricum, bilden lange spiralige Schnüre aus kleinen Kapseln, die ebenfalls pergamentartig aussehen. Jede der flachen eiförmigen Hüllen enthält Scharen junger Schnecken, deren Schalen bereits unglaublich vollkommen ausgebildet sind. Manchmal stecken noch ein paar in einer Eischnur, die man am Strande findet;

sie rasseln gegen die harten Wände wie Erbsen in einer Schote.

Das Verblüffendste aber von allem, was man am Strand entdeckt, sind die Eibehälter der Nabelschnecke Lunatia, die in Amerika auch Mondschnecke oder Sandkragenschnecke heißt. Ein Schulterumhang für eine Puppe, aus Sandpapier geschnitten, sähe ungefähr so aus. Die ›Kragen‹, die von den verschiedenen Arten der Familie der Nabelschnecken hergestellt werden, unterscheiden sich voneinander in der Größe und ein wenig auch in der Form. Bei manchen sind die Kanten glatt, bei anderen gezackt. Auch die Anordnung der Eier erfolgt bei den einzelnen Arten in wechselnden Mustern. Dieser seltsame Eibehälter der Nabelschnecke wird als Schleimstreifen von der Kriechsohle des Fußes ausgeschieden und gleitet über das runde Haus. So entsteht die Kragenform. Die Eier werden an der Unterseite dieses ›Kragens‹ befestigt, in den allseits Sandkörner eingelagert sind.

Unter die Überreste und Bruchstückchen der Meeresgeschöpfe mischen sich im Strandgut Dinge, die an den Menschen erinnern wie: Sparren, Tau-Enden, Flaschen, Tonnen und Kisten in allen Formen und Größen. Sind sie lange auf See gewesen, bringen sie ihre eigene Mustersammlung an Seetieren mit, denn während sie in den Strömungen trieben, boten sie den suchenden Larven des Planktons eine willkommene feste Unterlage, an der sie sich festheften konnten.

An der Atlantikküste Amerikas sind die Tage, die auf einen kräftigen Nordostwind oder einen tropischen Sturm folgen, der rechte Zeitpunkt, um nach Treibgut aus dem offenen Ozean Ausschau zu halten. Ich erinnere mich an einen solchen Tag bei Nags Head nach einem Hurrikan, der während der Nacht auf See

Entenmuscheln

vorübergebraust war. Der Wind war noch immer stürmisch, und es herrschte eine heftige Brandung. An diesem Tag war der Strand übersät mit allerlei Treibholz, mit Baumästen, schweren Planken und Sparren, von denen viele mit Entenmuscheln besetzt waren. Ein langer Balken wurde von winzigen Exemplaren dieser Tierchen bedeckt; sie waren nicht größer als Mäuseohren. Auf anderen waren sie bis zu einer Länge von zweieinhalb Zentimetern herangewachsen, den Stiel nicht mitgerechnet. Die Größe dieser Rankenfüßer, die sich angesiedelt haben, gibt einen ungefähren Anhaltspunkt für die Zeit, die ein Balken auf dem Meer verbracht hat. Aus der Fülle der Tiere auf fast jedem Stück Holz kann man auf die unglaublichen Mengen Larven schließen, die auf dem Meer umherirren müssen, entschlossen, jeden festen Gegenstand, der in ihrer unsteten Welt auftaucht, zu besetzen; denn werkwürdigerweise könnte keine der Entenmuschellarven ihre Entwicklung freischwimmend in der offenen See vollenden.

Diese gestielten Rankenfüßer haben eine ganz ähnliche Lebensgeschichte wie die Seepocken an den Felsen. In der harten Schale steckt ein kleiner Krebskörper, der gefiederte Füßchen trägt, mit denen Nahrung zum Mund gestrudelt werden kann. Der Hauptunterschied besteht darin, dass die Schalen auf einem fleischigen Stiel stehen, anstatt von einer ebenen Grundfläche aufzusteigen, die an der Unterlage festgemauert ist. Sobald die Tiere nicht fressen, können die Schalen wie bei den Seepocken geschlossen werden. Öffnen sie sich, damit das Tier Nahrung herbeiholen kann, finden wir auch hier die gleichen rhythmischen Bewegungen, mit denen die Gliedmaßen schwungvoll durchs Wasser streichen.

Sieht man am Ufer den Zweig irgendeines Baumes, der lange auf See gewesen und nun gesprenkelt ist mit den fleischigen braunen Stielen und den elfenbeinfarbenen Schalen der Entenmuscheln – die am Rande blau und rot getönt sind –, erinnert man sich mit nachsichtigem Verständnis an den alten Irrtum, der diesen merkwürdigen Krebstieren im Mittelalter den Namen Entenmuscheln eingetragen hat. Der englische Botaniker John Gerard[7] verfasste eine Beschreibung des ›Gänsebaums‹ oder ›Bernikelgans-Baums‹.[8] Er schilderte sein Erlebnis wie folgt: »Ich wanderte an den Ufern unserer englischen Küste zwischen Dover und Hummey und fand den Strunk eines alten vermoderten Baums, … ihn zog ich aus dem Wasser aufs trockene Land; an diesem vermoderten Baum entdeckte ich viele Tausende

7 John Gerard (1545–1612).

8 Daher stammt der englische Name barnacle.

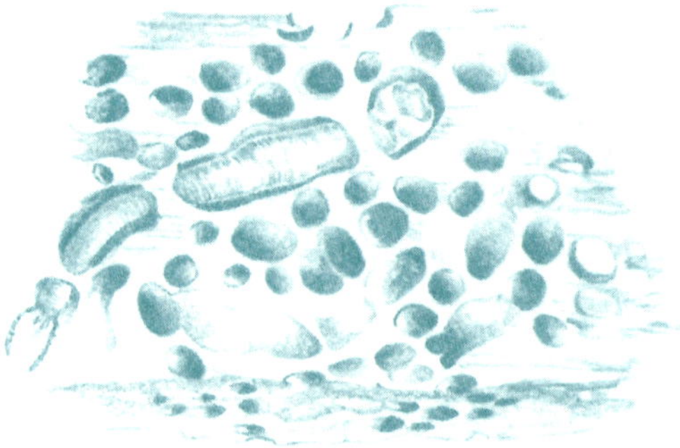

Schiffsbohrwurm in Treibholz

langer karminroter Blasen, die daran wuchsen; … an ihrem oberen Ende hing ein Schalentier, das etwa wie eine kleine Muschel aussah; … selbige habe ich dann geöffnet … ich fand lebende Dinger darin, die ganz nackend waren und die Gestalt eines Vogels besaßen; in anderen war der Vogel mit einem weichen Flaum bedeckt, die Schale stand halb offen und der Vogel, der ohne Zweifel ein Federvieh war, das Bernickelgans genannt wird, wollte eben herausfallen.« Offensichtlich sah Gerard mit seinen fantasiebegabten Augen in den Gliedmaßen der Entenmuscheln eine Ähnlichkeit mit Vogelfedern. Auf dieser recht unsicheren Grundlage entwarf er folgende frei erfundene Schilderung: »Sie laichen im März und April; die Gänse bilden sich im Mai und Juni und haben im Monat nachher ihr volles Federkleid.« Und so sehen wir von dieser Zeit an in manchem alten Werk einer zweifelhaften Naturgeschichte Zeichnungen von Bäumen, die als Früchte Entenmuscheln tragen, und aus den Schalen tauchen Vögel auf, die wegfliegen.

Alte Sparren und mit Wasser vollgesogene Hölzer, die an den Strand geworfen werden, sind von den Gängen des Schiffsbohrwurms durchsetzt; es sind lange zylindrische Tunnel, die alle Teile des Holzes durchdringen. Gewöhnlich bleibt von den Geschöpfen selbst nichts übrig außer hin und wieder Bruchstücke ihrer Kalkschalen; diese beweisen, dass der Schiffsbohrwurm trotz seines langen, schlanken und wurmähnlichen Körpers ein echtes Weichtier ist.

Es gab Schiffsbohrwürmer, lange ehe es Menschen gab; doch während des kurzen Zeitraums, in dem der Mensch die Erde in Besitz nahm, hat sich ihre Zahl stark vermehrt. Der Schiffsbohrwurm kann nur in Holz leben; wenn seine Jungen in einem entscheidenden Augenblick ihrer Entwicklung nicht auf Holz stoßen, gehen sie zugrunde. Diese völlige Abhängigkeit eines Meerestiers von einem Stoff, der vom Festland stammt, erscheint sonderbar und widersinnig. Schiffsbohrwürmer hat es nicht geben können, ehe sich Holzgewächse an Land entwickelt haben. Ihre Ahnen müssen wir wahrscheinlich in Muschelformen suchen, die sich in Schlamm oder Lehm eingruben und die ausgehöhlten Löcher lediglich als Stützpunkt verwendeten, von dem aus sie dem Meer Plankton entnahmen. Nachdem sich dann die Bäume entwickelt hatten, passten sich wohl diese Vorläufer des heutigen Schiffsbohrwurms an einen neuen Standort an und besiedelten die verhältnismäßig kleine Zahl der Waldbäume, die von Flüssen ins Meer gespült wurden. Doch ihre Menge muss – über die ganze Erde verteilt – sehr gering gewesen sein, bis die Menschen vor wenigen tausend Jahren anfingen, Schiffe aus Holz über das Meer zu schicken und an seinen Ufern Werften errichteten; erst derartige Holzbauten ermöglichten es dem

Schiffsbohrwurm, sich auf Kosten der Menschen über einen weit größeren Bereich auszubreiten.

Der Schiffsbohrwurm hat seinen festen Platz in der Geschichte. Er war für die Römer mit ihren Galeeren eine Geißel, ebenso für die seefahrenden Griechen und Phönizier und für die Eroberer der Neuen Welt. Um 1700 durchlöcherte er die Deiche, die von den Holländern erbaut worden waren, um das Meer abzudämmen, und bedrohte damit den Bestand ganz Hollands. Das hatte auch wissenschaftliche Folgen, denn die ersten eingehenden Studien über den Schiffsbohrwurm wurden von holländischen Gelehrten unternommen, weil die Kenntnis von der Biologie dieses Tieres für das Land eine Lebensfrage geworden war. Snellius wies 1733 zum ersten Mal darauf hin, dass es sich bei dem Tier um ein muschelähnliches Weichtier und nicht um einen Wurm handelte. Im Jahre 1917 drang der Schiffsbohrwurm in den Hafen von San Francisco ein. Ehe man von dem Überfall auch nur ahnte, begannen die Laderampen einzustürzen; Werftanlagen und beladene Güterwagen versanken im Hafenbecken. Während des Zweiten Weltkrieges war der Schiffsbohrwurm besonders in allen tropischen Gewässern ein unsichtbarer, aber mächtiger Feind.

Das Weibchen des gemeinen Schiffsbohrwurms behält die Jungen in ihrer Höhle, bis sie das Larvenstadium erreicht haben. Dann werden sie ins Meer entlassen. Jedes winzige Lebewesen ist in zwei schützende Schalen eingeschlossen und sieht aus wie irgendeine andere junge Muschel. Stößt die herangewachsene Larve auf Holz, so wirft sie einen dünnen Byssusfaden als Anker aus, ein Fuß entwickelt sich, und die Schalen werden zu wirksamen Schneidewerkzeugen umgewandelt, indem auf ihren äußeren Flächen Reihen scharfkantiger Rippen erscheinen. Dann beginnt das Aushöhlen. Mit einem mächtigen Muskel bewegt das Tier die gerieften Schalen, schabt mit ihnen das Holz ab und dreht sich dabei um die eigene Achse, so dass ein glatter zylindrischer Gang zurechtgeschnitten wird. Während sich der Bau weiter in die Tiefe ausdehnt – wobei er gewöhnlich der Maserung des Holzes folgt –, wächst der Körper des Schiffsbohrwurms in die Länge. Ein Ende bleibt an der Wand in der Nähe des winzigen Eingangs befestigt. Es trägt die Siphonen, durch die eine Verbindung mit dem Meer gewahrt wird. Das andere Ende, das weiter eindringt, wird von den kleinen Schalen umschlossen. Dazwischen erstreckt sich ein Körper, der bleistiftdünn ist, aber eine Länge von sechsundvierzig Zentimetern erreichen kann. Obwohl ein Holzstück von Hunderten von Larven befallen sein mag, kommt kein Schiffsbohrwurm mit seinem Bau einem anderen ins Gehege. Sobald ein Tier merkt, dass es sich einem fremden Gang nähert, ändert es seine Richtung. Während es bohrt, lässt es die abgelösten Holzteilchen durch seinen Verdauungskanal wandern. Ein Teil des Holzes wird verwertet und in Traubenzucker verwandelt. Diese Fähigkeit, Zellulose zu verdauen, ist im Tierreich selten, nur gewisse Schnecken, Insekten und ganz wenige andere Formen besitzen sie. Aber der Schiffsbohrwurm macht wenig Gebrauch von dieser schwierigen Kunst und ernährt sich hauptsächlich von dem reichlich vorhandenen Plankton, das durch seinen Körper zieht.

An anderen Hölzern am Strand zeigen sich die Spuren der Holzbohrmuschel Martesia. Man sieht flache Gruben, die nur bis in die äußeren Schichten, dicht unter der Borke, dringen, aber breit und deutlich kreisrund angelegt sind. Diese Bohrmuschel sucht nur Obdach und

Schutz. Sie kann nicht wie der Schiffsbohrwurm das Holz verdauen, sondern lebt ausschließlich von Plankton, das sie durch einen weit herausragenden Sipho einsaugt.

Leere Behausungen der Martesia locken manchmal andere Tiere an, ähnlich wie verlassene Vogelnester von Insekten beschlagnahmt werden können. An den Schlammböschungen von Salzwasserbächen bei Bears Bluff in North Carolina habe ich einmal Holz in der Hand gehabt, das von Löchern übersät war. Einst hatten kräftige kleine Bohrmuscheln mit weißen Schalen in ihnen gehaust. Diese Bewohner waren schon seit langem zugrunde gegangen und man konnte nicht einmal ihre Schalen mehr entdecken, aber in jedem Loch steckte, wie eine Rosine im Kuchen, ein dunkler glitzernder Körper. Es waren kleine Seeanemonen, die sich zusammengezogen hatten und dort in dieser Welt schlammbedeckten Wassers und weichen Schlicks das Stückchen fester Unterlage gefunden hatten, das sie benötigten. Sieht man Anemonen an einer so unwahrscheinlichen Stelle, denkt man daran, dass es für die Larve wahrscheinlich keine andere Wahl gegeben hat, als sich hier niederzulassen oder das Los der vielen Tausende ihrer Art zu teilen und zugrunde zu gehen; und von neuem steht man betroffen vor der ungeheuren Vergeudung an Leben.

So werden wir bei diesem Treibgut, das im Gezeitensaum strandet, immer daran erinnert, dass weitab von der Küste eine andersartige und seltsame Welt liegt. Zwar mag das, was wir hier sehen, nur mehr aus vertrockneten Hüllen und Bruchstücken bestehen, aber sie alle sind Zeugen von Bewegung und Wechsel, Leben und Tod von Geschöpfen und deren weiten Fahrten mit den Ozeanströmungen, mit Gezeiten und windgetriebenen Wellen.

Und während unserer Strandwanderung drängt sich uns die Frage auf: Wie kommt es zur Besiedelung jener ›Felsinseln‹ oder Gebiete mit festem Grund, die es inmitten eines Sandmeeres gibt? Wieso war diese Felsenfauna, die sich hier niederließ, gerade zur Hand – mitten an einer sandigen Küste, die sich Hunderte von Kilometern nach Norden und Süden erstreckt?

Denken wir über eine Antwort nach, wird uns bewusst, dass die Lebewesen immerzu auf Wanderschaft sind; zum Großteil sind sie verurteilt, dabei zugrunde zu gehen, aber sie sind zur Stelle, wenn sich ihnen eine Wohnstätte bietet, und warten nur darauf, sie zu nutzen. Denn die Ozeanströmungen sind nicht nur Wasserbewegungen; sie führen eine Flut von Leben, die Eier und Jungen unzähliger Meeresgeschöpfe, mit sich. Die widerstandsfähigeren haben sie über die Ozeane gebracht oder auf langen Reisen Stück um Stück die Küste entlanggetragen. Mit kalten Bodenströmungen sind Geschöpfe auf tiefen versteckten Pfaden weitergezogen; die fließenden Wasser haben für neue Inseln, die sich über den Meeresspiegel erhoben, Bewohner zum Ansiedeln herbeigeführt; und wir müssen annehmen, dass sich dies alles so abspielt, seit es im Meer Leben gegeben hat.

Wie bei keinem anderen Vorgang offenbart sich für mich in diesen Tatsachen die triebhafte Macht des Lebens, der hartnäckige blinde und unbewusste Wille, sich zu behaupten, weiter vorzudringen und neuen Raum zu erobern. Es ist eines der Rätsel des Daseins, dass die meisten Wesen, die an dieser weltweiten Wanderung beteiligt sind, ihr Ziel nicht erreichen; nicht weniger geheimnisvoll ist es, dass sich ihr Missgeschick in Erfolg verwandelt, sobald unter Billionen, die verlorengehen, nur ein paar eine Heimstätte finden.

Fünftes Kapitel

Die Korallenküste

Ich bezweifle, dass jemand an den Florida Keys entlangsegeln kann, ohne dass sich ihm das Gefühl mitteilt, wie einzigartig diese Landschaft ist, die aus Himmel, Wasser und verstreuten, mit Mangrovepflanzen bedeckten Inseln besteht. Die Keys sind von einer ganz besonderen Eigenart. Vielleicht sind gerade hier mehr als an anderen Orten die Erinnerung an die Vergangenheit und die Andeutung der Zukunft mit der lebendigen Gegenwart verknüpft. Im nackten Fels, der zu spitzen Zacken verwittert ist und in dem sich die Muster der abgestorbenen Korallen abheben, spiegelt sich in der Zerstörung die tote Vergangenheit. Die bunten ›Gärten‹ des Meeres, die man vom Boot aus betrachten kann, wenn man darüber hingleitet, sind mit ihrer tropischen Üppigkeit ein Sinnbild der triebhaften Gewalt des drängenden Lebens; und in Korallenriffen und Mangrovesümpfen kündigt sich in schattenhaften Umrissen die Zukunft an.

Diese Welt der Keys hat nirgendwo in den Vereinigten Staaten ein Gegenstück, und in der Tat gibt es nur wenige Küsten der Erde, die ihr gleichen. In einiger Entfernung vom Ufer säumen Korallenriffe die Inselkette ein und einige Keys bestehen ebenfalls aus Überresten abgestorbener Korallenbänke, deren Erbauer vor ungefähr zehntausend Jahren in einem warmen Meer üppig gediehen. Dies ist keine Küste aus totem Stein oder Sand, sondern sie ist von lebenden Wesen geschaffen worden, die imstande sind, die im Meer enthaltenen Stoffe in Gestein zu verwandeln, obwohl sie Körper besitzen, die aus dem gleichen Protoplasma bestehen wie unsere eigenen.

Die Küsten der Welt, an denen es lebende Korallen gibt, sind auf Gewässer beschränkt, in denen die Temperatur selten – und nie für längere Zeit – unter einundzwanzig Grad sinkt; denn die mächtigen Riffe können nur dort entstehen, wo die Korallenpolypen von einem Wasser umspült werden, das warm genug ist, um die Ausscheidungen der Kalkskelette zu begünstigen. Riffe und alle Formen einer Korallenküste, die mit ihnen verbunden sind, gehören daher ausschließlich den Tropen an, die vom Wendekreis des Krebses und Steinbocks begrenzt werden. Zudem kommen sie nur an den Ostküsten des amerikanischen Kontinents vor, wo die Strömungen mit Wasser aus den Tropen in einem Lauf den Polen zufließen, der von der Erddrehung und der Richtung der Winde bestimmt ist. Westliche Küsten sind unwirtlich für Korallen, denn an ihnen steigt kaltes Wasser empor, und kühle Strömungen ziehen am Ufer entlang gegen den Äquator. Korallen fehlen daher in Kalifornien und an den Pazifik-Küsten Mexikos, während man sie in der Region der Westindischen Inseln in reicher Fülle findet. Gleicherweise gedeihen sie an der Küste Brasiliens in Südamerika, an der Ostküste des tropischen Afrika und an den nordöstlichen Ufern Australiens, wo das Great Barrier Reef einen lebenden Wall von mehr als sechzehnhundert Kilometern Länge errichtet hat.

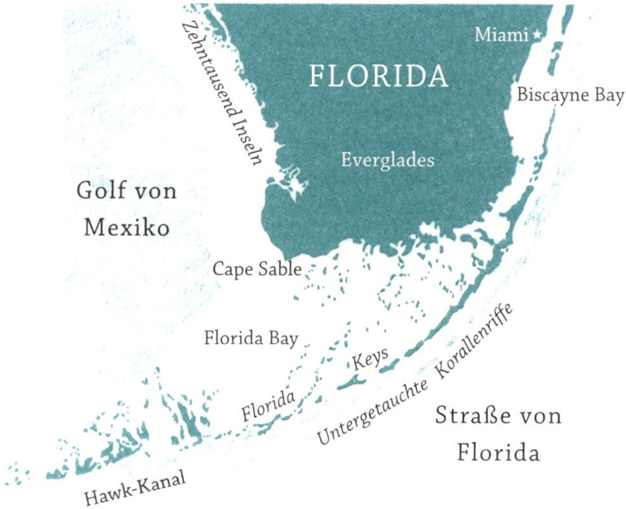

Die Korallenküste bei den Florida Keys erstreckt sich nahezu dreihundertzwanzig Kilometer weit in tropische Gewässer. Sie beginnen ein kleines Stück südlich Miamis, wo Sands, Elliot und die Old Rhodes Keys den Eingang zur Biscayne Bay kennzeichnen; dann schließen sich andere Inseln nach Südwesten an, sie umsäumen die Spitze des Festlandes von Florida, von dem sie durch die Florida Bay getrennt werden, schwingen zuletzt vom Kontinent weg und bilden ein schmales Band, das den Golf von Mexiko und die Straße von Florida scheidet, durch die sich die indigofarbenen Fluten des Golfstromes ergießen.

Meerwärts von den Keys liegt ein seichtes Gebiet, das fünf bis elf Kilometer breit ist, und in dem der Grund eine sanft abfallende Plattform bildet; der Wasserstand beträgt hier im Allgemeinen weniger als neun Meter. Eine unregelmäßig verlaufende Rinne, der Hawk-Kanal, mit einer Tiefe bis zu achtzehn Metern, durchquert diese seichten Gewässer und ist mit kleinen Schiffen befahrbar. Gegen das Meer zu bildet ein Wall aus lebenden Korallenriffen den Grenzsaum der Plattform gegen die Tiefsee.

Die Keys lassen sich in zwei Gruppen einteilen, die verschieden aufgebaut und entstanden sind. Die östlichen Inseln, die in einem sanften Bogen von hundertsechsundsiebzig Kilometern von Sands bis Loggerhead Key verlaufen, sind die freiliegenden Überreste eines Korallenriffs aus der Eiszeit. Die Tiere, die es erbauten, lebten und gediehen knapp vor der letzten Vereisung in einem warmen Meer, aber heute sind diese Korallen, oder besser gesagt alles, was von ihnen noch übrig ist, zu trockenem Land geworden. Diese östlichen Keys sind lange schmale Inseln, von niedrigen Bäumen und Sträuchern bedeckt, und wo das offene Meer sie umbrandet, werden sie von Felsen aus Korallenkalk eingesäumt; an der geschützten Seite gehen sie mit einem wahren Irrgarten aus Mangrovesümpfen in die seichten Gewässer der Florida Bay über.

Das Wesen und die Bedeutung dieser Küste erschöpfen sich nicht nur in einer etwas schwankenden Verteilung von Land- und Wassermassen; diese Ufer legen beredtes Zeugnis ab von einem immerwährenden Wandel, der sich auch im gegenwärtigen Zeitpunkt merklich vollzieht und von den biologischen Vorgängen lebender Geschöpfe verursacht wird. Am klarsten empfindet man das vielleicht, wenn man auf einer Brücke zwischen den Keys steht und meilenweit über das Wasser hinausblickt, das bis an den Horizont mit mangrovebewachsenen Inseln übersät ist. Dieser Anblick mag wie eine Traumlandschaft wirken, in der alles von einer längst versunkenen Vergangenheit kündet. Aber unvermutet schwimmt unter der Brücke ein grüner Mangrove-Sämling, er ist lang und schlank, und an dem einen Ende beginnen sich bereits Wurzeln zu entwickeln; sie strecken sich durch das Wasser nach abwärts, bereit, sich in irgendeine Schlammbank zu senken, die auf ihrem Wege liegt. Im Laufe der Jahre überbrücken die Mangrovepflanzen die Wasserrinnen zwischen den Inseln; sie breiten sich gegen das Festland aus und schaffen neue Eilande. Und die Strömungen, die unter der Brücke fließen und die Mangrove-Sämlinge anbringen, sind die gleichen, die Plankton zu den Korallentierchen tragen, die das Riff weiter draußen vor der Küste aufbauen und einen Wall schaffen, der fest wie ein Fels ist und sich eines Tages vielleicht an das Festland angliedern wird. So entsteht diese Küste.

Die Korallen, die jetzt die Grundlage der östlichen Keys bilden, erbauten ihre Riffe während der letzten Zwischeneiszeit wahrscheinlich erst vor einigen zehntausend Jahren. Damals stand das Meer etwa dreißig Meter höher als heute und bedeckte den ganzen südlichen Teil des Plateaus von Florida. In dem warmen Meer, das in den Frühstadien der neuen Vereisung noch seichter wurde, weil Wasser aus ihm verdunstete und im fernen Norden als Schnee fiel, gediehen die Korallen sogar noch üppiger; das Riff wuchs empor und stieg bis dicht an die Oberfläche des Meeres. Aber der fallende Wasserspiegel, der zuerst das Wachstum des Riffs begünstigt hatte, sollte ihm nun zum Verhängnis werden; denn als das Eis im Norden in der Periode der letzten Vereisung zunahm, wurde der Ozean so seicht, dass die Riffe bloßlagen und alle ihre lebenden Korallentiere umkamen. Dann wurde das Riff im Lauf der Erdgeschichte erneut kurze Zeit überspült, aber dies konnte das Leben nicht wiedererwecken, dem es sein Entstehen verdankte. Später tauchte es nochmals auf und ist seither außerhalb des Wassers verblieben – abgesehen von den niedrigeren Teilen, die jetzt die Kanäle zwischen den Keys bilden. Wo das alte Riff zutage tritt, ist es vom Regen ausgelaugt und von dem salzigen Gischt, der es umbrandete, zersetzt worden, und an vielen Stellen sind die alten Korallenzacken so weit herausgeschält, dass man die Arten einwandfrei bestimmen kann.

Solange das Riff noch aus lebenden Tieren bestand, häuften sich an der Seite des Riffs, die dem Lande zugewandt war, die Sedimente an; sie wurden in neuerer Zeit zu dem Sandstein, aus dem die westliche Gruppe der Keys besteht. Wenn wir um diese Vergangenheit wissen, vermögen wir in der Gegenwart zu erkennen, wie sich die Entwicklung nach dem gleichen Muster vollzieht und sich die geologischen Vorgänge früherer Zeiten wiederholen. Genau wie damals steigen jetzt lebende Riffe vor der Küste empor; in seichten Gewässern häufen sich Sedimente an; und ohne Zweifel ändert sich die Höhe des Wasserspiegels, wenn es auch unmerklich geschieht.

Vor dieser Korallenküste breitet sich das Meer aus, es schimmert grün über den Untiefen und blau in der weiten Ferne. Nach einem Sturm oder wenn der Südostwind ein wenig länger weht, gibt es ›weißes Wasser‹. Dann wird eine dicke milchige Sedimentschicht, die stark mit Kalksubstanzen angereichert ist, aus dem Riff geschwemmt und von ihren tieferen Lagerstätten am Grunde der flachen Becken hochgewirbelt. An einem solchen Tag kann man Tauchmaske und Atemgerät genauso gut daheim lassen, denn die Sicht unter Wasser ist wenig besser als in einem dicken Londoner Nebel.

›Weißes Wasser‹ ist das mittelbare Ergebnis einer Ablagerung, die in sehr ausgedehntem Maße vor allem in den

Archen-Kammmuschel

seichten Gewässern um die Keys den Boden bedeckt. Jeder, der auch nur ein paar Schritte weit vom Ufer hinauswatet, bemerkt den feinkörnigen Schlamm, der im Wasser schwebt und sich am Grund ansammelt. Man sieht, dass er auf jedes Fleckchen heruntergerieselt ist, und sein feiner Staub liegt über Schwämmen, Hornkorallen und Seeanemonen; er erstickt und begräbt die flachwüchsigen Algen und bildet einen weißen Überzug auf den dunklen Massen des Dickkopfschwamms Spheciospongia. Beim Waten steigen ganze Wolken davon hoch; Winde und starke Strömungen setzen die Massen in Bewegung; manchmal werden von einer Flut bis zur nächsten nach einem Sturm fünf bis acht Zentimeter hohe Decken abgelagert. Sie stammen aus verschiedenen Quellen. Manches rührt von rein mechanischer Zerkleinerung abgestorbener Pflanzen und Tiere her – von Weichtier-Gehäusen, von Algen, die Kalk absondern, von Korallenskeletten, von Wurm- und Schneckenröhren, von Nadeln der Hornkorallen und Schwämme und von Skelettplatten der Seewalzen. Zum Teil ist das

Sediment aber auch das Ergebnis einer Ausfällung von Kalziumkarbonat aus dem Wasser. Dieses Kalziumkarbonat ist seinerseits wiederum aus den riesigen Massen des Kalksteinfelsens ausgelaugt worden, aus dem sich die oberen Schichten des südlichen Florida zusammensetzen, und ist von Flüssen und durch die langsame Entwässerung der Everglades[9] in die See gebracht worden.

Ein paar Kilometer außerhalb der Kette der Keys in ihrer gegenwärtigen Gestalt befindet sich das Riff lebender Korallen, das gegen das Meer zu den Rand des Seichtwassers bildet und sich über einem Steilabfall erhebt, der in den Graben der Straße von Florida hinunterführt. Die Riffe erstrecken sich von Fowey Rocks südlich von Miami bis zu den Inseln der Marquesas und Tortugas; im Allgemeinen halten sie sich in einer Tiefenzone von zehn Faden.[10] Aber oft erheben sie sich höher empor und ragen hier und da als winzige Inseln vor der Küste über den Wasserspiegel; sie sind vielfach mit Leuchttürmen versehen.

Lässt man sich in einem kleinen Boot über das Riff treiben und späht durch einen Eimer mit Glasboden in die Tiefe, kann man sich schwer vorstellen, wie das gesamte Gebiet aussieht, weil man immer nur einen kleinen Ausschnitt davon betrachten kann. Selbst ein Taucher, der es gründlich zu erkunden vermag, kann nur schwer erkennen, dass er sich auf dem Kamm eines hohen Hügels befindet, über den statt der Winde Strömungen hinwegrauschen, auf dem Hornkorallen das Gesträuch bilden und Bestände von Verzweigten Riff-Korallen wie steinerne Bäume aufragen. Gegen das Land

9 Everglades, Sumpfgebiet in Südflorida.

10 Ein Faden = 1,83 Meter.

zu fällt der Meeresboden sanft geneigt von dieser Hügelkuppe in das breite wassergefüllte Tal des Hawk-Kanals ab; dann steigt er wieder an und unterbricht mit einer Kette niedriger Inseln – mit den Keys – die Wasserfläche. Doch an der Meerseite des Riffs sinkt der Grund schnell in blaue Tiefen ab. Lebende Korallen wachsen bei einem Wasserstand bis zu etwa zehn Faden. Weiter unten ist es vielleicht zu dunkel oder gibt es zu viel Sedimente, und statt lebender Korallen finden wir einen Grundstock aus totem Riff, der aufgebaut worden ist, als der Meeresspiegel noch nicht so hoch lag wie heute. Weiter draußen, wo das Wasser etwa hundert Faden tief ist, liegt kahler Felsboden, das sogenannte Pourtalès-Plateau; es hat eine reichhaltige Fauna, aber die Korallen, die hier gedeihen, sind keine Riffbildner. Zwischen dreihundert und fünfhundert Faden haben sich wieder Sedimente auf einem Hang angesammelt, der zum Graben der Florida-Straße abfällt – zu dem Bett, in dem der Golfstrom fließt.

Was das Riff selbst betrifft, so haben abertausend Geschöpfe – Pflanzen und Tiere, lebende und tote – an seinem Aufbau mitgewirkt. Viele Korallenarten, die kleine Kalkbecher abscheiden und mit ihnen manch seltsame und schöne Formen bilden, haben den Grundstock gelegt. Aber neben den Korallen gibt es auch noch andere Tiere, die an ihm bauen, und alle Ritzen des Riffs sind mit ihren Gehäusen oder Kalkröhren ausgefüllt, manchmal auch mit Korallenfels zusammengemauert; die ›Bausteine‹ sind also ganz verschiedenen Ursprungs. Es gibt Kolonien von Röhrenwürmern und Weichtieren aus der Gruppe der Schnecken, deren gewundene, langgestreckte Behausungen zu massiven Gebilden zusammengeballt sein können. Algen, die imstande sind, Kalk

Feilenmuscheln. Aus Korallenstückchen und anderen Überresten stellen sie Nester her; manchmal wächst das Korallenriff um diese Schlupfwinkel empor und schließt die Muscheln ein.

in das lebende Gewebe einzulagern, bilden einen Teil des Riffs selbst oder wenn sie auf dem Grund der Untiefen an der Landseite wuchern, vermehren sie im abgestorbenen Zustand den Sand, der später zu Kalkstein wird. Die Hornkorallen, die Gorgoniidae mit ihren fächerförmigen und rutenartigen Vertretern, enthalten alle in ihren weichen Geweben auch Kalknadeln. Zusammen mit Kalksubstanzen von Seesternen, Seeigeln, Schwämmen und einer ungeheuren Zahl kleinerer Geschöpfe tragen sie im Lauf der Zeit – in Verbindung mit chemischen Vorgängen im Meerwasser – ihren Anteil zum Riff bei.

Neben den Wesen, die aufbauen, gibt es andere, die zerstören. Der Bohrschwamm zersetzt den Kalkstein. Weichtiere, die sich einbohren, durchlöchern ihn mit ihren Gängen, und Würmer mit scharfen kräftigen Beißwerkzeugen nagen an ihm, schwächen den Zusammenhalt und führen so schneller den Tag herbei, an dem irgendein Stück der Korallenmasse der Gewalt der Wogen nicht mehr standhält, abbricht und vielleicht an der meerwärts liegenden Seite des Riffs in tieferes Wasser hinabrollt.

Der Hauptbeteiligte an diesem verwickelten Zusammenwirken ist ein winziges Geschöpf von trügerisch einfachem Aussehen – der Korallenpolyp. Der Grundplan, nach dem dieses Tier gestaltet ist, entspricht in seinen großen Zügen dem der Seeanemone. Der Polyp besteht aus einer doppelwandigen Röhre von zylindrischer Gestalt, die am Grunde geschlossen ist und an dem freien Ende eine Mundöffnung mit einem Tentakelkranz besitzt. Der wesentliche Unterschied, der das Vorhandensein von Korallenriffen erst ermöglicht, beruht aber auf der Fähigkeit des Korallenpolypen, Kalk abzusondern, der seinen Körper becherförmig umschließt. Ähnlich wie bei den Weichtieren, bei denen die Schalen von einer weichen Gewebshülle, dem sogenannten Mantel, ausgeschieden werden, übernehmen diese Aufgabe beim Korallenpolypen die Zellen der äußeren Schicht. So sitzt das anemonenartige Tier in einem Kämmerchen, das hart wie Stein ist. Weil die ›Haut‹ des Polypen in regelmäßigen Abständen senkrechte Falten bildet, die in den Körperhohlraum hineinragen, und weil alle ihre Zellen Kalk abgeben, hat der Becher keinen glatten Umriss, sondern ist nach innen durch vorspringende Scheidewände untergeteilt; sie bilden ein Muster, das einem Stern oder einer

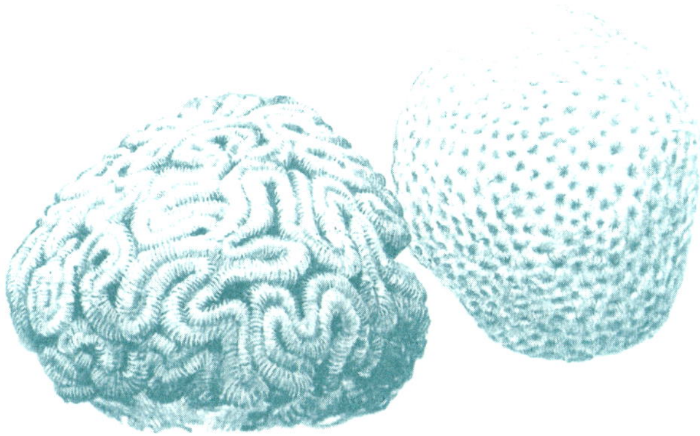

Links: Hirnkoralle, Meandrina meandrites
Rechts: Sternchen-Koralle, Siderastrea stellata; diese massiven Arten helfen beim Aufbau des äußeren Riffs mit.

Blume ähnelt und das jedem vertraut ist, der je ein Korallenskelett untersucht hat.

Die meisten Korallen bauen Kolonien aus vielen Einzeltieren. Alle Mitglieder eines solchen Stocks sind jedoch aus einem einzigen befruchteten Ei hervorgegangen, das heranreifte und dann durch Knospung neue Polypen erzeugte. Die Gestalt der Kolonie ist für jede Art kennzeichnend – sie kann verästelt sein, wie ein Steinblock aussehen, in flachen Krusten wachsen oder Becherform besitzen. Der Kern ist stets massiv, denn die lebenden Polypen nehmen nur die Oberfläche ein; bei manchen Arten sind sie weit voneinander entfernt, bei anderen stehen sie dicht gedrängt. Oft sind die Tierchen selbst umso kleiner, je wuchtiger der Stock ist, den sie aufbauen; die Polypen einer verzweigten Koralle, die übermannsgroß ist, können vielleicht nur drei Millimeter lang werden.

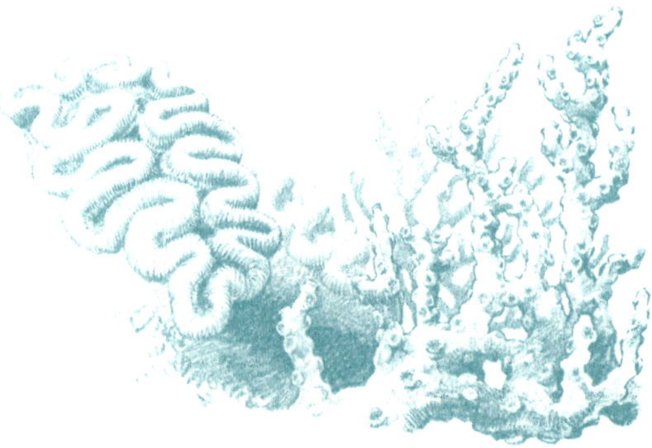

Korallenarten seichter Riffbecken
Links: Rosenkoralle, Manicina areolata
Rechts: Augenkoralle, Oculina diffusa

Die harte Substanz der Korallenkolonie ist gewöhnlich weiß, aber sie kann die Farbe winziger Pflanzenzellen annehmen, die in ihren Weichteilen zu gegenseitigem Nutzen leben. Wie es bei derlei Symbiosen üblich ist, besteht eine Wechselbeziehung: Die Pflanzen erhalten Kohlendioxyd und die Tiere verwenden den Sauerstoff, der von den Pflanzen abgegeben wird. Doch mag diese besondere Gemeinschaft noch eine tiefere Bedeutung haben. Die gelben, grünen oder braunen Farbstoffe der Algen gehören zu der Gruppe chemischer Verbindungen, die man als Carotinoide bezeichnet. Neuere Forschungen legen die Vermutung nahe, dass diese Farbstoffe in den eingeschlossenen Algen vielleicht noch eine andere Aufgabe haben, indem sie als eine Art ›Wirkstoff‹ dienen und die Vorgänge bei der Fortpflanzung der Korallen beeinflussen. Unter normalen Bedingungen ist die Anwesenheit der Algen von Nutzen, aber bei abnehmender

Helligkeit entledigen sich die Korallen ihrer ›Hausgenossen‹ und stoßen die Pflanzen ab. Vielleicht rührt das daher, dass sich bei schwachem Licht oder bei Dunkelheit die ganzen Lebensprozesse der Algen ändern und die Erzeugnisse ihres Stoffwechsels für das Tier so schädlich werden, dass es die Gastpflanze hinauswerfen muss.

Innerhalb der Korallenstöcke gibt es noch andere eigenartige Mitbewohner. Bei den Florida Keys und auch an anderen Stellen der Westindischen Inselwelt schafft sich die Gallenkrabbe, Cryptochirus, in der obersten Schicht lebender Hirnkorallen eine Vertiefung, die einer Backröhre gleicht. Während die Koralle weiterwächst, bringt es die Krabbe zuwege, sich eine halbkreisförmige Öffnung frei zu halten, durch die sie ihre Höhle aufsucht und verlässt, solange sie jung ist. Hat die Krabbe jedoch ihre volle Größe erreicht, wird sie – wie man annimmt – im Korallenstock gefangengehalten. Über das Dasein dieser Gallenkrabbe von Florida sind wenig Einzelheiten bekannt, aber bei einer verwandten Art in den Korallen des Großen Barrier-Riffs bilden nur die Weibchen solche ›Gallen‹, die Männchen sind winzig klein und suchen offensichtlich die Weibchen in den Höhlen auf, in denen sie eingeschlossen bleiben. Das Weibchen dieser Art lebt von Organismen, die es sich aus dem einströmenden Meereswasser aussiebt, und sein Verdauungsapparat und seine Gliedmaßen sind stark abgewandelt.

Überall auf dem ganzen Riff verstreut und auch dicht am Ufer gedeihen die Hornkorallen in üppiger Fülle. Der veilchenfarbene Venusfächer breitet seine Ästchen, die wie eine zarte Spitze aussehen, den vorbeiziehenden Strömungen entgegen; aus allen Teilen des Fächers strecken sich durch winzige Poren unzählige Mundöffnungen hinaus, und Tentakel greifen ins Wasser, um sich

Flamingozungen-Schnecke, Cyphosoma gibbosum

Nahrung zu fangen. Auf den Venusfächern lebt oft eine kleine Schnecke, Cyphosoma, die eine feste und ganz blanke Schale besitzt. Der weiche Mantel, der so groß ist, dass er die Schale umhüllt, besteht aus einem hellen Gewebe mit vielen schwarzen Zeichnungen, die wie ganz unregelmäßige Dreiecke aussehen und dem Tier den Namen Flamingozunge eingetragen haben. Die Rutenförmigen Hornkorallen, auch Hornwedel genannt, sind noch häufiger als die Venusfächer, sie bilden mit ihren dichten Beständen unter dem Wasser ein Gestrüpp, das oft hüfthoch, manchmal sogar mannsgroß wird. Lila, Purpur, Orange, Braun und Ledergelb sind die Farben, die von diesen Hornkorallen der Riffe getragen werden.

Krustenschwämme breiten ihre gelben, grünen, purpurnen und hellroten Matten über die Mauern der Riffe aus; exotische Weichtiere wie die Arten der Lappenmuschel und die Amerikanische Klappmuschel klammern sich dort an; langstachelige Seeigel liegen wie dunkle borstige Flecke in Vertiefungen und Spalten; und Schwärme leuchtend gefärbter Fische schwimmen glitzernd an der Front des Riffs entlang, wo einsame Jäger wie der Graue Schnapper und der Barracuda, der Pfeilhecht, schon lauern, um sie zu packen.

Bei Nacht wird das Riff lebendig. Von jedem steinernen Ast, von hochgetürmter Feste und vorgewölbtem Wall stecken nun die kleinen Korallenpolypen ihre Köpfchen mit den Tentakeln hervor und fressen von dem Plankton, das zum Wasserspiegel hochsteigt; sie scheuen das Tageslicht und sind in ihren schützenden Bechern geblieben, bis die Dunkelheit hereingebrochen ist. Kleine Krebse und viele andere Formen des Mikro-Planktons, die gegen einen Korallenast getrieben werden oder unvorsichtigerweise zu ihm hinschwimmen, werden im Nu Opfer der Myriaden Nesselzellen, mit denen jeder Tentakel bewehrt ist. So winzig die einzelnen Tierchen des Planktons sind, die Aussichten, ungeschoren durch die verflochtenen Zweige eines Bestands von geweihförmigen Riff-Korallen zu schlüpfen, scheinen wahrlich sehr gering.

Auch andere Geschöpfe des Riffs werden von Nacht und Dunkelheit angelockt und viele von ihnen tauchen aus den Grotten und Ritzen auf, die ihnen tagsüber als Unterschlupf gedient haben. Sogar die seltsame verborgene Tierwelt der großen Schwämme, die kleinen Garnelen, Flohkrebse und anderen Tiere, die als ungebetene Gäste tief in den Kanälen der Schwämme hausen, krabbeln alle die dunklen schmalen Tunnel empor und versammeln sich in der Nähe der Eingänge, als wollten sie einen Blick auf die Welt des Riffs hinauswerfen.

In bestimmten Nächten des Jahres ereignen sich über den Riffen außerordentliche Vorgänge. Der berühmte Palolowurm des Südpazifiks, der sich einem dunklen Triebe folgend mit seinen gewaltigen Laichschwärmen zu einer bestimmten Mondphase eines bestimmten Monats – und nur dann – versammelt, hat sein weniger bekanntes Gegenstück in einem verwandten Wurm, der in den Riffen der Westindischen Inselwelt lebt und in den Florida Keys zumindest an gewissen Orten zu Hause ist. Das Laichen dieses Palolowurms des Atlantiks wurde wiederholt bei den Riffen um die Dry Tortugas beobachtet, ebenso am Kap Florida und an einigen westindischen Stellen. Bei den Tortugas findet dieses Ereignis immer im Juli statt, gewöhnlich wenn der Mond im dritten Viertel steht. Bei Neumond laichen diese Würmer niemals.

Der atlantische Palolowurm bewohnt Höhlen in totem Korallenfels, manchmal eignet er sich die Gänge an, die andere Geschöpfe gegraben haben, oder er hebt sich seinen Bau selbst aus, indem er Felsbröckchen abnagt. Das Leben dieses seltsamen kleinen Wesens scheint vom Licht beherrscht zu werden. Solange der Palolowurm noch nicht voll entwickelt ist, flieht er es, ob es nun von der Sonne, vom Vollmond, ja sogar von schwächerem Mondschein herrührt. Nur in den finstersten Stunden der Nacht, wenn keine hellen Strahlen mehr ihren stark hemmenden Einfluss ausüben, wagt er sich aus seiner Höhle und kriecht ein paar Zentimeter hinaus, um ein wenig an dem Pflanzenwuchs auf den Steinen zu knabbern. Nähert sich dann die Laichzeit, gehen im Körper der Würmer bemerkenswerte Veränderungen vor. Sobald die Geschlechtszellen heranreifen, nehmen die Segmente

Fingerkoralle, Porites furcata

des rückwärtigen Körperdrittels eine neue Farbe an, sie werden tiefrot bei den Männchen und grünlich grau bei den Weibchen. Außerdem wird dieser Teil des Körpers, der von Eiern oder Samenzellen ausgeweitet ist, außerordentlich dünnwandig und zerbrechlich, und zwischen diesem Stück und dem vorderen Abschnitt des Wurmes entsteht eine merkliche Einschnürung.

Schließlich kommt eine Nacht, in der diese weitgehend verwandelten Würmer sich auf eine neue Weise dem Mondschein gegenüber verhalten. Nun verscheucht sie das Licht nicht mehr; stattdessen lockt es sie hervor, um eine merkwürdige Zeremonie zu vollziehen. Die Würmer schieben sich mit dem Hinterleib voran aus ihrem Schlupfwinkel, die angeschwollenen dünnhäutigen Enden beginnen sogleich, sich zu drehen, sie winden sich so lange in spiralförmigen Bewegungen, bis der Körper plötzlich an der schwächsten Stelle auseinanderbricht und aus jedem Wurm zwei werden. Die beiden Teile haben ein verschiedenes Geschick – der eine verbleibt im Bau und nimmt das Dasein eines Geschöpfs wieder auf, das sich ängstlich und verstohlen zu dunkler Nachtstunde sein Futter holt; der andere Teil schwimmt zum Wasserspiegel hinauf, er ist nur einer in einem ungeheuren Schwarm vieler Tausender Würmer, die sich zur Laichablage vereinen.

Während der letzten Nachtstunden wächst die Zahl der schwärmenden Würmer rasch an, und sobald die Morgendämmerung herannaht, ist das Meer über dem Riff buchstäblich nahezu voll von ihnen. Wenn die ersten Sonnenstrahlen aufleuchten, übt das Licht einen starken Reiz auf sie aus, sie fangen an, sich zu krümmen und heftig zusammenzuziehen, ihre dünnwandigen Körper platzen auf, und von den einen werden die Eier, von den anderen die Samenzellen ins Meer entleert. Die erschöpften und leeren Würmer können noch eine Weile müde umherschwimmen als willkommene Beute für die Fische, die sich zu diesem Festschmaus eingefunden haben, aber bald sind alle, die noch übriggeblieben sind, auf den Grund gesunken und eingegangen. Doch auf dem Meeresspiegel und bis zu einer Tiefe von einigen Metern schwimmen die befruchteten Eier und treiben über weite Gebiete. In den Eiern vollziehen sich in rascher Folge Umwandlungen, die Zellteilung setzt ein und bald erhält der Körper seine bestimmte Form. Bis zum Abend des gleichen Tages sind aus den Eiern kleine Larven geschlüpft, die mit spiralförmigen Bewegungen das Meer durchschwimmen. Etwa drei Tage lang leben die Larven in den oberen Wasserschichten; dann werden sie zu Grabtieren, die sich in das darunterliegende Riff zurückziehen und ein Jahr später auf die gleiche Weise laichen wie ihre Eltern.

Einige verwandte Würmer, die im Umkreis der Keys und der Westindischen Inseln periodisch schwärmen, strahlen ein Licht aus und veranstalten in finsteren Nächten prächtige Feuerwerke.

Die Gezeiten, die von den Riffen hereinströmen und über die flachen Gebiete rauschen, kommen an dem erhöhten Ufer aus Korallenfels zum Stillstand; auf einigen der Keys ist der Stein dort zu glatten, abgeschliffenen und gerundeten Formen verwittert, aber auf vielen anderen Inseln hat die Erosionstätigkeit des Meeres eine raue, zerklüftete Oberfläche geschaffen; an ihr kann man beobachten, wie Wogen und anstürmender Gischt sie im Laufe von Jahrhunderten ausgelaugt haben. Ein solches Ufer sieht beinahe aus wie eine plötzlich versteinerte, heftig bewegte See oder wie eine Mondlandschaft. Kleine Grotten und ausgewaschene Höhlen finden sich ober- und unterhalb des Hochwassersaums. An einem solchen Ort bin ich mir immer bewusst, dass unter meinen Füßen das alte tote Riff liegt, und die Korallen, deren Muster nur noch verschwommen im zerfallenden Gestein aufschimmern, einst die zartgeformten Gefäße gewesen sind, von denen die lebenden Geschöpfe umschlossen wurden. Jetzt sind alle die Erbauer dieser Riffe tot – schon seit Tausenden von Jahren –, aber das, was sie geschaffen haben, ist erhalten geblieben und bildet einen Bestandteil der lebendigen Gegenwart.

Wenn ich mich auf diesen zerklüfteten Felsen niederkauere, höre ich ein leises Murmeln und Raunen, das aufklingt, wenn Luft und Wasser über diese Flächen streichen; es ist die vernehmbare Stimme dieser menschenfernen Welt des Gezeitensaums. Hier gibt es nur wenige Anzeichen von Leben, die in die Augen fallen

Meerasseln

und den Bann lastender Einsamkeit brechen. Vielleicht huscht eine Meerassel mit ihrem dunklen Körper über den trockenen Fels und verschwindet in einer der kleinen Grotten. Nur einen Augenblick – für einen flinken Wechsel von einem dunklen Versteck zum anderen – wagt so ein Tierchen sich dem Licht und scharfäugigen Feinden auszusetzen. Tausende seiner Art hausen im Korallenfels, aber erst wenn sich die Dunkelheit über das Ufer herabsenkt, krabbeln sie in Scharen hervor, um nach den Brosamen tierischen und pflanzlichen Abfalls zu suchen, die ihr Futter bilden.

Am Hochwassersaum färben mikroskopisch kleine Pflanzen den Korallenfelsen dunkel, sie überziehen ihn mit jenem geheimnisvollen schwarzen Streifen, der an allen Felsküsten der Welt den Meeresrand kennzeichnet.

Kleine Schnecken, deren Gehäuse lebhaft schwarz-weiß gestreift oder gewürfelt sind, drängen sich am Grunde der Ritzen und Höhlungen oder ruhen auf bloßliegenden Felsplatten und warten auf die rückkehrende Flut, die ihnen Nahrung bringt. Es sind Arten aus der Familie der Schwimmschnecken: der Blutzahn und die Gewürfelte Mondschnecke. Andere in rundlichen Gehäusen, mit grob geperlter Oberfläche, gehören zur Familie der Uferschnecken. Wie manche Vertreter ihrer Art machen diese Gekörnten Uferschnecken den schüchternen Versuch, aufs Festland vorzustoßen; sie leben unter Steinblöcken oder Balken hoch oben am Ufer oder kriechen sogar bis in den Streifen hinauf, der bereits von Landpflanzen besiedelt wird. Schwarzschalige Nadelschnecken hausen in großer Zahl dicht unterhalb der Hochwasserzone und ernähren sich von den Algen, die hier die Felsen überziehen. Solange diese Schnecken am Leben sind, werden sie wie mit unsichtbaren Banden in dieser Region festgehalten, aber die Gehäuse der abgestorbenen Tiere werden von der kleinsten Art der Einsiedlerkrebse gesucht, als Wohnung bezogen und in die unteren Gebiete der Küste geschleppt.

Diese tief ausgewitterten Felsen sind auch die Heimat der Chitonen, der Käferschnecken, deren primitive Körpergestalt auf eine uralte Gruppe der Weichtiere zurückgeht, die sie als einzige lebende Form vertreten. Ihr eirunder Körper ist mit einer gegliederten Schale aus acht Querplatten bedeckt und kann sich in kleine Vertiefungen des Gesteins schmiegen, in die er genau hineinpasst. Die Tiere klammern sich so fest an die Unterlage, dass selbst starke Wellen an den sanft gewölbten Formen keinen Angriffspunkt finden. Sobald die Flut sie bedeckt, beginnen sie umherzukriechen und machen sich emsig daran, Pflanzen von den Felsen zu schaben, wobei ihr Körper mit den kratzenden Bewegungen der Radula, der feilenähnlichen Zunge, hin und her schwankt. Monat für Monat wandert eine Käferschnecke nur meterweit nach allen Richtungen vom Fleck. Wegen dieser sesshaften Lebensweise siedeln sich Algensporen, Larven von Seepocken und röhrenbildenden Würmern auf ihren Schalen an und entwickeln sich dort. Manchmal findet man in dunklen feuchten Grotten Käferschnecken übereinander gestapelt, jede schabt die Algen vom Rücken des darunter liegenden Tieres ab. Auf bescheidene Weise mögen diese primitiven Weichtiere an geologischen Umwandlungen mitwirken, indem sie beim Fressen zugleich mit den Algen winzige Steinteilchen wegkratzen; im Lauf der Jahrhunderte und Jahrtausende, in denen diese uralte Gruppe von Lebewesen ihr einfaches Dasein gelebt hat, können sie so an den Verwitterungsvorgängen mitgeholfen haben, durch die auf der Erde Gesteinsmassen abgetragen werden.

Auf manchen dieser Keys lebt ein Weichtierchen des Gezeitensaums, Onchidium, auch Warzenschnecke genannt, tief in kleinen Felsenhöhlen, deren Eingang oft von Kolonien der Miesmuscheln überwuchert ist. Obwohl Onchidium ein Weichtier und eine Schnecke ist, besitzt es keine Schale. Es gehört zu der Gruppe der Lungenschnecken, die hauptsächlich Land- und Süßwasserformen umfasst, viele ihrer Arten, die sogenannten Nacktschnecken, besitzen ganz verkümmerte oder nur versteckt angebrachte Schalen. Die Warzenschnecke bewohnt tropische Meeresküsten, sie lebt gewöhnlich an Ufern mit rauem, stark verwittertem Gestein. Sobald das Wasser sinkt, tauchen Prozessionen dieser kleinen schwarzen Schnecken aus den Höhleneingängen auf, sie schlängeln sich durch die hindernden Muschelfäden, zwischen denen sie sich einen Weg bahnen; ein Dutzend oder mehr Tierchen kommen aus dem gemeinsamen Unterschlupf heraus, um auf den Felsen zu fressen, von denen sie wie die Käferschnecken die Pflanzendecke abweiden. Jede Warzenschnecke, die hervorkriecht, ist von einem Schleimmantel umhüllt, der ihr ein feuchtglänzendes pechschwarzes Aussehen verleiht; in Wind und Sonne trocknet die kleine Schnecke zu einem tiefblauen Klümpchen ein, über dem ein zarter, milchiger Hauch liegt.

Die Schnecken scheinen bei diesen Wanderungen aufs Geratewohl auszuziehen und ganz unregelmäßigen Pfaden über den Felsen zu folgen. Sie fressen weiter, während sich das Wasser bei Ebbe zurückzieht, und lassen sich auch nicht stören, wenn wieder Flut eintritt und das Meer zu steigen beginnt. Doch etwa eine halbe Stunde, ehe das einströmende Wasser sie erreichen würde, und ehe auch nur ein Tropfen davon in ihre geschützt liegenden Nester gespritzt ist, hören alle Schnecken mit dem Grasen auf und machen sich auf den Heimweg zu ihren Behausungen. Während der Pfad, auf dem sie auszogen, in Wellenlinien verlaufen ist, führt sie der Rückmarsch schnurgerade heim. Die Mitglieder jeder Nestgemeinschaft kehren in ihre eigene Höhle zurück, selbst wenn der Weg über ganz stark zerborstene Felsplatten führt oder den Pfad anderer Schnecken kreuzt, die in ihre Schlupfwinkel heimwandern. Alle Tiere, die einer Wohngemeinschaft angehören, beginnen den Rückmarsch beinahe im gleichen Augenblick, wenn sie auch während des Fressens weit voneinander getrennt gewesen sind. Was treibt sie dazu? Das zurückflutende Wasser ist es nicht, denn es hat sie nicht berührt; wenn es wieder über die Felsen plätschert, auf denen sie sich aufhalten, sind sie schon wohlbehalten in ihren Unterkünften.

Die ganze Verhaltensweise dieses kleinen Geschöpfes ist rätselhaft. Warum hat es diese Schnecke wieder an den Rand des Meeres gezogen, das ihre Ahnen vor Tausenden oder Millionen von Jahren verlassen haben? Das Tierchen kommt nur aus seinem Unterschlupf, sobald das Wasser gesunken ist, dann aber spürt es irgendwie die drohende

Wiederkehr der See, es scheint sich seiner angestammten Wesensverwandtschaft mit dem Festland zu erinnern und eilt davon, ehe die Flut es erreichen und wegtragen kann. Wie hat es diese merkwürdige Lebensweise angenommen, bei der es vom Meer zugleich angezogen wird und doch davor flieht? Diese Fragen können wir nur stellen, sie zu beantworten sind wir nicht imstande.

Um sich während des Umherwanderns zu schützen, besitzt diese Warzenschnecke Einrichtungen, die ihr helfen, ihre Feinde zu entdecken und zu verscheuchen. Winzige Wärzchen auf ihrem Rücken sind empfindlich gegen Licht und vorübergleitende Schatten. Andere, kräftigere Höcker sind mit dem Mantel verbunden und mit Drüsen ausgerüstet, die eine milchige, stark säurehaltige Flüssigkeit ausscheiden. Wenn das Tier plötzlich behelligt wird, spritzt es stoßartig Strahlen dieser Säure aus, die sich in der Luft zu einem feinen Sprühregen verteilen, der zwölf bis fünfzehn Zentimeter – also etwa das Dutzendfache der Körperlänge – hochgeschleudert werden kann. Der alte deutsche Zoologe Semper, der eine Onchidium-Art auf den Philippinen untersuchte, war der Meinung, dass diese zwei Einrichtungen dazu dienen sollen, die Schnecke vor einem Schleimfisch, der sie vom Wasser aus überfällt, zu schützen; er macht am Rande des Gezeitensaums auf seine Beute Jagd und ernährt sich von Warzenschnecken und Krabben. Semper meinte, dass die Schnecken den Schatten eines herannahenden Fisches wahrnehmen und den Feind vertreiben könnten, indem sie den weißen Säuresprühregen ausstoßen. In Florida aber und an anderen Stellen des westindischen Gebiets gibt es keinen Fisch, der aus dem Wasser schnellt, um seine Opfer zu verfolgen. Auf den Felsen, auf denen Warzenschnecken sich ihr Futter suchen müssen, leben jedoch Krabben und Asseln, die sehr wohl die Schnecken anrempeln und ins Wasser stoßen können, weil diese Onchidien keine Möglichkeit besitzen, sich an die Felsen anzuklammern. Aus welchem Grund sich die Schnecken auch so verhalten mögen, sie betrachten jedenfalls die Krabben und Asseln als gefährliche Feinde, und wenn sie von ihnen nur berührt werden, antworten sie mit einer Ladung ihres chemischen Abwehrmittels.

Im Gezeitensaum tropischer Gebiete sind die Daseinsbedingungen für fast alle Formen von Lebewesen schwierig. Die heiße Sonne erhöht die Gefahr, ausgetrocknet zu werden, wenn ein Geschöpf während der Ebbe einmal der Luft ausgesetzt bleibt. Die wandernden Schichten erstickender Sedimente, die sich auf ebenen oder sanft geneigten Flächen ansammeln, halten viele Pflanzen- und Tierformen fern, die in klarerem und kühlerem Wasser des Nordens die Felsufer bewohnen. An Stelle der riesigen Seepocken- und Miesmuschelfelder Neuenglands gibt es hier nur verstreute Ansammlungen dieser Tiere, die von Insel zu Insel auf den Keys verschieden groß sind, aber niemals besondere Ausmaße annehmen. Statt der mächtigen Tangwälder des Nordens wachsen hier nur vereinzelte Bestände kleiner Algen, einschließlich der spröden Formen, die Kalk einlagern, und keine von ihnen bietet einer größeren Anzahl Tiere Obdach oder Schutz vor Gefahren.

Das Gebiet, das von den Nipptiden überflutet wird, ist im Allgemeinen unwirtlich, aber trotzdem gibt es zwei Formen – eine Pflanzen- und eine Tierform –, die dort ganz heimisch sind und nirgendwo anders so prächtig und in so großer Menge gedeihen. Die Pflanze ist eine besonders schöne Alge, die grünen Glaskügelchen gleicht

Einzellebende Wurmschnecke; das Gehäuse ist in einen Schwamm eingebettet.

und in unregelmäßigen Massen beisammensteht. Es ist Valonia, die Blasen-Grünalge; ihr Thallus besitzt Erweiterungen, die mit einer Flüssigkeit gefüllt sind. Die chemische Zusammensetzung dieser Flüssigkeit steht in enger Beziehung zu dem umgebenden Wasser; das Mengenverhältnis der Natrium- und Kaliumionen wechselt mit der Intensität des Sonnenlichtes, mit der Stärke der Brandung und mit anderen Umweltbedingungen der Pflanze. Unter überhängenden Felsen und an sonstigen geschützten Stellen bilden die Smaragdkugeln der Alge, die zur Hälfte in den tiefen wandernden Sedimenten vergraben sind, Polster und flache Schichten. Die Tierwelt wird in diesem Bereich der Gezeiten von einer Gruppe Schnecken vertreten, deren Körperbau und Lebensweise stark von den übrigen Weichtieren abstechen. Sie werden Vermetiden, Wurmschnecken, genannt. Die Schale ist kein

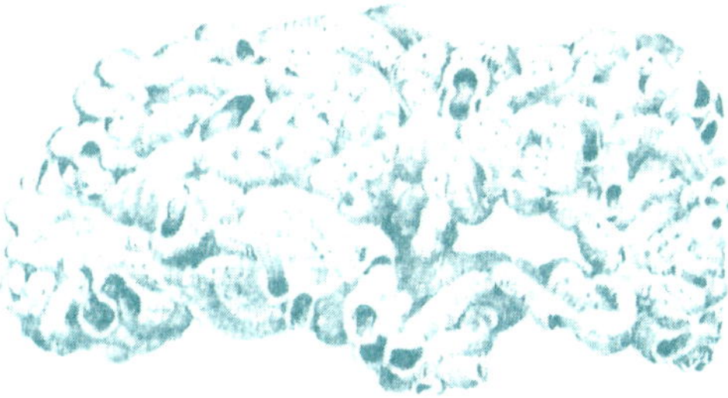

Ineinander verschlungene Röhren koloniebildender Wurmschnecken

gewöhnliches, spiraliges oder kegelförmiges Gehäuse, sondern eine lose, nicht eingerollte Röhre, ganz ähnlich den Kalkröhren, die von vielen Würmern erbaut werden. Die Arten, die in dieser Gezeitenzone leben, sind gesellig, und ihre Bauten bilden fest zusammengeballte und verflochtene Massen.

Die Wurmschnecken sind so eigenartig in ihrer ganzen Anlage und weichen so sehr von Gestalt und Lebensgewohnheiten verwandter Weichtiere ab, dass sie beredtes Zeugnis ablegen von der Besonderheit ihrer Umwelt und von der Bereitschaft des Lebens, sich anzupassen und sich in einem freien Eckchen einzurichten. Hier auf dieser Korallen-Plattform herrschen zweimal täglich Ebbe und Flut und das einströmende Wasser bringt Futternachschub vom Meer. Es gibt nur *ein* vollkommen zweckmäßiges Verhalten, solche reiche Vorräte zu nützen: an einem Ort zu bleiben und in den vorbeistreichenden Strömungen zu fischen. Eine derartige Lebensweise ist für eine Schnecke ungewöhnlich, aber diese Vermetiden sind sesshaft geworden und haben das typische Verhalten, herumzustreifen, aufgegeben. Sie sind auch nicht länger Einzelgänger, sondern in höchstem Maße gesellig und leben in dicht bevölkerten Kolonien, in denen die Schalen so ineinander verschlungen sind, dass die Geologen sie früher als ›Wurmfels‹ bezeichneten. Und auch eine weitere Eigenart der Schnecken – die Nahrung von den Steinen zu schaben – haben sie abgelegt und ebenso wenig jagen sie andere große Tiere, um sie zu verschlingen; stattdessen saugen sie das Meerwasser ein und seihen die winzigen Plankton-Organismen als Futter aus. Die Spitzen ihrer Kiemen werden hinausgestreckt und wie Netze durch das Wasser gezogen – ein Grad der Angleichung, der wahrscheinlich in der ganzen Gruppe der schneckenähnlichen Weichtiere einzig dasteht. Die Wurmschnecken zeigen auf ihre Weise, wie anpassungsfähig der lebende Organismus ist und wie sehr er sich auf seine Umwelt einstellen kann. Immer wieder in Gruppe um Gruppe grundverschiedener und nicht miteinander verwandter Tiere tauchte die gleiche Schwierigkeit auf und wurde durch die Entwicklung unterschiedlicher Einrichtungen des Körperbaus gelöst, die einem gemeinsamen Zweck dienen. So holen sich die Legionen Seepocken an einer Küste Neuenglands ihr Futter aus den Gezeitenströmungen und benützen dazu umgewandelte Gliedmaßen, mit denen ihre Verwandten schwimmen; Maulwurfskrabben versammeln sich zu Tausenden an Stellen, wo die Brandung über südliche Sandufer rauscht, und fischen sich ihre Nahrung mit den Borsten ihrer Fühler aus dem Meer; und hier an dieser Korallenküste filtern die dichtgedrängten Kolonien dieser merkwürdigen Schnecken die Wasser der einströmenden Flut durch ihre Kiemen. Indem sie sich zur unvollkommenen atypischen Schnecke entwickelt haben, sind sie zum vollendeten Nutznießer all dessen geworden, was ihnen die Umwelt Vorteilhaftes zu bieten vermag.

Der Saum, bis zu dem sich das Meer bei Ebbe zurückzieht, ist von einem dunklen Streifen gekennzeichnet, den die Kolonien des kurzstacheligen Seeigels Echinometra bilden; er gehört zu der Familie der Echinometriden, der sogenannten Querigel. Jede Höhlung und Vertiefung im Korallengestein wimmelt von diesen kleinen borstigen Gesellen. Eine Stelle in den Keys, die ein wahres Seeigel-Paradies ist, habe ich in lebhafter Erinnerung. Sie liegt auf einer der Inseln der östlichen Gruppe an der Küste, die dem Meer zugewandt ist; der Fels fällt dort jäh in einer Terasse ab, er ist etwas unterwaschen und tiefe Löcher und kleine Grotten sind in ihm ausgelaugt, von denen viele kein Dach mehr haben, sondern unter freiem Himmel liegen. Ich bin dort auf einem trockenen Stein über der Flut gestanden und habe in diese kleinen Schächte hineingeguckt, in denen der Boden von Wasser bedeckt ist; fünfundzwanzig bis dreißig Seeigel entdeckte ich in einer dieser Kavernen, die nicht umfangreicher war als ein großer Tragkorb. Die Höhlen schimmern in der Sonne in einem meergrünen Licht, in dem die kugeligen Körper der Seeigel eine rötliche Farbe annehmen, und das leuchtende Glühen sticht prächtig von den schwarzen Stacheln ab.

Ein Stückchen jenseits dieses Platzes neigt sich der Meeresgrund ganz allmählich nach abwärts und ist nicht mehr unterhöhlt. Hier scheinen diese Seeigel jedes Eckchen beschlagnahmt zu haben, das ihnen Zuflucht gewährt. Ihre Gegenwart erweckt den Eindruck, als werfe jede kleine Unebenheit des Bodens einen Schatten. Es ist nicht sicher, ob sie ihre fünf kurzen kräftigen Zähne verwenden, um Löcher in den Stein zu nagen, oder ob sie lediglich natürliche Vertiefungen ausnützen, um sich fest verankern zu können, wenn hin und wieder Stürme über diese Küste brausen. Aus unerforschlichen Gründen sind diese Echinometriden und ihre Verwandten in anderen Teilen der Welt an eine bestimmte Region des Gezeitensaums gebunden und wandern nie über die flachen Ausläufer des Riffs hinaus, wo andere Seeigel-Arten häufig anzutreffen sind.

Ober- und unterhalb der Zone dieser Echinometra-Art drängen sich hellbraune Geschöpfe in dichten Scharen und schieben sich durch die Kalksedimente nach oben. Bei Ebbe ziehen sich ihre Gewebe zusammen und sie schlüpfen so weit in den Grund, dass man sie für seltsame Meerpilze halten könnte. Kehrt die Flut wieder zurück, merkt man, dass es sich um Tiere handelt, denn über jeder rehbraunen Röhre entfaltet sich eine Tentakelkrone von reinstem Smaragdgrün und beginnt das einströmende Wasser nach Nahrung abzusuchen. Diese Zoanthiden, zu deutsch Blumentiere, der Gattung Zoanthus leben in einer Umwelt, in der ihr ganzes Dasein davon abhängt, dass es ihnen gelingt, die zarten Tentakel über der erstickenden staubfeinen Sedimentschicht zu behalten. Wo die Ablagerungen tief werden, können die Tiere den Körper zu einem schlanken Faden dehnen, obwohl er für gewöhnlich kurz und gedrungen ist.

An der Seeseite vieler Keys bildet der Grund sanft abfallende Hänge, auf denen man oft über vierhundert Meter weit hinauswaten kann. Hat man die Seeigel, die Wurmschnecken und die braunen und grünen Zoanthiden hinter sich gelassen, zeichnen sich auf dem Boden die dunklen Flecken eines Seegrases, Thalassia, ab, das Schildkrötengras genannt wird. Dort finden wir auf den flachen Teilen des Riffs, die von grobem Sand und

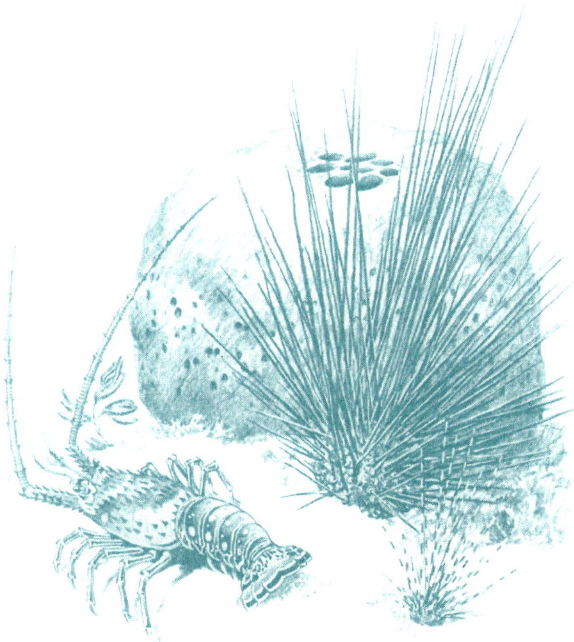

Dickkopfschwamm, Spheciospongia, mit Languste und langstacheligem Seeigel Diadema. Der junge Seeigel hat Querstreifen an den Stacheln.

Korallen-Bruchstücken bedeckt sind, auch große Tierformen. Dunkle, massige Schwämme wachsen in Wasser, das gerade noch tief genug ist, um ihre mächtigen Körper zu bedecken. Daneben stehen kleine Seichtwasser-Korallen, die es sogar fertigbringen, in dem Regen von Sedimenten am Leben zu bleiben, der für die größeren, riffbildenden Formen tödlich wäre; sie erheben sich in derb verzweigten oder gewölbten Gebilden von der Unterlage des Korallenfelsens. Hornkorallen von pflanzenähnlichem Wuchs bilden in zartrosa, braunen und purpurnen Farben ein niedriges Strauchwerk. Und überall in ihrem Bereich wimmelt es von der unendlich mannigfaltigen Fauna einer tropischen Küste, da viele Geschöpfe, die sich frei in den Gewässern dieses warmen Meeres herumtreiben, hier in den Untiefen krabbeln, kriechen und schwimmen.

Wuchtig und reglos stehen die Dickkopfschwämme da und nichts in ihrem Aussehen verrät etwas von der lebhaften Tätigkeit, die in ihren dunklen Körpern herrscht. Wer an ihnen vorübergeht, ohne genau hinzusehen, merkt keinerlei Anzeichen von Leben, doch wenn er lange genug wartet und beobachtet, kann er manchmal wahrnehmen, dass sich einige der runden Öffnungen an der flachen Oberseite bedächtig schließen; sie sind so groß, dass man mit einem Finger hineintasten könnte. Diese und andere Poren sind ein wichtiger Hinweis auf die Lebensweise des Riesenschwammes, der genauso wie die kleinsten seiner Artgenossen nur so lange gedeihen kann, wie das Meerwasser durch seinen Körper kreist. Seine senkrechten Wände sind von Einfuhrkanälen kleineren Durchmessers durchlöchert, die in Gruppen beisammenstehen und von Siebplatten mit zahllosen Poren bedeckt sind. Von diesen führen die Kanäle nahezu waagrecht in das Innere des Schwammes, sie verzweigen sich wiederholt in Rohre, die immer enger werden, den ganzen mächtigen Körper durchziehen und schließlich zu den großen Abflussporen hinaufleiten. Vielleicht werden diese Ausfuhröffnungen durch die kräftigen Strömungen, die hinausfließen, von den erstickenden Sedimenten frei gehalten; auf jeden Fall sind sie der einzige Teil des Schwammes, der ein reines Schwarz zeigt, denn über die ganze rußfarbene Oberfläche des übrigen Körpers haben sich wie weißer Mehlstaub die Riffsedimente gelegt.

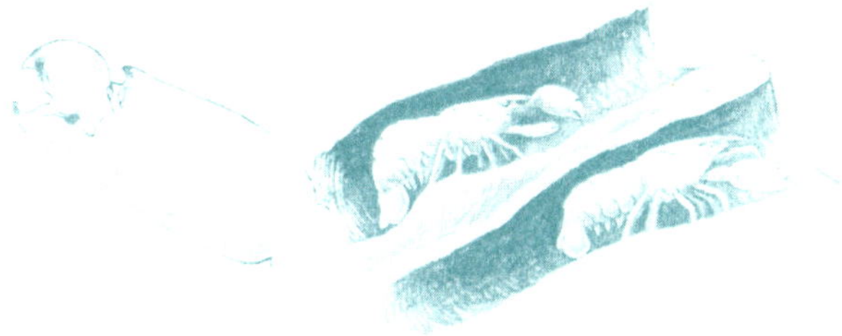

Hammergarnele, Synalpheus brooksi, in Gängen eines Dickkopfschwamms. **Links**: Einzelne Hammerschere, stark vergrößert

Das Wasser, das durch den Schwamm geht, hinterlässt an den Wänden der Kanäle einen Überzug aus winzigen Futterorganismen und Abfallstoffen. Die Zellen des Schwammes nehmen die Nahrung auf, leiten die verdaulichen Substanzen an die Nachbarzellen weiter und geben die unverwertbaren Überreste wieder an den ständig kreisenden Wasserstrom ab. Von den Zellen wird auch Sauerstoff aufgenommen und Kohlendioxyd ausgeschieden. Und manchmal lösen sich kleine Schwammlarven ab, die bereits die ersten Stufen der Entwicklung im Elterntier durchgemacht haben, und lassen sich mit dem dunklen Strom ins Meer hinausgleiten.

Das verzweigte Netz von Gängen, die schützende Unterkunft und das Futter, das zur Hand ist, haben viele kleine Geschöpfe dazu verlockt, im Innern des Schwammes zu leben. Manche von ihnen kommen und gehen wieder, andere verlassen den Schwamm niemals mehr, wenn sie ihn einmal zu ihrer Wohnung erwählt haben. Ein solcher ›Dauergast‹ ist eine kleine Garnele, Synalpheus, auch Hammergarnele genannt wegen des Geräuschs, das sie hervorbringt, wenn sie ihre große Schere vernehmlich einschnappen lässt.

Die erwachsenen Tiere bleiben eingekerkert, aber die junge Garnele, die sich aus Eiern entwickelt hat, die an den Beinen des Muttertieres befestigt gewesen sind, verlässt den Schwamm und zieht mit dem ausfließenden Wasser ins Meer hinaus; dort lässt sie sich eine Weile von Strömungen und Gezeiten treiben, schwimmt umher und wird vielleicht weit fortgetragen. Wenn sie Pech hat, findet sie hin und wieder auch den Weg in tiefes Wasser, wo keine Schwämme wachsen. Aber viele der Garnelen werden zur rechten Zeit den mächtigen dunklen Körper eines Dickkopfschwammes entdecken, auf ihn zustreben und durch die Poren hineinschlüpfen, um das gleiche seltsame Dasein wie ihre Eltern zu führen. Sie wandern durch die finsteren Kanäle und kratzen sich ihr Futter von den Wänden. Während sie diese zylindrischen Gänge entlangkriechen, strecken sie die Fühler und die langen Kieferfüße mit den Scheren vor, als wollten sie auf diese Weise die Annäherung eines größeren Geschöpfes wahrnehmen; denn ihr Unterschlupf beherbergt viele Inwohner mannigfacher Art wie andere Garnelen, Flohkrebse, Würmer, Asseln, und ihre Zahl mag in die Tausende gehen, wenn der Schwamm groß ist.

Auf dem flachen Grund vor einigen Keys habe ich manche Dickkopfschwämme geöffnet und das warnende Einschnappen der Scheren gehört, wenn sich die Garnelen, diese kleinen bernsteinfarbenen Wesen, die in ihm hausten, eilends in tiefere Hohlräume zurückzogen. Das gleiche Geräusch hörte ich an einem Abend bei Ebbe rings um mich aufklingen, als ich gerade ans Ufer watete. Aus allen bloßliegenden Riff-Felsen erklangen merkwürdige leise Klopftöne – ein feines Hämmern; doch ließ sich unmöglich erkennen, woher diese Laute kamen. Dieses Pochen so ganz in der Nähe musste unbedingt von einem bestimmten Felsstück ausgehen. Doch sobald ich mich niederkniete, um es genauer zu ergründen, herrschte Schweigen; dann wurde im ganzen Umkreis – nur nicht an der Stelle, die ich gerade abhorchte – das Elfengehämmer wieder aufgenommen. In den Felsen konnte ich die kleinen Garnelen nie finden, doch wusste ich, dass sie mit den Formen verwandt waren, die ich in den Dickkopfschwämmen aufgespürt hatte. Jedes Tierchen besitzt eine riesige Hammerschere, die beinahe so lang wie der übrige Körper ist. Das bewegliche Glied dieser Schere ist wie ein Pflock geformt, der genau in eine Vertiefung des feststehenden Teils passt. In Ruhestellung ist der Pflock hochgehoben und wird offenbar von Saugnäpfen in seiner Lage gehalten. Um ihn mit hörbarem Knacks einschnappen zu lassen, muss das Tier zusätzliche Muskelkraft anwenden. Dabei spritzt aus der Vertiefung ein kräftiger Wasserstrahl, der vielleicht Feinde abwehren und beim Fangen der Beute helfen kann. Möglicherweise wird das Opfer auch durch einen tüchtigen Hieb der Schere betäubt. Welchen Wert diese Einrichtung auch besitzen mag, die Garnelen, die sich ihrer bedienen, sind in den seichten Gewässern der tropischen und subtropischen Region so zahlreich und lassen ihre Scheren so unaufhörlich pochen, dass sie für einen Großteil des seltsamen Lärms verantwortlich sind, der von Unterwasser-Horchgeräten aufgenommen wird und die Wasserwelt dauernd mit knarrenden und knisternden Lauten erfüllt.

Meine erste, etwas verblüffende Begegnung mit tropischen Seehasen erlebte ich an einem Tag anfangs Mai in den Untiefen vor der Insel Ohio Key. Ich watete gerade über ein Stück des flachen Riffbodens, der ungewöhnlich stark mit großen Algen bewachsen war, als mein Blick durch eine plötzliche Bewegung auf mehrere, etwa dreißig Zentimeter lange Tiere mit plumpem Körper gelenkt wurde, die zwischen den Pflanzen umherkrochen. Sie besaßen eine helle gelbbraune Farbe und waren mit schwarzen Ringen gezeichnet; als ich eines von ihnen vorsichtig mit dem Fuß stupfte, stieß es als Antwort sogleich eine Flüssigkeit aus, die rot wie Preißelbeeren leuchtete und das Tier in eine Wolke einhüllte.

Vor Jahren hatte ich an der Küste North Carolinas zum ersten Mal einen Seehasen gesehen. Es war ein unscheinbares Geschöpf, etwa so lang wie mein kleiner Finger, und ging friedlich zwischen ein paar Algen in der Nähe einer Steinmole auf die Weide. Ich schob die Hand unter, hob ihn sanft hoch und nachdem ich festgestellt hatte, was für ein Tier es war, setzte ich das kleine Geschöpf wieder sorgsam in die Algen zurück, wo es gleich weitergraste. Erst als ich dem Bild, das ich in Erinnerung hatte, wesentlich derbere Züge verlieh, konnte ich diese tropischen Lebewesen darin wiedererkennen. Sie schienen eher in ein Buch über Fabeltiere zu gehören als Verwandte jenes Elfengeschöpfes zu sein, das ich seinerzeit bewundert hatte.

Die großen Westindischen Seehasen kommen bei den Florida-Keys vor, aber auch in der Umgebung anderer Inseln wie der Bahamas, Bermudas und Kapeverdischen Inseln. Innerhalb ihres Verbreitungsgebiets leben sie gewöhnlich in einiger Entfernung von der Küste, aber zur Laichzeit kommen sie ins Seichte, um ihre Eier in verschlungenen Fäden an den Algen in der Nähe des Niedrigwasser-Saums zu legen; dort hatte ich die Tiere auch gefunden. Die Seehasen sind Meeresschnecken, aber sie haben ihre äußere Schale verloren und besitzen nur im Körperinneren einen Überrest davon, der von dem weichen Mantelgewebe verdeckt wird. Zwei hochragende Fühler, die an Ohren erinnern und auf einem hasenähnlichen Körper sitzen, haben dem Tier seinen Namen eingetragen.

Sei es wegen seines seltsamen Aussehens oder wegen der Flüssigkeit, die der Seehase zu seiner Verteidigung absondert und die man oft für giftig hielt – in der Welt des Altertums hat er jedenfalls in Aberglauben und Zauberei einen sicheren Platz innegehabt.

Plinius erklärte, er sei giftig und man dürfe ihn nicht anrühren, und empfahl, gemahlene Eselsknochen in Eselsmilch zu kochen und als Gegenmittel anzuwenden. Apuleius, der hauptsächlich als Verfasser des »Goldenen Esels« bekannt ist, war einmal neugierig, wie das Innere eines solchen Seehasen aussehen mochte; er überredete zwei Fischer, ihm ein Tier zu bringen, und wurde deswegen der Hexerei und der Giftmischerei angeklagt. Ganze fünfzehnhundert Jahre mussten verstreichen, ehe es jemand wagte, die innere Anatomie des Geschöpfes zu beschreiben; das unternahm 1684 Redi, und obwohl man im Volksmund das Tier manchmal als Wurm, als Seewalze oder als Fisch bezeichnete, ordnete Redi es ganz richtig ein – zumindest erkannte er die ungefähre Verwandtschaft und erklärte es für eine »Nacktschnecke des Meeres«. In den letzten Jahrhunderten hat man sich dann von der Harmlosigkeit des Seehasen zumeist überzeugen lassen, man wusste in Europa und Großbritannien recht gut über ihn Bescheid; die amerikanischen Arten allerdings, die weitgehend auf tropische Gewässer beschränkt bleiben, sind im Allgemeinen weniger bekannt.

Vielleicht sind sie den Bewohnern ihrer Heimat nur deshalb nicht so vertraut, weil sie selten in das Wasser des Gezeitensaums wandern, um dort zu laichen. Ein einzelnes Tier besitzt männliche wie weibliche Fortpflanzungsorgane und kann daher Eier oder Samen erzeugen, manchmal auch gleichzeitig beides. Legt der Seehase seine Eier ab, stößt er ruckweise einen Faden aus, jedes Mal etwa zweieinhalb Zentimeter davon, und setzt dieses Geschäft langsam fort, bis die Schnur manchmal eine Länge von zwanzig Metern erreicht und ungefähr 100 000 Eier enthält. Wenn der orangefarbene bis hellrote Faden austritt, legt er sich in Windungen über die Pflanzen der Umgebung und bildet eine verschlungene Laichmasse. Die Eier und die Jungen, die daraus hervorgehen, teilen das Schicksal der Nachkommen anderer Meeresgeschöpfe: Von den Eiern gehen viele zugrunde, sie werden von Krebsen oder anderen Räubern gefressen – sogar von den Seehasen selbst – und eine große Zahl der ausgeschlüpften Larven vermag die Gefahren des Daseins im Plankton nicht lebend zu überstehen. Die Larven werden mit den Strömungen vom Ufer weggetragen und wenn sie den Grund aufsuchen und sich in die verwachsene Form verwandeln, befinden sie sich in tiefem Wasser. Während sie wieder der Küste zuwandern, wechselt ihre Farbe mit dem Futter: Zuerst schimmern sie in sattem Rosa, dann werden sie braun und schließlich olivfarben.

Bei einer europäischen Art ist die Lebensgeschichte genau bekannt und weist eine merkwürdige Parallele mit dem pazifischen Lachs auf. Wenn der Seehase herangewachsen ist, strebt er der Küste zu, um zu laichen. Von dieser Reise gibt es für ihn keine Wiederkehr, die Tiere erscheinen nicht mehr auf den alten Weidegründen, die fernab vom Ufer liegen, sondern gehen offensichtlich nach einer einzigen Laichablage zugrunde.

Die Welt der flachen Meerbecken um die Riffe ist von Stachelhäutern jeglicher Art bevölkert: Seesterne,

Schlangensterne, Seeigel, Sanddollars und Seewalzen, sie alle sind auch auf dem Korallenfels zu Hause und leben in den wandernden Sandmassen der Meergärten, die aus Hornkorallen bestehen, sowie am Grunde der Seegraswiesen. Alle haben im Haushalt des Meeres ihre Bedeutung als Glieder einer lebenden Kette, in der ein Geschöpf dem Meer Stoffe entnimmt, sie an andere weitergibt, bis sie schließlich in die See zurückgelangen und den Kreislauf von neuem antreten. Einige Formen sind auch für geologische Vorgänge wichtig, bei denen sie aufbauend oder auch zerstörend wirken können, wenn der Fels von ihnen abgetragen und zu Sand zermahlen wird, oder andrerseits sich auf dem Grunde des Meeres Sedimente anhäufen, die weiterbefördert, ausgelesen und neu verteilt werden. Und im Tode steuern die harten Skelette dieser Tiere Kalzium bei, das von anderen Formen benötigt wird oder dem Aufbau der Riffe dient.

Auf den Riffen, die vor der Küste liegen, höhlt sich der schwarze langstachelige Seeigel Diadema am Grunde des Korallenwalls Vertiefungen aus. Jedes Tier lässt sich in sein Versteck gleiten und dreht die Stacheln nach außen, so dass ein Schwimmer, der an den Riffen entlanggleitet, einen Wald schwarzer Kiele sieht. Dieser Seeigel wandert auch über die flachen Teile des Riffs herein und nistet sich dort dicht an der Grundfläche eines Dickkopfschwamms ein oder er setzt sich manchmal – wenn er es offenkundig nicht für nötig findet, sich zu verbergen – auf freiliegenden Sandflächen zur Ruhe.

Der Körper eines voll erwachsenen schwarzen Seeigels, der von Skelettplatten umhüllt ist, vermag einen Durchmesser von etwa zehn Zentimetern zu erreichen und ist mit Stacheln bestückt, die dreißig bis achtunddreißig Zentimeter lang werden können. Dieser Seeigel ist eines

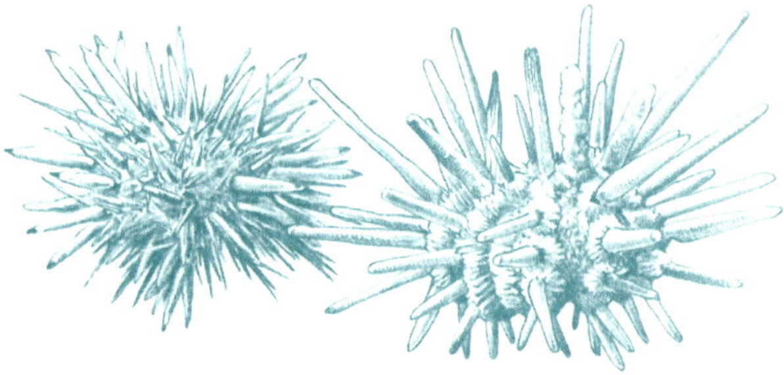

Links: Seeigel, Echinometra lucunter
Rechts: Lanzenseeigel, Eucidaris tribuloides

der wenigen Tiere an der Küste, die man nicht anfassen darf, weil sie giftig sind, und es heißt, dass die Berührung mit einem der hohlen schlanken Stacheln wie ein Hornissenstich wirkt und für ein Kind oder einen besonders empfindlichen Erwachsenen noch gefährlicher werden kann. Anscheinend ist der Reizstoff oder das Gift in dem Schleim enthalten, der die Stacheln überzieht.

Der Seeigel Diadema nimmt in außergewöhnlichem Maße wahr, was sich in seiner Umgebung abspielt. Breitet man die Hand über ihn aus, schwenken alle Stacheln in ihren Sockeln herum und richten sich drohend gegen den Eindringling. Bewegt man die Hand hin und her, schwingen die Stacheln mit und folgen ihr. Nach Angaben Professor Norman Millers vom Universitäts-Collegium der Westindischen Inseln sind Sinneszellen über den ganzen Körper verstreut; sie nehmen Reize auf, die durch einen Wechsel in der Helligkeit hervorgerufen werden, und zeigen eine besondere Empfindlichkeit gegen plötzliche Abnahme der Lichtstärke, die sie anscheinend als böses

Vorzeichen einer dunkel drohenden Gefahr werten. Insofern vermag der Seeigel bewegte Gegenstände, die nahe vorbeigleiten, vielleicht tatsächlich zu ›sehen‹.

Auf eine geheimnisvolle Weise ist dieser Seeigel mit einem der großen Rhythmen der Natur verbunden, weil er zur Zeit des Vollmonds laicht. Die Eier und Samenzellen werden im Sommer einmal im Monat, in Nächten, in denen das Mondlicht am stärksten ist, ins Wasser entleert. Was es auch sein mag, das alle Angehörigen der Gattung veranlasst, sich so zu verhalten – durch die gleichzeitige und verschwenderische Abgabe der Fortpflanzungszellen bleibt die Erhaltung der Art gewährleistet.

Vor einigen der Keys lebt in seichtem Wasser ein Lanzenseeigel, Eucidaris, auch Meerturban genannt, der mit kräftigen kurzen Stacheln bewehrt ist. Er lebt als Einzelgänger, der inmitten der Riff-Felsen Zuflucht sucht, er erscheint träge und wenig fähig, etwas wahrzunehmen. Wenn ihm jemand zu nahe kommt, merkt er nichts und bemüht sich keineswegs, sich mit den Füßchen anzuklammern, sobald man ihn aufhebt. Er gehört zu der einzigen Familie jetzt lebender Stachelhäuter, die es auch im Paläozoikum schon gab. Die jüngsten Mitglieder der Gruppe zeigen in ihrer Form wenig Veränderung gegenüber den Vorfahren, die vor einigen hundert Millionen Jahren lebten.

Ein anderer Seeigel mit kurzen schlanken Stacheln und Farben, die von tiefem Violett zu Grün, Rosa und Weiß wechseln, kommt manchmal in Mengen auf sandigem Grund vor, wenn dort Schildkrötengras wächst. Er tarnt sich mit kleinen Grashalmen, Schalen und Korallenstückchen, die er mit seinen Füßchen hält. Wie viele andere Seeigel hat er geologische Bedeutung. Er knabbert mit seinen weißen Zähnen an Schalen und Korallenfels, schneidet Stücke davon ab, die dann in der Mühle seines Verdauungskanals zerkleinert und blankgescheuert werden und einen Beitrag zum Sand tropischer Gestade liefern.

Und überall auf diesen ebenen Korallenbänken sind die Gruppen der Seesterne und Schlangensterne vertreten. Der Riesen-Seestern Oreaster, der einen gedrungenen mächtigen Körper besitzt, findet sich vielleicht ein wenig weiter von der Küste entfernt in noch größerer Menge. Dort versammeln sich die Tiere auf dem weißen Sand zu ganzen ›Sternbildern‹, aber sie wandern auch vereinzelt der Küste zu und suchen besonders die Gebiete mit grasigem Pflanzenwuchs auf.

Ein kleiner, rötlich brauner Seestern, Linkia, hat die seltsame Angewohnheit, einen Arm abzubrechen; an seiner Stelle wächst dann ein Bündel von vier neuen Armen nach, wodurch vorübergehend eine ›Kometenform‹ entsteht. Manchmal bricht ein solcher Seestern auch in der Mittelscheibe auseinander und wenn die Teilstücke zu einem neuen Tier regenerieren, wie man sagt, kann es sechs- und siebenstrahlige Formen geben. Diese Teilung scheint bei den jungen Tieren eine Art Vermehrung darzustellen, denn sobald sie erwachsen sind, hören sie auf, sich zu spalten, und bringen Eier hervor.

Wo Hornkorallen sich im Boden verankert haben, unter Schwämmen oder in deren Innerem, unter Felsblöcken und in kleinen verwitterten Vertiefungen im Korallenfels, hausen Schlangensterne. Ihre Arme sind lang und biegsam und aus einer Anzahl ›Wirbel‹ zusammengesetzt, die wie Stundengläschen aussehen; mit ihnen vermögen sie gewundene und anmutige Bewegungen auszuführen. Manchmal stehen sie auf den Spitzen zweier Arme und schwanken mit dem Lauf der Strömungen hin und her, wobei sie die anderen Arme so zierlich beugen wie eine

Schlangenstern, Ophiocoma echinata; dunkel, mit heller Zeichnung, an tropischen Küsten häufig anzutreffen. Die Scheibe hat zweieinhalb Zentimeter Durchmesser, die Arme sind fünfzehn Zentimeter lang.

Balletttänzerin. Über eine feste Unterlage kriechen sie, indem sie zwei Arme nach vorne schleudern und den scheibenförmigen Körper sowie die übrigen Arme nachziehen. Die Schlangensterne fressen winzige Weichtiere, Würmer und andere Organismen. Sie selbst wiederum werden von vielen Fischen und anderen Räubern verschlungen und fallen manchmal gewissen Parasiten zum Opfer. So kann in der Haut eines Schlangensterns eine kleine grüne Alge leben: Sie löst die Kalkplatten auf, die Arme werden brüchig und knicken ab. Oder ein merkwürdiger verkümmerter Ruderfüßer-Krebs haust als Schmarotzer in seinen Fortpflanzungsorganen, zerstört sie und macht das Tier unfruchtbar.

Meine erste Begegnung mit einem lebenden westindischen Gorgonenhaupt ist etwas, das ich nie vergessen werde. Ich watete von der Insel Ohio Key ins Wasser hinaus, das mir ein Stückchen über die Knie reichte, als ich diesen besonderen Schlangenstern zwischen einigen

Von links nach rechts: Eine rutenförmige Hornkoralle, ein Gorgonenhaupt, ein Venusfächer, junge Korallenfische und eine andere Art rutenförmiger Hornkorallen

Algen sachte in der Flut treiben sah. An der Oberseite hatte er die Farbe eines jungen Rehs und unterwärts schimmerte er in helleren Tönen. Die suchenden, prüfenden und tastenden Zweiglein an den Spitzen der Arme erinnerten mich an die zarten Ranken, mit denen wilder Wein beim Hochklettern sich einen Platz zum Anklammern sucht. Viele Minuten lang blieb ich neben dem Tier stehen und hatte für nichts anderes Augen als für seine außerordentliche und irgendwie gebrechliche Schönheit. Ich verspürte nicht den Wunsch, es zu ›sammeln‹; ein solches Wesen zu stören, wäre mir wie eine Entweihung erschienen.

Dieses Tier gehört zu der großen Gruppe der Schlangensterne, zeigt aber bemerkenswerte Unterschiede im Bau gegenüber den anderen Vertretern. Jeder der fünf Arme teilt sich V-förmig und diese Verästelung setzt sich immer weiter fort, bis ein Gewirr aus geringelten Fäden den äußeren Rand des Tieres umgibt. Naturwissenschaftler früherer Zeiten, die eine Vorliebe für das Dramatische hegten, benannten diese Tiere nach den Gorgonen, jenen Ungeheuern der griechischen Mythologie, die Schlangen statt Haaren trugen und deren furchtbarer Anblick der Sage nach Menschen in Stein verwandelte; so erhielt die Familie, die diese Stachelhäuter umfasst, den Namen

Gorgonocephalidae. In der Fantasie mancher Menschen mögen sie zu Tieren mit ›Schlangenlocken‹ werden, aber ich finde, dass sie in ihrer gesamten Erscheinung schön, anmutig und zierlich wirken.

Von der Arktis bis zu den Westindischen Inseln leben Gorgonenhäupter der einen oder anderen Art in Küstengewässern und viele wandern hinunter zum lichtlosen Meeresgrund, der an die sechzehnhundert Meter unter dem Wasserspiegel liegt. Wie Alexander Agassiz es vor langer Zeit einmal beschrieb, steht das Tier »gleichsam auf Zehenspitzen, so dass die Arme es wie eine Art Gitterwerk umgeben, das bis auf den Grund reicht, während die Körperscheibe das Dach bildet«. Manchmal klammern sie sich vielleicht an Hornkorallen an oder an andere festsitzende Meeresgeschöpfe. Die verzweigten Arme dienen als feinmaschiges Fanggerät, um kleine Meerestiere damit zu umgarnen. In manchen Gebieten vereinigen sich die Gorgonenhäupter auch zu großen ›Herden‹, als verfolgten sie damit einen gemeinsamen Zweck. Dann schlingen sich die Arme der benachbarten Tiere zu einem zusammenhängenden lebenden Netz ineinander, um die ganze lebende Brut der See einzufangen, die hilflos angetrieben wird oder sich in die Reichweite der Millionen zupackender Ranken wagt.

Ein Gorgonenhaupt nahe am Ufer zu erblicken, gehört zu den Seltenheiten. Ganz anders verhält es sich jedoch mit den Seewalzen, auch gemeinhin Seegurken genannt, die eine besondere Abteilung des Stammes der Stachelhäuter bilden. Ich bin niemals weit auf die flachen Böden des Riffs hinausgewandert, ohne sie anzutreffen. Ihre großen dunklen Formen erinnern an Gurken, was ihnen im Volksmund diesen Namen eingetragen hat, obwohl die eigentlichen Seegurken wissenschaftlich nur eine besondere Gruppe der Seewalzen sind. Sie heben sich deutlich von dem weißen Sand ab, auf dem sie träge liegen oder manchmal teilweise eingegraben sind. Die Seewalzen haben im Meer eine Aufgabe, die man ungefähr mit der von Regenwürmern auf dem Festland vergleichen könnte; denn sie nehmen Unmengen Sand und Schlamm zu sich, der ihren Körper durchwandert. Die meisten von ihnen verwenden dazu einen Kranz abgestumpfter Tentakel, die von kräftigen Muskeln gehandhabt werden; mit ihnen schaufeln sie die Ablagerungen vom Boden in die Mundöffnung, und während dieser Schutt durch den Körper geht, werden ihm Nahrungsteilchen entnommen. Vielleicht werden dabei durch chemische Vorgänge auch manche kalkhaltigen Stoffe gelöst.

Mit dieser eigenartigen Fähigkeit beeinflussen die Seewalzen, zumal sie so häufig sind, in hohem Maße rings um die Korallenriffe und die Inseln die Verteilung der Sedimente. Nach einer Schätzung können die Tiere in einem Gebiet, das etwa fünf Quadratkilometer umfasst, in einem einzigen Jahr tausend Tonnen Grund verarbeiten und neu verteilen. Und man hat Beweise, dass sich ihre Arbeit auch auf Meeresböden der Tiefsee erstreckt. Die Sedimente türmen sich langsam, aber unablässig zu einer dicken Decke; gewöhnlich lagern sie sich stetig übereinander, und der Geologe kann aus ihrer Folge viele Kapitel der Geschichte vergangener Erdzeitalter ablesen. Aber manchmal sind diese Schichten merkwürdig gestört. Stückchen vulkanischer Aschensteine, die zum Beispiel von alten Ausbrüchen eines Vulkans stammen können, liegen an verschiedenen Stellen, nicht in einer dünnen einheitlichen Decke, die dem Zeitpunkt und der Stärke der Eruption entspricht, sondern weithin verstreut in den nächstfolgenden Lagen anderer Sedimente. Geologen erblicken darin das Werk von Tiefseeformen der Seewalzen. Und andere Beweise aus Schleppnetzfängen und Grundproben rechtfertigen die Annahme, dass in großer Tiefe auf dem Boden der See Herden dieser Tiere hausen, die ein bestimmtes Stück Grund bearbeiten und dann in Mengen weiterziehen. Diese Massenwanderung wird nicht durch den Wechsel der Jahreszeiten bedingt, sondern durch den Mangel an Futter in den tiefen lichtlosen Regionen.

Außer in jenen Teilen der Welt, in denen die Seegurken als menschliche Nahrung begehrt sind – sie kommen als ›Trepang‹ oder bêche de mer auf die Märkte des Orients –, besitzen sie unseres Wissens wenig Feinde. Doch verfügen sie über eine seltsame Einrichtung, die sie anwenden, wenn man sie allzu sehr in ihrer Ruhe stört. Dann können sich die Seewalzen kräftig zusammenziehen und durch einen Riss in der Körperwand den größten Teil der inneren Organe herausschleudern. Manchmal führt diese Handlungsweise zum Tode, aber oft lebt das Geschöpf weiter und die Organe bilden sich wieder nach.

Dr. Ross Nigrelli und seine Mitarbeiter von der New Yorker Zoologischen Gesellschaft haben kürzlich entdeckt, dass die große Westindische Seegurke, die auch bei den Florida Keys gefunden wird, eines der stärksten Tiergifte erzeugt – wahrscheinlich als chemische Abwehrwaffe. Laboratoriumsversuche bewiesen, dss selbst kleine Mengen des Giftes auf alle Lebewesen – von den Urtieren bis zu den Säugetieren – schädlich wirken. Fische, die mit einer Seegurke in einem Behälter eingesperrt sind, verenden stets, wenn die Eingeweide ausgestoßen werden. Die Untersuchung dieses natürlichen Giftes zeigt, ein wie gefahrvolles Dasein viele kleine Geschöpfe führen, die in Gemeinschaft mit Seegurken leben und an ihrem Futter mitschmausen. Die erwähnte Westindische Seegurke beherbergt oft einen kleinen Fisch, Fierasfer, auch Nadelfisch genannt, der in ihrer Kloakenhöhle Unterschlupf sucht; dort ist das Wasser durch die Atemtätigkeit der Seegurke immer gut mit Sauerstoff versorgt. Aber das Wohlbefinden, ja das Leben des kleinen Fierasfer dürfte ständig gefährdet sein, denn der Fisch scheint tatsächlich neben einem Gefäß zu leben, das mit tödlichem Gift gefüllt ist und jeden Augenblick bersten kann. Offensichtlich wird der Fisch nicht immun gegen das Gift der Seewalze, denn Dr. Nigrelli fand, dass ein Fierasfer, der Unterschlupf gesucht hatte, in verendendem Zustand herausschwamm, sobald die Seewalze aufgescheucht wurde, auch wenn sie die Eingeweide noch nicht herausgeschleudert hatte.

Über den Untiefen der ebenen Riffböden sieht man am Ufer wie Wolkenschatten dunkle Flecke verstreut. Jeder von ihnen besteht aus einem dichten Seegrasbestand, dessen flache Halme den Sand durchstoßen und unter dem Wasser ein Eiland bilden, das vielen Tieren Zuflucht und Sicherheit gewährt. In der Umgebung der Keys bestehen diese Stellen hauptsächlich aus Thalassia, dem Schildkrötengras, unter das sich Tanggras und Halodule-Arten mischen. Diese Gräser gehören alle zu der höchsten Gruppe, zu den Samenpflanzen, und unterscheiden sich daher grundlegend von den Algen. Die Algen sind die ältesten Pflanzen der Erde und sie haben immer dem Meer oder dem Süßwasser angehört. Aber die Samenpflanzen sind erst in den verflossenen sechzig Millionen Jahren entstanden und jene Formen, die jetzt in der See leben, stammen von Ahnen ab, die vom Festland in das nasse Element zurückkehrten; wie oder warum, das lässt sich schwer sagen. Nun wachsen sie an Plätzen, wo die

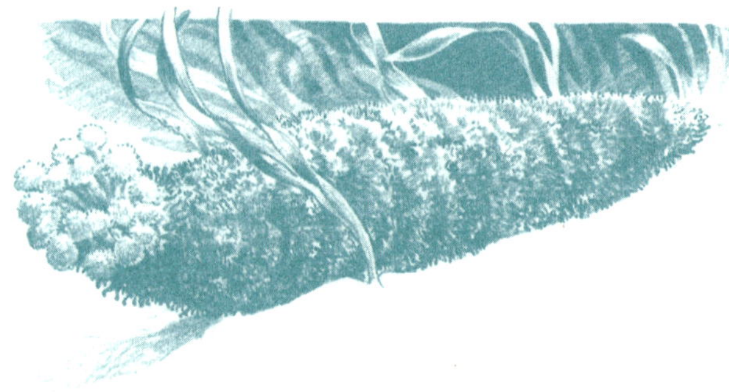

Westindische Seegurke

salzigen Fluten sie bedecken. Sie öffnen ihre Blüten unter Wasser, ihr Pollen wird vom Meer verbreitet, ihre Samen reifen dort, fallen ab und werden von den Gezeiten fortgetragen. Die Meergräser senken ihre Wurzeln in den Sand und in das treibende Geröll der Korallenriffe und erzielen so eine festere Verankerung als die wurzellosen Algen. Wo sie dicht wachsen, helfen sie mit, den Sand vor der Küste gegen die Strömungen zu schützen, ähnlich wie an Land die Dünengräser verhüten, dass der trockene Sand vom Wind weggeweht wird.

In den Inseln aus Schildkrötengras finden viele Tiere Nahrung und Obdach. Hier lebt auch der Riesen-Seestern, Oreaster. Ebenso gibt es hier die Riesen-Flügelschnecke, dann den Fechter aus der gleichen Schneckenfamilie, die Gebänderte Teppichschnecke, die Sturmhaubenschnecken und die Tonnenschnecken. Ein merkwürdiger gepanzerter Fisch, der zu den Kofferfischen gehört und wegen seiner Stirnfortsätze Kuhfisch genannt wird, schwimmt dicht über dem Grund und schiebt die Halme auseinander, an denen sich Fische wie die Große

Gebänderte Teppichschnecke

Seenadel und das Seepferdchen anklammern. Junge Kraken verstecken sich zwischen den Wurzeln und wenn sie verfolgt werden, tauchen sie in den weichen Sand und verschwinden außer Sicht. Unter dem Grasrasen leben in der schattigen Kühle der Wurzeln viele andere kleine Wesen verschiedener Art und kommen nur hervor, wenn Nacht und Dunkelheit ihnen Schutz bieten.

Aber auch am Tage kann man viele der kühneren Bewohner beobachten, wenn man zu den Grasflächen hinwatet und durch ein Wasser-Fernrohr guckt oder an tieferen Stellen darüber schwimmt und durch eine Gesichtsmaske hinabspäht. Hier kann man am ehesten die großen Weichtiere finden, die uns so vertraut sind, weil ihre toten, leeren Schalen häufig am Strand oder in Sammlungen zu sehen sind.

Hier kriecht die Riesen-Flügelschnecke im Gras umher, die früher einmal auf jedem Kaminsims ihren Platz hatte

Riesen-Flügelschnecke

und sogar heute noch zu Hunderten in Florida an den Ständen am Straßenrand an Touristen verkauft wird. Sie wurde allerdings so übermäßig viel gefangen, dass sie auf den Florida Keys selten geworden ist und die Gehäuse jetzt von den Bahamas-Inseln eingeführt werden, weil man aus ihnen Kameen schneidet. Die gewichtige, festgebaute Schale, die scharfe Spitze und die schwergepanzerten Windungen des Gehäuses legen beredtes Zeugnis von der Entwicklung dieser Tierform ab; diese Schutzeinrichtungen haben sich in langsamer Wechselwirkung zwischen Lebensvorgängen und Einflüssen der Umgebung in einer Ahnenreihe von Myriaden Generationen herausgebildet. Trotz des schwerfälligen Gehäuses und des wuchtigen Körpers, der sich in grotesken Sprüngen und tollpatschigen

Purzelbäumen über den Boden wälzt, scheint die Riesen-Flügelschnecke ein behändes und empfindungsfähiges Geschöpf zu sein. Vielleicht wird diese Vorstellung noch verstärkt durch die Augen, die am Ende zweier langer röhrenförmiger Tentakel sitzen. Die Art und Weise, wie diese Sehorgane sich zielbewusst bewegen, lässt wenig Zweifel aufkommen, dass dieses Tier mit ihnen Eindrücke von seiner Umgebung aufnimmt und an Nervenzentren weiterleitet, die an Stelle eines Gehirns vorhanden sind.

Obwohl ihre Kraft und ihr Wahrnehmungsvermögen die Flügelschnecke sehr geeignet für ein räuberisches Leben erscheinen lassen, begnügt sie sich wahrscheinlich mit Abfällen und macht nur gelegentlich Jagd auf lebende Beute. Sie besitzt verhältnismäßig wenige und nicht allzu bedrohliche Feinde und sie beherbergt einen sehr sonderbaren Mitbewohner. Gewöhnlich haust in ihrer Mantelhöhle ein kleiner Fisch. Wenn der ganze Körper und der Fuß in das Gehäuse zurückgezogen sind, kann nur wenig freier Raum übrigbleiben, dennoch ist noch Platz für den Kardinalfisch, der zweieinhalb Zentimeter misst. Sobald irgendeine Gefahr droht, flüchtet er schleunigst in die fleischige Höhle innerhalb des Schneckenhauses. Wenn sich die Schnecke in ihr Gehäuse zurückzieht und den sichelförmigen Deckel schließt, bleibt er dort vorübergehend eingekerkert.

Anderen, kleineren Wesen gegenüber, die ihren Weg in das Innere des Hauses finden, verhält sich die Flügelschnecke weniger duldsam. Eier vieler Meeresgeschöpfe, die von den Strömungen herangetragen werden, Larven von Meereswürmern, winzige Garnelen oder sogar Fische, auch leblose Gegenstände wie Sandkörner können ins Innere schwimmen oder zufällig hineingeraten; sobald sie sich an der Schale oder am Mantel niederlassen, üben sie einen Reiz aus. Auf ihn antwortet die Flügelschnecke mit einer uralten Abwehr, indem sie den Eindringling einmauert, damit er die zarten Gewebe nicht mehr behelligen kann. Die Manteldrüsen scheiden um den Kern dieses Fremdkörpers eine Perlmutterschicht nach der anderen ab; sie bestehen aus der gleichen schimmernden Substanz, mit der die Innenseite der Schale ausgeschlagen ist. Auf diese Weise erzeugt die Flügelschnecke die rosig schimmernden Perlen, die man manchmal in ihr findet.

Lässt sich ein Mensch beim Schwimmen über das Schildkrötengras treiben, kann er auch noch andere Lebewesen über dem Korallensand entdecken, von dem die dünnen, flachen Grashalme aufsteigen; sie neigen sich bei Flut dem Ufer zu und schwimmen bei Ebbe meerwärts. Wenn so ein Schwimmer sehr genau hinschaut, mag er vielleicht wahrnehmen, dass sich etwas, das er für einen Grashalm gehalten hat, weil es in Form, Farbe und Bewegung ihn genau nachahmte, plötzlich vom Sand löst und davongleitet. Die Große Seenadel, ein unglaublich langes, schlankes, von knöchernen Ringen umschlossenes Geschöpf, das ganz und gar nicht einem Fisch gleicht, schwimmt langsam und zielbewusst zwischen den Gräsern umher, hält bald den Körper senkrecht und liegt dann wieder waagrecht im Wasser. Der schmale Kopf ist sehr lang und die knöcherne Schnauze stößt suchend in die Büschel des Schildkrötengrases oder zwischen dessen Wurzeln, wenn der Fisch nach kleinen Futtertieren fahndet. Plötzlich sieht man, wie die Wangenpartie sich aufbläht und ein winziges Krebschen durch die röhrenförmige Mundöffnung eingesaugt wird.

Die Große Seenadel beginnt ihr Leben auf eine eigenartige Weise; das Männchen behält die Jungen in einer schützenden Tasche bei sich, in der sie sich entwickeln sowie ernährt und aufgezogen werden. Bei der Paarung werden die Eier befruchtet und vom Weibchen in diese Bruttasche gebracht. Dort reifen sie heran; die Jungfische schlüpfen aus und kehren immer wieder in ihre Brutkammer zurück, sobald Gefahr droht, und zwar noch lange, nachdem sie schon imstande sind, aus eigener Kraft ins Meer hinauszuschwimmen.

Auch bei einem anderen Bewohner dieser Grasinseln, beim Seepferdchen, ist die Tarnung so wirkungsvoll, dass nur das schärfste Auge ein solches Tierchen entdecken kann. Es umfasst mit dem biegsamen Schwanz einen Grashalm und der knochige kleine Körper neigt sich in die Strömung hinaus, als wäre er ein Teil der Pflanze. Das Seepferdchen ist völlig in einen Panzer eingeschlossen, der aus aneinandergefügten Knochenplatten zusammengesetzt ist; sie sind an die Stelle der sonst üblichen Schuppen getreten und scheinen entwicklungsgeschichtlich gewissermaßen ein ›Rückfall‹ in jene Zeit zu sein, in der Fische noch einen Panzer zum Schutz gegen Feinde besaßen. Die Ränder der Platten sind an den Nähten, an denen sie aneinanderstoßen, mit Wülsten, Knoten und Stacheln versehen, die das kennzeichnende Muster der Oberfläche gestalten.

Seepferdchen leben oft in Pflanzenbeständen, die auf dem Wasser treiben und sich nicht mit Wurzeln verankern. Solche Arten können dann zu einem Bestandteil der stetigen Drift werden, die nach Norden zieht und Pflanzen sowie die dazugehörigen Tiere und die Larven zahlloser Meeresgeschöpfe mit sich trägt. Sie gelangen in den offenen Atlantik und ziehen östlich bis nach Europa oder in die Sargassosee. Derartige ›reisende‹ Seepferdchen werden oft vom Golfstrom zusammen mit

Von links nach rechts: Riesen-Teppichschnecke, Krake, Große Seenadel, Seepferdchen, Seehase, Riesenseestern Oreaster und Kuhfische

Stückchen des Sargassotangs, an dem sie hängen, ans Ufer geschwemmt.

In diesem Dschungel des Schildkrötengrases scheinen sich alle die kleineren Inwohner von ihrer Umgebung eine Schutzfarbe zu leihen. Ich habe hier ein kleines Schleppnetz verwendet und gemerkt, dass verknäuelt in einer Handvoll Gras Dutzende kleiner Tiere verschiedener Art heraufgeholt wurden, die alle eine erstaunliche hellgrüne Färbung aufwiesen. Darunter waren Spinnenkrabben, auch Gespenstkrabben genannt, mit außergewöhnlich langen, gegliederten Beinen. Ebenso gab es kleine Garnelen, die grasgrün schimmerten. Am fantastischsten aber berührte es mich, einige junge Kofferfische zu sehen. Wie ihre Eltern, deren Überreste man oft im

Schwemmgut der Hochwassersäume findet, waren diese kleinen Kuhfische in knöcherne Hüllen eingeschlossen, bei denen Kopf und Körper in einem starren Panzer stecken, aus dem als einzige bewegliche Teile Rückenflossen und Schwanz herausragen. Vom Schwanzspitzchen bis zu den kleinen ›Kuhhörnern‹, die den Kopf zieren, hatten diese jungen Kofferfische die grüne Farbe des Grases angenommen, in dem sie hausten.

Besonders dort, wo die Untiefen an die Kanäle zwischen den Keys grenzen und mit Meergräsern bewachsen sind, werden sie zeitweilig von Seeschildkröten aufgesucht, die in ziemlich großer Zahl in der Umgebung der äußeren Riffe leben. Die Echte Karettschildkröte, manchmal kurz

Spinnenkrabben, Stenorhynchus seticornis

Echte Karette genannt, deren Kiefer an einen Habichtsschnabel erinnern, wandert weit ins Meer hinaus und wendet sich nur selten dem Ufer zu. Aber die Grüne Suppenschildkröte und die Unechte Karette mit ihrem gedrungenen plumpen Schädel schwimmen oft in den seichten Gewässern des Hawk-Kanals oder suchen ihre Nahrung in den schmalen Wasserstraßen zwischen den Keys, in denen die Gezeiten reißend schnell strömen. Sobald sich diese Schildkröten in die grasigen Untiefen begeben, haben sie es gewöhnlich auf die ›aufgeblasenen‹ Verwandten der Sanddollars, die Meerkuchen mit dem wissenschaftlichen Namen Clypeaster, abgesehen, die zur Familie der Schildigel gehören und zwischen den Grashalmen zu Hause sind. Manchmal gehen sie auch auf Flügelschnecken los, und es gibt für diese Weichtiere – abgesehen von anderen Formen aus der eigenen Familie – wahrscheinlich keine gefährlicheren Feinde als die großen Seeschildkröten.

Wie weit auch diese drei Schildkrötenarten vom Land fortwandern, zur Eiablage müssen sie wieder dorthin zurückkehren. Auf den Keys, die aus Korallenfels oder Kalkstein bestehen, ist dafür kein geeigneter Platz, aber auf einigen Sandinseln der Tortugas-Gruppe tauchen die Unechte Karette und die Grüne Suppenschildkröte aus dem Ozean auf und watscheln schwerfällig wie vorweltliche Ungeheuer über den Sand, um Nester auszuheben, in die sie ihre Eier eingraben Die Hauptplätze für die Eiablage der Schildkröten sind allerdings am Strand von Cape Sable und weiter nördlich in Georgia und auf den Inseln vor Carolina.

Besuchen die großen Schildkröten auf ihren Raubzügen die Seegraswiesen nur hin und wieder, so lauern dort die verschiedenen großen Meeresschnecken tagaus, tagein einander auf und machen alle gemeinsam Jagd auf Muscheln und Austern, auf kugelige und flache Seeigel. Der Haupträuber unter all den großen Schnecken ist die dunkelrote spindelförmige Riesen-Teppichschnecke, in Amerika horse conch, Pferdeschnecke, genannt. Man braucht ihr nur beim Fressen zuzusehen, um sich darüber klar zu werden, wie gewaltig sie ist; wenn der massive Körper, der ziegelrot wie das Gehäuse schimmert, sich ausbreitet, um die Beute zu umfassen und zu überwältigen, kann man schier nicht glauben, dass so viel Fleisch je wieder in die Schale zurückgezogen werden kann. Sogar das Kronhorn, Melongena, aus der Familie der Wieselschnecken, das selbst auf viele Artgenossen Jagd macht, kann es nicht mit ihr aufnehmen. Keine andere Meeresschnecke der amerikanischen Gewässer erreicht annähernd ihre Größe. Tiere von dreißig Zentimetern Länge sind recht häufig, und die Riesen unter ihnen messen sechzig Zentimeter. Auch die großen Tonnenschnecken fallen der Riesen-Teppichschnecke zum Opfer, während sie selbst sich gewöhnlich von Seeigeln ernähren.

Doch bemerkte ich persönlich wenig von dieser Raubgier, wenn ich dem Standort dieser Schnecken bei Tage einen flüchtigen Besuch abstattete. Sie verbringen lange Zeit in einem satten Dämmerzustand, und bei Tag erscheint die grasige Welt ein friedlicher Platz zu sein. Die einzigen Anzeichen von Leben und Bewegung sind vielleicht eine Flügelschnecke, die über den Korallensand gleitet, eine Seegurke, die schwerfällig und faul zwischen den Graswurzeln wühlt, oder die dunklen, schnell vorbeihuschenden Formen der Seehasen. Denn bei Tage hat sich alles Leben zurückgezogen. Die Tiere haben sich eingegraben oder in Spalten und Winkeln versteckt; manchmal haben sie sich unter einen Schwamm verkrochen oder sie sind in ihn hineingeschlüpft, sie haben sich hinter einer Hornkoralle oder in einer leeren Schale verborgen. In den seichten Gewässern müssen viele Geschöpfe dem scharfen Sonnenlicht ausweichen, das alles durchdringt, die empfindlichen Gewebe angreift und dem Räuber die Beute allzu deutlich sichtbar macht.

Aber diese scheinbar so stille Welt, die von Lebewesen bewohnt wird, die sich nur gemächlich oder gar nicht vom Fleck rühren, wird schnell munter, wenn der Tag sich dem Ende zuneigt. Hatte ich einmal auf den flachen Ausläufern des Riffs verweilt, bis die Dämmerung hereinbrach, trat eine neue fremdartige Welt voll aufregender Gefahren an die Stelle der dumpfen Trägheit des Tages. Denn nun waren Jäger und Wild unterwegs. Die Languste, auch Stachelhummer genannt, huschte verstohlen aus ihrem schützenden Versteck unter dem Klumpen eines großen Schwammes hervor und sauste wie der Blitz durchs offene Wasser davon. Der Graue

Schnapper und der Barracuda schwammen die Kanäle zwischen den Keys entlang und schossen in pfeilschneller Verfolgung einer Beute in die Untiefen nach. Krabben tauchten aus Höhlenschlupfwinkeln auf, Meeresschnecken von verschiedener Gestalt und Größe krochen unter den Steinblöcken hervor.

Oder ich lauschte vom Deck eines Bootes, das zwischen den Keys vor Anker lag, in die Nacht hinaus und vernahm das Plantschen, mit dem sich große Tiere in den Seichtwassern in der Nähe bewegten, oder ich hörte einen Stechrochen aufklatschen, der mit seinem breiten Körper aufs Wasser schlug, sich mehrmals in die Luft schnellte und wieder ins Meer plumpste. Einer der Fische, der des Nachts zu reger Tätigkeit erwacht, ist der amerikanische Hornhecht, Tylosura; er ist lang, schlank, besitzt einen kraftvollen Körper und ist mit einem scharfen Schnabel ausgerüstet, der besser zu einem Vogel passen würde. Die jungen Hornhechte kann man untertags von einem Landesteg oder von einer Felswand am Meer beobachten, denn sie schwimmen an der Oberfläche bis dicht ans Ufer, wie Strohhalme, die im Wasser treiben. Nachts wandern dann die alten Tiere, die weit ins Meer hinausgezogen sind, in die Untiefen hinein, um sich Futter zu suchen – manchmal einzeln, ein andermal wieder in großen Scharen. Sie schnellen sich aus dem Wasser oder gleiten auf dem Meeresspiegel entlang und verbreiten eine Unruhe, die man in einer stillen Nacht auf weite Entfernung hören kann. Fischer behaupten, der Hornhecht werde vom Licht angezogen; wenn man in einem kleinen Boot bei Nacht in Gebieten fahre, in denen diese Fische jagen, sei es gefährlich, ja selbstmörderisch, ein Licht zu zeigen, weil sie über das Boot springen würden. Wahrscheinlich steckt in diesem Glauben ein Körnchen

Wahrheit, denn sobald man an manchen Stellen bei den Keys den Strahl eines Scheinwerfers über das Wasser streichen lässt, begrüßen ihn oft ein Dutzend oder mehr große Fische mit laut platschenden Sprüngen, selbst wenn vorher nichts von ihrer Anwesenheit zu merken war. Doch schnellen sie gewöhnlich in rechtem Winkel zum Lichtstrahl hoch, sie scheinen also eher der Helligkeit entrinnen zu wollen.

Diese Korallenküste ist die im Meer versunkene Welt des vorgelagerten Riffs und das Reich seichter flacher Becken, die von einem Felsrand umsäumt sind; doch ist sie ebenso die schweigende grüne Welt der Mangrovepflanzen; geheimnisvoll und in immerwährendem Wandel begriffen, kündet sie von einer Kraft des Lebens, die mächtig genug ist, das Antlitz der Erde zu ändern. Wie die Korallen den Meeressaum der Keys beherrschen, so haben die Mangrovepflanzen von den geschützten Ufern der Buchten Besitz ergriffen und viele der kleineren Inseln völlig überwuchert. Sie stoßen über die Wasserflächen vor, verkleinern die Durchlässe zwischen den Inseln, bauen ein Eiland, wo früher nur eine Sandbank gewesen ist, und schaffen Land, wo sich ehemals das Meer ausgebreitet hat.

Die Mangrove-Vegetation gehört zu jenen Formen des Pflanzenreiches, die weit wandern und unentwegt ihre jungen Sämlinge aussenden, um ein paar Kilometer, manchmal auch hundert und tausend Kilometer von der Elternpflanze entfernt, neue Tochterkolonien zu gründen. An den tropischen Küsten Amerikas leben die gleichen Arten wie an der Westküste Afrikas. Wahrscheinlich kamen die amerikanischen Mangrovepflanzen vor Äonen von Afrika mit den Äquatorialströmungen über den Ozean, und es ist anzunehmen, dass auch heute noch solche Sendboten unbemerkt von Zeit zu Zeit eintreffen. Wie sie an die Pazifikküste des tropischen Amerika gelangten, ist eine ungelöste Frage. Doch irgendwie müssen die Mangrovepflanzen die Reise an die Küsten des Pazifiks unternommen und sich dort angesiedelt haben. Auch ihre weiteren Wanderungen sind noch ein Rätsel. Wahrscheinlich haben sie ihre Sämlinge den großen Strömungen des Pazifiks anvertraut, denn zumindest eine amerikanische Art wächst auf den Fidschi- und Tonga-Inseln und scheint auch nach den Cocos-, Keeling- und Christmas-Inseln befördert worden zu sein. Einige erschienen auch als neue Ansiedler auf der verwüsteten Insel Krakatau, nachdem diese im Jahre 1883 von einem Vulkanausbruch fast völlig zerstört worden war.

Die Mangroven gehören zu den Samenpflanzen, deren erste Formen sich auf dem Festland entwickelt haben. Sie bilden auf botanischem Gebiet ein Beispiel für eine Rückkehr zum Meer, die für den Beobachter immer eigenartig und fesselnd erscheint. Unter den Säugetieren haben die Robben und Wale die Heimat ihrer Urahnen wieder zu ihrem Wohnsitz erwählt. Die Meergräser sind sogar noch weiter gegangen als die Mangrovepflanzen, denn sie leben dauernd unter Wasser. Aber warum diese Rückwanderung ins Meer? Vielleicht sind die Mangroven oder die Formen, von denen sie abstammen, an Standorten, die dichter besiedelt waren, im Wettstreit mit anderen Arten unterlegen und dann verdrängt worden. Was auch der Grund gewesen sein mag, sie haben die schwierige Welt der Küste erobert und sich in ihr mit solchem Erfolg eingenistet, dass ihnen dort jetzt keine andere Pflanze mehr die Herrschaft streitig machen kann.

Die Saga einer einzelnen Mangrovepflanze beginnt, wenn der lange Sämling, der von der Mutterpflanze erzeugt worden ist und sich an ihr entwickelt hat, auf den Boden des sumpfigen Geländes herabfällt. Vielleicht geschieht das zufällig bei Ebbe, wenn das ganze Wasser abgeflossen ist; dann bleibt der Sämling inmitten der verschlungenen Wurzeln liegen und wartet, bis die salzige Flut wiederkehrt, ihn hochschwemmt und ihn dann nach dem Gezeitenwechsel dem Meer zuträgt. Von all den Hunderten und Tausenden von Mangrovesämlingen, die alljährlich an der Küste Südfloridas entstehen, bleiben wahrscheinlich weniger als die Hälfte in der Nähe der Elternpflanze, um sich dort zu entwickeln. Die übrigen ziehen in den Ozean hinaus und schwimmen wegen ihres leichten Baus obenauf; sie halten sich dicht am Wasserspiegel, wo sie mit den Strömungen treiben. Ihre Reise dauert vielleicht viele Monate lang, und sie sind imstande, die üblichen Unbilden einer solchen Fahrt wie Regen, Sonne und stürmische See zu überstehen. Zuerst schwimmen sie waagrecht, aber mit zunehmendem Alter, wenn sich ihre Gewebe weiterentwickelt haben und für einen neuen Lebensabschnitt gerüstet sind, richten sie sich allmählich nahezu senkrecht auf; die künftige Wurzel zielt nach abwärts, bereit, die Verbindung zur Erde zu suchen, von deren Vorhandensein die Zukunft der Pflanze abhängt.

Vielleicht liegt auf dem Wege eines solchen Sämlings eine kleine Sandbank, eine niedrige Bodenschwelle vor einem Inselufer, die dort Körnchen für Körnchen von den Wellen angelagert worden ist. Wenn die Flut die junge Mangrovepflanze in das Seichtwasser schwemmt, berührt das nach abwärts drängende Wurzelende die Sandbank, die scharfe Spitze drückt sich in den Boden und bettet sich ein. Die Wasserbewegung späterer Ebben und Fluten presst die junge Pflanze fest in den aufnahmebereiten Grund und vielleicht bringen sie bald darauf noch andere Sämlinge mit, die sich in der Nachbarschaft ansiedeln.

Kaum haben die jungen Pflänzchen sich verankert, beginnen sie zu wachsen und schicken Reihen von Wurzeln aus, die im Bogen nach abwärts streben und einen Kreis stützender Stelzen bilden. Zwischen diesem Wurzelgewirr, das sich rasend schnell vermehrt, lagern sich allerlei Überreste an – verfaulende Pflanzen, Treibholz, Schalen, Korallenstückchen, ausgerissene Schwämme und andere Geschöpfe des Meeres. Aus so einfachen Anfängen entsteht eine Insel. In zwanzig oder dreißig Jahren sind die jungen Mangroven zu stattlichen Bäumen herangewachsen. Dann können sie dem Ansturm einer ziemlich schweren Brandung standhalten und werden wahrscheinlich nur von heftigen Hurrikanen vernichtet. Einmal im Lauf vieler Jahre kommt so ein Sturm. Weil die Stützwurzeln so zweckmäßig gebaut sind, werden selbst von einem wütenden Orkan nur wenige Bäume entwurzelt. Aber die hohen Sturmgezeiten dringen durch das Sumpfgebiet weit landeinwärts vor und schwemmen das Salz des offenen Meeres in das bewaldete Innere. Blätter und kleine Zweige werden abgerissen und fortgeweht, und wenn der Wind wirklich wild bläst, schüttelt er die Strünke und Äste der großen Bäume, reißt die Rinde los und fegt sie in Lappen herunter, so dass der nackte Stamm dem brennenden Salzhauch des Sturms ausgeliefert ist. Dies mag die Geschichte mancher gespenstischer toter Mangrovewälder sein, die man am Saum der Küste Floridas findet. Aber solche Katastrophen sind selten, und im südwestlichen Florida wachsen ganze Mangrove-Inseln heran, ohne dass ihre Entwicklung irgendwie ernstlich gestört würde.

Ein Mangrovewald, bei dem die Bäume am äußeren Rande buchstäblich im Salzwasser stehen, erstreckt sich in die düsteren Sümpfe, die er selbst geschaffen hat, und ist voll geheimnisvoller Schönheit; die wuchtigen Stämme sind seltsam gewunden, die Wurzeln bilden ein wirres Geflecht und das dunkelgrüne Laub breitet sich in einem fast ununterbrochenen Baldachin darüber aus. Der Wald mit seinem Sumpfgelände bildet eine merkwürdige Welt. Die steigende Flut überspült die Wurzeln der außenstehenden Bäume und dringt in den Morast ein, sie trägt viele kleine Wanderer mit sich, vor allem die an der Wasseroberfläche lebenden Larven mancher Meeresgeschöpfe. Im Lauf der Jahrhunderte haben viele von ihnen günstige Lebensbedingungen für ihren Weiterbestand gefunden und haben sich angesiedelt – manche an den Wurzeln oder Stämmen der Mangrovebäume, andere im weichen Schlamm der Gezeitenzone und wieder andere am Grunde der Buchten, weiter vom Ufer entfernt. Die Mangrove kann die einzige Baumart oder sogar die einzige Samenpflanze sein, die dort wächst, und die Lebensweise aller anderen Pflanzen und Tiere hängt eng mit ihrem Vorhandensein zusammen.

Im Bereich der Gezeiten sind die Stützwurzeln dicht bewachsen mit einer Austernart, deren Schale fingerartige Fortsätze besitzt, mit denen sie sich an dieser festen Unterlage anklammert und so oberhalb des Schlammes bleibt.

Des Nachts zur Ebbezeit folgen die Waschbären dem sinkenden Wasser und hinterlassen gewundene Spuren auf dem Schlamm, wenn sie von Wurzel zu Wurzel wandern und sich die Austern aus den Schalen holen. Das Kronhorn hat es ebenfalls auf diese Auster der Mangroven abgesehen. Winkerkrabben heben Tunnels im Schlamm

Kronhorn, Melongena corona

aus und suchen in deren Tiefe Zuflucht, wenn die salzige Flut steigt. Diese Krabben sind bemerkenswert, weil die Männchen eine riesige Schere besitzen, mit der sie unaufhörlich winkende Bewegungen ausführen; offensichtlich dienen sie zur Verständigung und zur Abwehr. Weil man diese Schere auch mit einer Fiedel vergleichen könnte, wird das Tier im Englischen fiddler crab genannt. Winkerkrabben fressen Pflanzenabfälle, die sie vom Sand und Schlamm auflesen. Für diesen Zweck besitzt das Weibchen zwei löffelförmige Scheren, das Männchen muss sich mit einer begnügen, weil die andere umgestaltet ist. Durch ihre Tätigkeit helfen die Krabben den schweren Schlamm durchlüften, der mit organischen Resten angereichert, aber so arm an Sauerstoff ist, dass die Mangrovebäume noch zusätzlich Atemwurzeln besitzen müssen, um die im Boden steckenden Stützwurzeln zusätzlich mit Sauerstoff zu versorgen. Schlangensterne und seltsame Krebse, die sich eingraben, leben zwischen den Wurzeln, während in den oberen Zweigen große Kolonien von Pelikanen und Reihern Platz zum Aufbäumen und Nisten finden.

Hier an diesen Küsten, die von Mangrovevegetation umsäumt sind, haben es einige wagemutige Weichtiere und Krebse gelernt, außerhalb des Meeres zu leben, aus dem sie vor nicht allzu langer Zeit gekommen sind. Zwischen den Mangroven und in dem sumpfigen Gelände, wo die Flut die Wurzeln von Meergräsern umspült, lebt eine unscheinbare Schneckenart, die zum Landleben übergeht. Dieses kleine Geschöpf, Melampus, auch Kaffeebohnenschnecke genannt, lebt in einem gedrungenen, breit eiförmigen Haus, das wie die Umgebung grün und braun gefärbt ist. Sobald die Flut steigt, klettert die Schnecke an Mangrovewurzeln oder an Grashalmen hoch und schiebt den Augenblick, in dem sie mit der See in Berührung kommt, so lange wie möglich hinaus. Auch bei den Krebsen entwickeln sich Landformen. Der Land-Einsiedlerkrebs, Coenobita, der durch purpurne Scheren gekennzeichnet ist, bewohnt den Streifen, der oberhalb des höchsten Spülsaums der Flut liegt, und in dem am Uferrand bereits Landpflanzen wachsen. Aber zur Brutzeit wandert er zum Meer hinunter. Dann lauern diese Krebse zu Hunderten unter Balken und Treibholzstückchen auf den Augenblick, in dem die Eier, die das Weibchen an der Unterseite des Körpers trägt, zum Ausschlüpfen bereit sind. Ist dieser Zeitpunkt gekommen, begibt sich der Krebs eilends ins Meer und entlässt die Jungen ins Wasser, das einst die Heimat ihrer Vorfahren war. Dem Endpunkt der Entwicklung zum Landleben nähert sich die große Weiße Krabbe, Cardisoma, der Bahamas und des südlichen Florida. Sie ist ein Landtier und ein Luftatmer und es scheint, als haben sie alle Bande mit dem Meer zerschnitten – alle, bis auf eines. Denn im Frühling tritt die Weiße Krabbe den Marsch zum Meer an, begibt sich ins Wasser und setzt ihre Jungen ab. Wenn die Entwicklung

Landeinsiedlerkrebs, Coenobita clypeatus, mit purpurnen Scheren

in der See beendet ist, verlassen die Krabben der neuen Generation wieder das Wasser, sie steigen an Land und streben der Heimat ihrer Eltern zu.

Hunderte von Kilometern nach Norden erstreckt sich dieses Reich der Sümpfe und Wälder, das von den Mangrovepflanzen geschaffen worden ist; es beschreibt von den Keys einen Bogen um die Südspitze von Florida und reicht nördlich von Cape Sable an der Küste des Golfs von Mexiko entlang über die gesamten ›Zehntausend Inseln‹. Dieses Gebiet umfasst einen der großen Mangrovesümpfe der Welt, eine unberührte Wildnis, die von Menschen kaum aufgesucht wird. Fliegt man über sie hinweg, kann man die Mangrovepflanzen am Werk sehen. Von der Luft aus zeigen die ›Zehntausend Inseln‹ eine ganz besondere Gestalt und einen eigenartigen Aufbau, einem Fischschwarm vergleichbar, der in südöstlicher Richtung schwimmt, wobei jede fischförmige Insel ein ›Wasserauge‹ besitzt und die ›Köpfe‹ nach Südosten weisen. Ehe diese Inseln entstanden sind, haben vielleicht – wie man annehmen könnte – die sanften Wellen einer seichten See den Sand am Grund zu kleinen

Schwellen zusammengetragen. Dann kamen die Mangroven, siedelten sich an und verwandelten die Rippelmarken in Inseln, wobei sie die Umrisse und den Verlauf dieser Sandhügel in lebendem grünen Wald nachformten und bewahrten. Heute schon, von einer Menschengeneration zur nächsten, können wir die Stellen erkennen, wo mehrere kleine Inseln miteinander verschmelzen und eine einzige größere bilden oder wo sich das Festland ins Meer ausdehnt und sich eine Insel mit ihm vereint; hier wird fast vor unseren Augen das Meer zum festen Land.

Wie wird die Zukunft dieser Mangroveküste aussehen? Wenn die Entwicklung sich wie in der jüngsten Vergangenheit vollzieht, können wir sie voraussagen: Wo heute Wasser mit verstreuten Inseln liegt, wird ein riesiges Landgebiet erstehen – vorausgesetzt, dass der Wasserspiegel nicht steigt; sonst könnte die geologische Entwicklung ganz anders verlaufen.

Indessen aber dringen die Mangrovepflanzen weiter vor, Kilometer um Kilometer breiten sie ihre schweigenden Wälder unter tropischem Himmel aus und schicken ihre Wurzeln Halt suchend in die Tiefe; sie lassen die wandernden Sämlinge einen nach dem anderen herabfallen und schicken sie mit den Driftströmungen der Gezeiten auf weite Reisen.

Und wenn etwas weiter vor der Küste das Mondlicht in gebrochenem Silberstrahl in die Welt unter dem Wasserspiegel fällt und die Flut in stillen Nächten dem Ufer zuströmt, dann schwillt der Pulsschlag des Lebens auf dem Riff mächtig an. All die Millionen Korallentierchen holen sich aus dem Meer, was sie zum Dasein brauchen, und verwandeln in schnellem Umsatz der Stoffe die Gewebe von Krebschen, Schneckenlarven und winzigen Würmern in ihre eigene Körpersubstanz; so wachsen die

Korallen heran, pflanzen sich fort, treiben Knospen und jedes der kleinen Geschöpfe fügt sein Kalkkämmerchen dem Bau des ganzen Riffs hinzu.

Und während die Jahre verstreichen und in dem ewigen Strom der Zeit zu Jahrhunderten werden, schaffen diese Baumeister der Korallenriffe und Mangrovesümpfe an einer Zukunft, die noch im Dunkeln liegt. Denn die letzte Entscheidung, ob alles, was die Korallen und Mangrovepflanzen aufbauen, dem Land oder der See zugehören wird, liegt einzig und allein beim Meer.

Ewig rauscht das Meer

Jetzt vernehme ich rings um mich die Laute des Meeres; die nächtliche Flut ist im Steigen, die Wasser wirbeln, sie wälzen sich rauschend gegen die Felsen unter dem Fenster meines Studierzimmers. Dichter Nebel ist vom offenen Meer in die Bucht hereingezogen, er liegt über dem Wasser und dem Ufersaum, sickert in den Fichtenwald ein und gleitet sachte zwischen Wacholder und Wachsbeerensträucher. Dumpf klagend tönt ein Nebelhorn durch die Nacht.

Wenn ich höre, wie die Flut anschwillt, denke ich daran, dass sie auch gegen andere Ufer brandet, die ich kenne: Sie steigt an einem südlicheren Strand, wo es keinen Nebel gibt, sondern der Mond die Kämme der Wogen silbern umspielt und dem feuchten Sand funkelnden Glanz verleiht; oder sie sendet an noch ferneren Küsten ihre wogenden Strömungen zu den mondhellen Zinnen und dunklen Höhlen der Korallenfelsen.

Sosehr sich diese Küsten in ihrer Natur und in den Bewohnern, denen sie eine Heimat bieten, unterscheiden, in meinen Gedanken verschmelzen sie durch die allen gemeinsame Berührung mit der See zu einer Einheit. Denn was sie jetzt, zu meiner Zeit, meinem Empfinden nach trennt, sind nur die Unterschiede eines flüchtigen

Augenblicks im Strom der Zeit und in den weitschwingenden Rhythmen des Meeres. Einst war dieses Felsufer zu meinen Füßen eine Sandebene; dann siegte der Ozean und schuf eine neue Küstenlinie. Und in einer schattenhaft fernen Zukunft wird die Brandung diese Felsen zu Sand zermahlen und das Steilufer wieder in seinen früheren Zustand verwandeln. So vereinen und überblenden sich vor meinem geistigen Auge diese Uferformen. Sie ziehen wie in einem Kaleidoskop in ihrer wechselnden Gestalt vorüber, bei der es keinen endgültigen, letzten und unveränderlichen Zustand gibt – die Züge im Antlitz der Erde sind wie die See selbst ewig im Fluss.

An allen diesen Küsten finden wir Anklänge an Vergangenheit und Zukunft: an den Lauf der Zeit, der alles, was zuvor gewesen, auslöscht und doch irgendwie bewahrt. Ihnen allen gemeinsam sind die ewigen Rhythmen des Meeres, die Gezeiten, der Pulsschlag der Brandung und der mächtige Fluss der Strömungen, von denen alles geformt, verwandelt und beherrscht wird. Unerbittlich und unaufhaltsam rauscht auch die Flut des Lebens aus der Vergangenheit in eine unbekannte Zukunft weiter. Denn wie sich die Natur der Küste im Zuge der Zeit wandelt, so ändern sich auch die Formen des Lebens, sie sind niemals starr, nie von einem Jahr zum anderen gleich. Und so lernen wir das Leben als eine Macht erkennen, die genauso greifbare Wirklichkeit ist wie irgendeine der physikalischen Eigenschaften des Meeres; es ist eine Kraft, die stark und zielstrebig wirkt und ebenso wenig zunichtegemacht oder von ihrem Vorhaben abgelenkt werden kann wie die unaufhaltsam steigende Flut.

Betrachten wir das wimmelnde Leben an der Küste, haben wir das beklemmende Gefühl, als teile sich uns eine tiefe weltumfassende Wahrheit mit, die zum Greifen nahe und doch unerreichbar ist. Was verkünden uns die Horden von Kieselalgen, die ihre mikroskopisch kleinen Lichtchen auf dem nächtlichen Wasserspiegel aufblitzen lassen? Welche Wahrheit spiegelt sich in den Legionen Seepocken, die eine weiße Hülle über die Felsen breiten mit ihren Gehäusen, in denen jedes kleine Geschöpf in der brausenden Brandung alles findet, was es zum Dasein benötigt? Und was für eine Bedeutung besitzt ein so winziges Wesen wie das durchsichtige Protoplasmabündel, das eine Zottige Seerinde darstellt? Es lebt und gedeiht aus einem Grund, der für uns unerforschlich ist; denn warum muss es zu Trillionen inmitten der Felsen und Algen der Küste einfach da sein?

Die ewig ungelöste Frage nach dem tieferen Sinn der Schöpfung verfolgt uns, und indem wir ihr nachspüren, nähern wir uns dem letzten Geheimnis des Lebens selbst.

Anhang

Übersicht über die wichtigsten Tier- und Pflanzengruppen

Protophyta, Protozoa: Einzellige Pflanzen und Urtierchen

Die einfachsten Formen des Lebens sind die einzelligen Pflanzen und Tiere. Doch gibt es in beiden Gruppen viele Arten, bei denen der Versuch scheitert, sie eindeutig in die eine oder andere Gruppe einzuordnen, weil sie Merkmale vereinen, die sonst entweder nur den Tieren oder nur den Pflanzen zukommen. Eine solche unbestimmbare Gruppe bilden die *Dinoflagellata,* eine Ordnung der *Flagellata,* der Geißeltierchen, und sie werden sowohl von Zoologen wie von Botanikern für sich in Anspruch genommen. Die meisten sind so klein, dass man sie ohne optische Hilfsmittel nicht wahrnehmen kann. Manche tragen kunstvoll verzierte, mit Stacheln versehene Gehäuse. Andere besitzen ein bemerkenswertes augenähnliches Sinnesorgan.

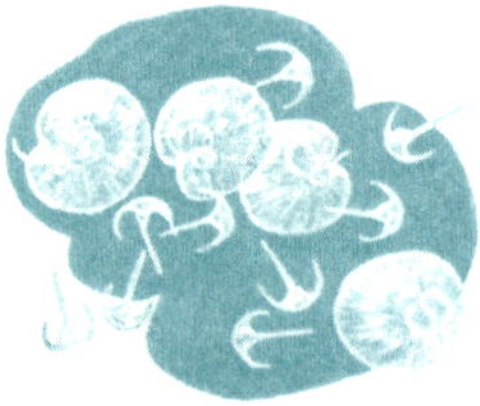

Dinoflagellaten

Alle Dinoflagellaten sind im Haushalt des Meeres wichtig als Nahrung für bestimmte Fische und andere Tiere. Noctiluca ist ein verhältnismäßig großer Dinoflagellat, der die Ursache prächtiger Leuchterscheinungen des Meeres ist und bei Tage das Wasser rot färbt, weil seine Zellen reichlich Farbstoffe enthalten. Andere Arten rufen die ›roten Gezeiten‹ hervor, bei denen die See sich verfärbt, und Fische sowie andere Tiere an den Giften zugrunde gehen, die von den winzigen Lebewesen abgeschieden werden. Der rote oder grüne Schaum auf den hochgelegenen Tümpeln im Gezeitensaum, der ›rote Regen‹ und der ›rote Schnee‹, rühren von diesen Formen her oder von einer Grünalge, Sphaerella, die deshalb auch Blutalge genannt wird.

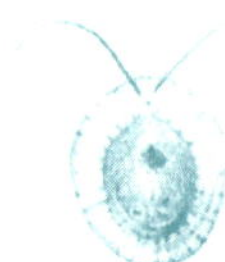

Blutalge

Das Phosphoreszieren, das sogenannte Meeresleuchten, wird größtenteils von Dinoflagellaten verursacht, die ein einheitliches diffuses Licht ausstrahlen, bei dem stärker leuchtende Flecke fehlen. Untersucht man dieses Leuchten in einem Gefäß mit Meerwasser genauer, sieht man, dass es aus winzigen Fünkchen besteht.

Die *Radiolaria* sind einzellige Tiere, deren Protoplasma in Kieselgehäusen von außerordentlicher Schönheit steckt. Diese winzigen Gehäuse sinken auf den Grund, häufen sich dort an und bilden einen charakteristischen Schlamm, ein Sediment des Meeresbodens.

Die *Foraminifera* sind eine andere Abteilung der Urtierchen, und die meisten von ihnen besitzen Kalkschalen, obwohl manche ihre Schutzhüllen aus Sandkörnchen oder Schwammnadeln aufbauen. Die Schalen schweben schließlich auf den Boden des Ozeans hinab und bedecken riesige Gebiete mit kalkhaltigen Sedimenten, die durch geologische Umwandlungen zu Kalkstein zusammengeballt werden. Wenn sie an die Oberfläche gehoben werden, bestimmen sie das Bild von Landschaften, wie wir sie bei den Kalkklippen Englands sehen. Die meisten Foraminiferen sind so winzig klein, dass ein Gramm Sand bis zu 50 000 Gehäuse enthalten kann. Andrerseits gibt es fossile Vertreter wie die Nummuliten, die manchmal fünfzehn bis siebzehn Zentimeter Durchmesser erreicht und Kalksteinböden in Nordafrika, Europa und Asien geformt haben. Dieser Kalkstein wurde zum Bau der Sphinx und der großen Pyramiden verwendet. Fossile Foraminiferen werden von Geologen der Erdölindustrie vielfach benützt, um bestimmte ölführende Gesteinsschichten zu verfolgen.

Die *Diatomeae,* die *Kieselalgen* – deren griechischer Name bedeutet: in zwei Teile geschnitten –, sind winzige Pflanzen, die oft zu den gelbgrünen Algen gezählt werden, weil sie gelbe Pigmentkörnchen enthalten. Sie kommen als Einzeller oder als Zellfäden vor. Das lebende Gewebe einer Diatomea ist in einer Kieselschale eingeschlossen, bei der eine Hälfte auf der anderen wie der Deckel auf einer Schachtel sitzt.

Diatomeen

Feine Zeichnungen auf der Oberfläche der Schale bilden prächtige Muster und sind charakteristisch für die verschiedenen Arten. Die meisten Kieselalgen leben im offenen Meer, und weil sie in unvorstellbaren Mengen auftreten, stellen sie den wichtigsten Nahrungsstoff des Ozeans dar; sie werden nicht nur von vielen Tieren des Planktons gefressen, sondern auch von größeren Geschöpfen wie den Miesmuscheln und Austern. Nachdem die Zellen abgestorben sind, sinken die Schalen auf den Grund und bilden dort den Diatomeenschlamm, der riesige Gebiete des Ozeanbodens bedeckt.

Die *Cyanophyceae,* die *blaugrünen Algen,* gehören zu den einfachsten und ältesten Formen des Lebens und sind die ältesten Pflanzen, die es heute noch gibt. Sie sind weit verbreitet und gedeihen sogar in heißen Quellen und an manchen Orten, wo die Daseinsbedingungen so schwierig sind, dass kein anderes pflanzliches Leben bestehen kann. Sie vermehren sich oft in erstaunlichem Ausmaß und überziehen die Oberfläche von Teichen und anderen stehenden Gewässern mit einem farbigen Häutchen, das als ›Wasserblüte‹ bezeichnet wird. Die meisten sind von gallertigen Hüllen umgeben, die sie vor zu starker Hitze oder Kälte schützen. In der ›schwarzen Zone‹ oberhalb der Hochwassergrenze der Gezeiten sind sie an Felsküsten reichlich vertreten.

Blaugrüne Algen in Gallerthülle

Thallophyta: Lagerpflanzen. Höhere Algen

Die *Chlorophyceae,* die *Grünalgen,* können starkes Licht vertragen und gedeihen daher an den hochgelegenen Stellen des Gezeitensaums. Zu ihnen gehören so bekannte Formen wie die blattähnliche Ulva, der Meersalat und eine zähe Alge mit Röhrenfäden, die hoch oben auf den Felsen oder in den Gezeitentümpeln wächst und Enteromorpha, Darmalge, genannt wird. In den Tropen gehört der bürstenförmige Penicillus, die Meerpinsel-Grünalge, zu den häufigsten Formen; sie wächst in Hainen aus winzigen Büscheln auf den Korallenriffen. Hierher gehört auch die prächtige Acetabularia, die Schirmalge, die wie ein ganz kleiner umgedrehter Pilz von reinstem Grün aussieht. Einige der Grünalgen der Tropen sind im Haushalt des Meeres von Bedeutung, weil sie Kalzium anreichern. Obwohl die ganze Gruppe typisch für warme, tropische Meere ist, findet man Grünalgen überall an der Küste, wo starkes Sonnenlicht einfällt. Andere Arten leben im Süßwasser.

Die *Phaeophyceae,* die *Braunalgen,* besitzen verschiedene Farbstoffe, die ihr Chlorophyll, den grünen Farbstoff, verdecken, so dass sie vorwiegend braun, gelblich oder olivgrün aussehen. Sie fehlen zumeist den Gewässern wärmerer Breiten – abgesehen von tiefem Wasser – und sind nicht fähig, Hitze oder starke Sonne zu ertragen. Eine Ausnahme bildet Sargassum, der Sargassotang, auch Golfkraut oder Beerentang genannt, der eine Alge tropischer Küsten ist und im Golfstrom nordwärts treibt.

Sargassotang

An nördlichen Gestaden gedeihen im Gezeitengebiet und vom Ebbesaum bis zu einer Tiefe von zwölf bis fünfzehn Metern die *Fucales,* die Arten des Ledertangs, manchmal auch Blasentang genannt, und die *Laminariales,* die Formen des Riementangs oder Blatttangs. Obwohl alle Algen dem Meer viele verschiedenartige chemische Stoffe entnehmen und in ihren Geweben speichern, fallen die Braunalgen und besonders die Laminariales durch die außerordentlich große Menge Jod auf, die sie einlagern. Früher wurde aus ihnen daher weitgehend Jod gewonnen. Jetzt sind die gleichen Algen wegen des Kohlenwasserstoffs Algin von Bedeutung, der zur Herstellung von feuerbeständigen Textilien, von Gallerte, Speiseeis, Schönheitsmitteln und verschiedenen anderen Erzeugnissen verwendet wird. Die Alginsäure verleiht diesen Algen in schwerer Brandung ihre federnde Biegsamkeit.

Die *Rhodophyceae*, die *Rotalgen,* die gegen Licht am empfindlichsten von allen Algen sind, entsenden nur wenige widerstandsfähige Arten in die Gezeitenzone – einschließlich Chondrus crispus, dem Knorpeltang, der mit Gigartina, dem Kerntang, zusammen als Irländisches Moos oder Caraghen in den Handel kommt, und Rhodymenia palmata, dem Hauttang; die meisten Rotalgen sind zart und feingliedrig und wachsen zum Großteil im Seichtwasser. Manche Formen dringen jedoch weiter in die Tiefe vor als alle anderen Algen und sind in den dunklen Regionen zu Hause, die dreihundertundsechzig Meter und tiefer unter dem Wasserspiegel liegen. Einige, vor allem die Corallinaceae, die Korallenalgen, bilden auf Felsen und Schalen harte Krusten. Da diese Algen sowohl Magnesium- wie Kalziumkarbonat enthalten, scheinen sie in der Geschichte der Erde eine wichtige Rolle gespielt zu haben; vielleicht waren sie an der Entstehung des Marmor-Dolomits beteiligt, der reich an Magnesium ist.

Porifera (Spongia): Schwämme

Die *Schwämme* – die *Porifera,* was so viel bedeutet wie »Porentragende« – gehören zu den einfachsten Tieren, sie stellen wenig mehr als eine Anhäufung von Zellen dar. Doch sind sie schon einen Schritt weiter als die Protozoa gegangen, denn es gibt innere und äußere Zellschichten, bei denen bereits eine Spezialisierung für bestimmte Tätigkeiten angedeutet ist: Die einen saugen Wasser ein, andere dienen der Nahrungsaufnahme oder der Fortpflanzung. Alle diese Zellen hängen zusammen und arbeiten gemeinsam an der einzigen Aufgabe des Schwammes: das Wasser durch den Körper zu leiten, um die Nahrung daraus zu entnehmen. Ein Schwamm besitzt ein kunstvolles System von Kanälen, die in einer Grundsubstanz aus faserigen oder mineralischen Bestandteilen eingebettet sind. Über den ganzen Schwamm sind zahlreiche kleinere Einlassporen und größere Ausfuhröffnungen verteilt. Die innersten Hohlräume, auch zentrale Leibeshöhle genannt, sind mit Geißelzellen ausgekleidet, die an die Geißeltierchen erinnern. Wenn die peitschenförmigen Geißeln schlagen, entstehen Strömungen, die das Wasser ins Innere bringen; läuft es dann durch den Schwamm, gibt es Nahrung, mineralische Substanzen

Schwamm

Schwammnadeln

und Sauerstoff ab und trägt die Abfallprodukte mit sich fort.

Bis zu einem gewissen Grad sind Bau und Lebensweise jeder kleineren Gruppe innerhalb des Stammes der Porifera typisch, doch sind die Schwämme gegenüber ihrer Umgebung anpassungsfähiger als alle anderen Tiere. In der Brandung nehmen sie fast ohne Rücksicht auf die Art die Gestalt flacher Krusten an; in tiefem stillem Wasser können sie eine aufrechte, röhrenartige Form besitzen oder sich wie ein Strauch verzweigen. Das äußere Aussehen hilft daher wenig bei der genauen Bestimmung und Einteilung der Schwämme; sie gründet sich hauptsächlich auf die Beschaffenheit des Skeletts, das aus einem losen Netzwerk winziger harter Gebilde besteht, die man Nadeln oder lateinisch Spicula nennt. Manche von ihnen sind aus Kalk, andere aus Kieselsubstanz, obwohl das Meerwasser nur Spuren von Kieselsäure enthält und der Schwamm gewaltige Mengen Wassers filtern muss, um ausreichenden Stoff zum Bau der Nadeln zu gewinnen. Die Fähigkeit, dem Meerwasser Kieselsäure zu entnehmen, ist auf primitive Formen der Lebewesen beschränkt, und bei den Tieren ist sie nur den Schwämmen eigen. Die Handelsschwämme fallen in eine dritte Gruppe, deren Skelett aus Hornfasern gebildet wird. Diese Arten kommen nur in tropischen Gewässern vor.

Es hat den Anschein, als habe die Natur diese Anfänge einer Spezialisierung auf sich beruhen lassen und mit anderen Formen eine neue Entwicklung eingeleitet. Alle Beweise deuten darauf hin, dass die Coelenteraten, die Hohltiere, und alle übrigen höher organisierten Tiere auf einen anderen Ursprung zurückgehen und die Schwämme sich nicht mehr weiterentwickelt haben.

Coelenterata, Hohltiere: Anemonen, Korallen, Quallen, Hydroid-Polypen

Die *Coelenterata* lassen bereits trotz ihrer Einfachheit den Grundplan vorausahnen, nach dem mit vielfachen Vervollkommnungen die höher organisierten Tiere gebaut sind. Sie besitzen zwei deutlich unterschiedene Zellschichten, eine äußere, das Ektoderm, und eine innere, das Entoderm. Manchmal findet sich bereits eine nicht deutlich ausgeprägte Zwischenwand, die noch keine Zellen besitzt, aber den Vorläufer der dritten Zellschicht, des Mesoderms höherer Tiergruppen, darstellt. Alle Coelenterata besitzen Nesselzellen, sogenannte Nematozysten, die aus einer Zelle bestehen, die mit einer Flüssigkeit gefüllt ist; in ihr liegt ein aufgerollter, mit einer Spitze versehener Faden, der ausgestoßen wird, um die vorübergleitende Beute zu durchbohren oder zu umgarnen. Bei höheren Tieren sind Nesselzellen nicht vorhanden; findet man sie bei Plattwürmern oder bei schalenlosen Meeresschnecken, den sogenannten Nudibranchiaten, haben die Tiere sie wahrscheinlich erworben, indem sie Coelenteraten vertilgten.

Die *Hydrozoa* zeigen besonders deutlich eine andere Eigentümlichkeit dieser Gruppe, die als Generationswechsel bekannt ist. Eine festsitzende pflanzenähnliche Generation erzeugt eine sogenannte Medusengeneration in Gestalt kleiner Quallen (Medusen). Diese wiederum bringen eine neue pflanzenförmige Generation hervor. Bei den *Hydroidea* ist die auffallendere Generation durch eine verzweigte Kolonie von Einzeltieren, den Polypen, vertreten, die auf ›Stielen‹ sitzen und Tentakel haben. Die meisten von ihnen sehen aus wie kleine Seeanemonen und haben die Aufgabe, die Nahrung zu fangen. Andere Einzeltiere erzeugen durch Knospung die neue Generation, die aus Medusen von mannigfaltigem Bau besteht; diese Medusen schwimmen davon, reifen heran und erzeugen Eier oder Samenzellen, die sie ins Meer entleeren. Aus einem Ei einer solchen Meduse geht nach der Befruchtung wieder ein Polypenstadium hervor.

Bei einer anderen Coelenteraten-Gruppe, den *Scyphozoa,* den eigentlichen *Quallen* (Medusen), ist die pflanzenähnliche Generation unscheinbarer und die Medusen sind hochentwickelt. Die Scyphozoa umfassen Formen von ganz geringer Größe bis zur riesigen arktischen Haarqualle Cyanea capillata, die meist einen Durchmesser von dreißig Zentimetern bis zu einem Meter aufweist, der bei ihren größten Vertretern aber zweieinhalb Meter erreichen kann, wobei die Tentakel bis zu dreiundzwanzig Meter lang werden.

Bei den *Anthozoa,* zu deutsch *›Blumentieren‹,* ist die Medusengeneration völlig verlorengegangen. Dieser Gruppe gehören die Seeanemonen, die Korallen, die Hornkorallen – wie Venusfächer und rutenförmige Hornkorallen – an. Alle übrigen Vertreter der Gruppe bilden Kolonien, in denen die Einzeltiere – anemonenähnliche Polypen – in eine Art Trägersubstanz eingebettet sind, die steinartig sein kann wie bei den Riffkorallen, oder wie bei den Hornkorallen aus einem Hornstoff besteht, der dem Keratin der Haare, Nägel und Schuppen der Wirbeltiere ähnelt.

Ctenophora: Rippenquallen

Der englische Schriftsteller Barbellion sagte einmal, dass eine Rippenqualle im Sonnenlicht das Schönste sei, das es auf der Welt gebe. Ihre Gewebe sind fast kristallklar, und wenn eines dieser kleinen eiförmigen Lebewesen im Wasser herumwirbelt, sieht man schillernde Lichter aufblitzen. Die Rippenquallen werden manchmal fälschlich für gewöhnliche Quallen gehalten, weil sie ebenfalls durchsichtig sind, aber sie unterscheiden sich von ihnen wesentlich in ihrem Bau. Wimperplatten, die ›Rippen‹, die für diese Tiere kennzeichnend sind, stehen in acht Reihen an der Außenfläche des Körpers. Jede Platte besitzt eine Verankerung und trägt an ihrem freien Rand haarähnliche Wimpern. Da die Platten in einer bestimmten Reihenfolge flimmern, um das Tier durchs Wasser zu treiben, bricht sich das Sonnenlicht in den Wimpern und wir sehen das bekannte Glitzern. Wie manche gewöhnliche Quallen besitzen die meisten Rippenquallen lange Tentakel. Diese sind nicht mit Nesselzellen ausgestattet, sondern mit eigenartigen Klebzellen, die an einem zusammenziehbaren Spiralfaden hängen; mit ihnen umgarnen sie ihre Beute. Die Rippenquallen verzehren riesige Mengen Fischbrut und andere kleine Tiere. Sie leben hauptsächlich an der Wasseroberfläche.

Die Rippenquallen sind eine kleine Tiergruppe mit weniger als hundert Arten. Angehörige einer Untergruppe besitzen abgeflachte Körper und schwimmen nicht, sondern kriechen auf dem Meeresboden dahin. Manche Zoologen sind der Ansicht, dass von diesen kriechenden Rippenquallen die Plattwürmer abstammen.

Platyhelminthes: Plattwürmer

Die *Platyhelminthes* umfassen viele parasitische sowie freilebende Formen. Die freilebenden Plattwürmer sind hauchdünn und gleiten ›fließend‹ wie ein lebendes Häutchen über Steine oder schwimmen manchmal in flatternden Wellenbewegungen auf eine Weise, die an Rochen erinnert. Im entwicklungsgeschichtlichen Sinne haben sie bedeutsame Fortschritte aufzuweisen. Bei ihnen finden wir zum ersten Mal drei Zellschichten, die für alle höheren Tiere charakteristisch sind. Die eine Körperhälfte ist der anderen spiegelbildlich gleich und der Kopf sitzt am Vorderende, sie sind also zweiseitig symmetrisch. Sie besitzen die einfachen Anfänge eines Nervensystems und Augen, die lediglich Pigmentflecke sein können, aber bei einigen Arten bereits gut entwickelte Organe mit Linsen sind. Ein Kreislaufsystem ist nicht vorhanden, und vielleicht hängt das mit dem flachen Körperbau der Plattwürmer zusammen, bei dem alle Teile mit der Außenwelt in Verbindung stehen; Sauerstoff kann durch die Körperoberfläche leicht zu den darunterliegenden Organen dringen und Kohlendioxyd von ihnen nach außen abgegeben werden.

Plattwurm

Plattwürmer findet man zwischen Algen, auf Felsen, in Gezeitentümpeln und in Schalen abgestorbener Weichtiere. Gewöhnlich sind sie Fleischfresser, die andere Würmer, Krebschen und Weichtiere von winziger Größe verschlingen.

Nemertini: Schnurwürmer

Die *Nemertini* besitzen außerordentlich elastische Körper, die rund oder flach sein können. Einer von ihnen, Lineus longissimus, der in britischen Gewässern daheim ist, kann eine Länge von siebenundzwanzig Metern erreichen und ist somit das längste wirbellose Tier.

Der Schnurwurm Cerebratulus, der in seichten amerikanischen Küstengewässern lebt, wird oft sechs Meter lang und etwa zweieinhalb Zentimeter dick. Die meisten Vertreter der Nemertini messen allerdings nur wenige Zentimeter, und manche sind noch beträchtlich kleiner. Wenn sie gestört werden, ringeln sie sich gewöhnlich lose oder in Knäueln zusammen.

Alle Schnurwürmer besitzen kräftige Muskeln, aber es fehlt eine Zusammenarbeit zwischen Muskeln und Nerven, die wir bei den höheren Würmern finden. Ein Gehirn mit einfachen Nervenknoten, Ganglien genannt, ist vorhanden. Einige besitzen primitive Gehörorgane, und die kennzeichnenden Schlitze zu beiden Seiten des Kopfes, die an ein Maul erinnern, scheinen wichtige Sinnesorgane zu enthalten. Obwohl es ein paar Arten gibt, die Zwitter sind, bleiben bei den Schnurwürmern die Geschlechter meist getrennt. Doch sehen wir bei ihnen eine starke Neigung zu ungeschlechtlicher Vermehrung und damit verbunden die Einrichtung, dass die Tiere in viele Teilstücke zerfallen, wenn man sie anfasst. Diese Bruchstücke bilden wieder einen neuen vollständigen Wurm. Professor Wesley Coe von der Yale University entdeckte, dass gewisse Arten der Schnurwürmer wiederholt zerschnitten werden konnten, bis am Ende winzige Teilstücke blieben, die nicht einmal mehr ein

Hunderttausendstel des ursprünglichen Wurms betrugen. Ein erwachsenes Tier kann ein Jahr ohne Futter leben und – nach Professor Coe – den Mangel an Nahrung ausgleichen, indem es seine Größe verringert und sozusagen ›sich selbst verzehrt‹.

Die Schnurwürmer sind im Besitz einer Waffe, die im Tierreich einzig dasteht. Sie wird Proboscis genannt und ist ein schlauchförmiger vorstülpbarer Rüssel, der in einer Scheide ruht, plötzlich vorgeschnellt werden kann und die Beute umschlingt, die dann zum Mund herangezogen wird. Bei manchen Arten ist der Rüssel mit einem scharfen Stilett versehen; es kann bei Verlust schnell von einem anderen ersetzt werden, das auf Vorrat bereitliegt. Alle Schnurwürmer sind Fleischfresser, und viele machen auf die Gliederwürmer Jagd.

Annelida: Gliederwürmer

Die *Annelida* sind gegliederte (segmentierte) Würmer, sie werden in mehrere Klassen unterteilt, von denen eine, die *Polychaeta* (auch Chaetopoda genannt), die Borstenwürmer, die meisten im Meer lebenden Formen umfasst. Viele *Borstenwürmer* sind gute Schwimmer, die räuberisch leben; andere sind mehr oder weniger sesshaft, sie bauen Röhren verschiedener Art, in denen sie hausen, und ernähren sich entweder von Abfällen im Sand oder Schlamm sowie von Plankton, das sie aus dem Wasser seihen. Manche dieser Würmer gehören zu den schönsten Geschöpfen des Meeres; ihre

Borstenwurm

Körper leuchten in schillernder Pracht oder sind mit gefiederten Tentakelkronen von zarten schönen Farben geziert.

In ihrem Bau zeigen sie gegenüber den niedrigeren Formen einen großen Fortschritt. Die meisten besitzen ein Kreislaufsystem. Der ›Blutwurm‹ Glycera allerdings, der viel als Köder benützt wird, hat keine Blutgefäße, sondern einen mit Blut gefüllten Hohlraum, der zwischen der Haut und dem Darmkanal liegt. Die Gliederwürmer können daher auf die dünne Körperform der Plattwürmer ›verzichten‹, denn das Blut, das durch die Gefäße strömt, befördert Nahrung und Sauerstoff in alle Teile des Körpers. Bei manchen Arten ist das Blut rot, bei anderen grün gefärbt. Der Körper besteht aus einer Anzahl Ringeln, den sogenannten Segmenten, von denen am Vorderende einige miteinander verschmolzen sind und den Kopf bilden. Jedes Segment trägt ein Paar unverzweigter ungegliederter Anhänge, die wie Paddel aussehen und zum Kriechen oder Schwimmen dienen.

Zu den Borstenwürmern gehören viele ganz verschiedene Formen. Die bekannten *Nereiden,* die oft als Köder verwendet werden, verbringen die meiste Zeit ihres Lebens in einem einfachen Bau zwischen Steinen auf dem Meeresgrund, aber sie kommen heraus, um zu jagen, oder vereinigen sich in Schwärmen zum Laichen. Die trägen Schuppenwürmer leben unter den Steinen in Schlammhöhlen oder zwischen den Haftorganen des Tangs. Die *Serpuliden* bauen verschieden geformte Kalkröhren, aus denen nur der Kopf herausragt; andere Würmer, wie die prächtige Amphitrite, die Töpferin, hausen unter Felsstücken, unter Krusten von Korallenalgen oder auf schlammigem Grund in Schleimröhren, und ein Wurm, der Kolonien bildet, Sabellaria, der Pümpwurm – auch

Sandkoralle genannt –, verwendet grobe Sandkörner, um kunstvolle Bauten zu errichten, die sich meterweit ausdehnen können. Obwohl diese Gebilde mit den Gängen der Würmer ganz durchsetzt sind, besitzen sie so viel Festigkeit, dass sie das Gewicht eines Menschen tragen können.

Arthropoda, Gliederfüßer: Krebse, Seepocken, Insekten usw.

Der Tierstamm der Arthropoda umfasst eine riesige Gruppe verschiedener Arten, fünfmal so viele wie in allen übrigen Tierstämmen zusammengenommen. Zu den Arthropoda gehören die *Crustacea,* die *Krebse,* wie Krabben, Garnelen, Hummer, dann die *Insekta,* die *Myriapoda,* die *Tausendfüßler,* mit verschiedenen Untergruppen, und die *Arachnoidea,* zu denen man Spinnen, Milben, Schwertschwänze sowie die tropischen, wurmähnlichen Onychophora zählt. Alle im Meer lebenden Arthropoda gehören zu den Krebsen, abgesehen von einem kleinen Häuflein Insekten, einigen Milben und Asselspinnen sowie den Schwertschwänzen. Während bei den Annelida die paarigen Gliedmaßen einfache Lappen sind, besitzen sie bei den Arthropoden mehrere gelenkig verbundene Abschnitte und sind besonders umgestaltet für mannigfaltige Aufgaben wie: Schwimmen, Gehen, Greifen und Aufnahme von Sinneseindrücken aus der Umwelt. Bei den Anneliden liegt nur eine einfache Oberhaut zwischen den inneren Organen und der Umgebung, die Arthropoden dagegen schützen sich durch ein starres Außenskelett aus Chitin, das mit Kalziumsalzen durchsetzt ist. Dieser Panzer ist nicht nur ein

Schutz, er hat auch den Vorteil, den Muskeln einen festen Ansatzpunkt zu geben. Andrerseits ist er weniger zweckmäßig, weil beim Wachsen des Tieres die unnachgiebige Hülle von Zeit zu Zeit abgeworfen werden muss.

Die Krebse umfassen so vertraute Geschöpfe wie: Krabben, Hummer, Garnelen und Seepocken und dazu noch weniger bekannte Formen wie: die Muschelkrebse, die Asseln, Flohkrebse und Ruderfüßer, die alle aus dem einen oder anderen Grund interessant sind.

Die *Muschelkrebse,* die *Ostracoda,* sind ungewöhnliche Arthropoda, weil sie nicht gegliedert sind, sondern von einer zweiklappigen Schale umschlossen werden, die seitlich abgeflacht ist und wie eine Weichtierschale von Muskeln geöffnet und geschlossen wird. Die Fühler, Antennen genannt, werden aus der geöffneten Schale hinausgestreckt und als Ruder benützt, mit denen sich das kleine Tier durchs Wasser bewegt. Muschelkrebse leben oft in Algen oder im Sand auf dem Meeresgrund. Gewöhnlich halten sie sich bei Tage still und kommen nur nachts zum Fressen heraus. Viele Muschelkrebse des Meeres sind leuchtend und lassen während des Schwimmens bläuliche Lichtchen aufblitzen. Sie gehören mit zu den Hauptursachen des sogenannten Meeresleuchtens. Selbst wenn sie abgestorben und eingetrocknet sind, behalten sie in erstaunlichem Grade ihr Leuchtvermögen. Professor E. Newton Harvey von der Princeton University erklärt in seinem maßgebendem Buch »Bioluminiscence«, dass die japanischen Offiziere während des Zweiten Weltkrieges in vorgeschobenen Stellungen, wo die Anwendung von Taschenlampen verboten war, ein Pulver aus getrockneten Muschelkrebsen verwendeten; wenn sie ein paar Tropfen Wasser zu einer kleinen Prise Pulver fügten, die sie in die hohle Hand schütteten, hatten sie genügend Licht, um Meldungen zu lesen.

Copepoda, Ruderfüßer, sind sehr kleine Krebse mit rundlichem Körper, gegliederten Schwänzen und ruderähnlichen Beinen, mit denen sie sich ruckweise fortbewegen. Trotz ihrer winzigen Größe – von mikroskopischen Formen bis zu zwölf Millimeter langen Tieren – bilden die Copepoda eine der Hauptgruppen, die das Meer bevölkern, und dienen einer riesigen Anzahl verschiedenster anderer Tiere als Futter. Sie sind ein unentbehrliches Glied in der Nahrungskette, durch das die Nährsalze des Meeres schließlich größeren Tieren wie Fischen und Walen zugänglich gemacht werden; der Weg führt dabei vom Pflanzen-Plankton über das Tier-Plankton zu den Fleischfressern.

Ruderfußkrebs

Copepoda der Gattung Calanus, als ›rotes Futter‹ bekannt, färben den Wasserspiegel des Ozeans über weite Gebiete rot und werden in gewaltigen Mengen von Heringen, Makrelen und von bestimmten Walen gefressen. Vögel des offenen Meeres wie der Wellenläufer und der Albatros sind Planktonfresser und ernähren sich weitgehend von Copepoden. Die Copepoden ihrerseits verzehren die Kieselalgen und verschlingen manchmal an einem Tag eine Menge, die dem Gewicht des eigenen Körpers gleichkommt.

Amphipoda, Flohkrebse, sind kleine Krebse mit seitlich plattgedrücktem Körper, während *die Isopoda,* die *Asseln,* von oben nach unten abgeflacht sind. Die wissenschaftlichen Namen beziehen sich auf die Ausbildung der

Gliedmaßen. Die Beine der Amphipoda sind teils zu Schwimmfüßen, teils zu Springfüßen umgewandelt. Die Isopoda, die ›Gleichfüßigen‹, besitzen Gliedmaßen, die in Größe und Gestalt von einem Ende des Körpers bis zum anderen wenig Unterschiede aufweisen.

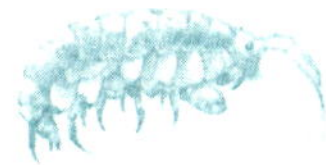

Flohkrebs

An der Küste gehören die Strandflöhe und Sandhüpfer zu den Amphipoda, die sich – springend, nicht fliegend – in Wolken von den dichten Tangbeständen erheben, wenn man sie aufscheucht. Es gibt auch andere Formen, die abseits der Küste in Algen oder unter Steinen hausen. Sie fressen Abfälle und werden selbst wieder in großen Mengen von Fischen, Vögeln und anderen größeren Tieren verschlungen. Viele Amphipoden schlängeln sich seitlich am Grund weiter, wenn sie außer Wasser sind. Strandflöhe verwenden den ›Schwanz‹ und die Hinterbeine zum Springen und kommen hopsend voran; andere Arten schwimmen.

Isopoda der Küste, die nahe verwandt mit den Mauerasseln des Gartens sind, umfassen die Meerasseln, die man oft über Steine und Pfeiler von Landestegen laufen sieht. Diese Formen haben das Wasser verlassen und kehren nur selten dahin zurück; sie ertrinken, wenn sie lange untergetaucht bleiben müssen. Andere leben weitab der Küste, oft in Algen, deren Farbe und Form sie annehmen. Wieder andere schwärmen in Gezeitentümpeln umher, und wenn man vorbeiwatet, kneifen sie in die Haut, dass man ein Kribbeln und Jucken verspürt. Die meisten sind Allesfresser; manche leben parasitisch, und andere haben sich in einer losen

Assel

Gemeinschaft an verschiedene artfremde Tierformen angeschlossen.

Beide, Amphipoda wie Isopoda, tragen ihre Jungen in Brutkammern bei sich und geben die Eier nicht ins Meer ab. Diese Eigentümlichkeit hat es einigen Formen in jeder Gruppe ermöglicht, höher an die Küste hinaufzuwandern, und sie stellt eine notwendige Vorstufe für den Übergang zum Landleben dar.

Die Seepocken und Entenmuscheln gehören zu den *Cirripedien,* den *Rankenfüßern* (Cirrus heißt lateinisch Ranke oder Locke). Diesen Namen haben die Tiere wahrscheinlich nach ihren Gliedmaßen erhalten, die gefiedert und zierlich gebogen sind. Die Larvenstadien sind freilebend und ähneln denen vieler anderer Krebse, aber die erwachsenen Tiere sind sesshaft, sie hausen in einer Schale aus Kalksubstanz und heften sich an Steine oder andere harte Gegenstände. Die Entenmuscheln leben oft im freien Meer, wo sie sich an Schiffe und schwimmende Gegenstände aller Art anklammern. Einige Seepockenarten siedeln sich auf der Haut von Walen oder den Panzern von Meeresschildkröten an.

Die großen Krebse wie Garnelen, Krabben und Hummer sind nicht nur allgemein bekannt, sie zeigen auch den typischen Bauplan der Arthropoda am klarsten. Kopf und Brustabschnitt sind gewöhnlich zu einem Stück verschmolzen und mit einer harten Schale, einem Panzer, bedeckt; nur die Gliedmaßen deuten die Unterteilung in Segmente an. Der bewegliche Hinterleib oder ›Schwanz‹ dagegen ist gegliedert und dient gewöhnlich als wichtiges Werkzeug beim Schwimmen. Bei den Krabben werden allerdings die Schwanzabschnitte unterhalb des Körpers eingeschlagen.

Die harte Schale eines Arthropoden muss in bestimmten Zeitabständen abgeworfen werden, weil das Tier wächst. Es schlüpft aus dem alten Panzer durch einen Schlitz, der gewöhnlich am Rücken aufreißt. Darunter liegt bereits ganz runzlig und zusammengefaltet die neue, noch weiche und zarte Schale. Nach dem Häuten ziehen sich die Krebse meist einige Tage in einen Schlupfwinkel zurück, um sich vor Feinden zu verbergen, bis der Panzer wieder erhärtet ist.

Die Gruppe der Arachnoidea umfasst einerseits die Xiphosura, die Schwertschwänze, dann die Araneidae, die Spinnen, und die Acarina, die Milben, von denen nur eine geringe Zahl im Meer daheim ist. Von den Schwertschwänzen gibt es nur wenige lebende Arten, wie den Molukkenkrebs, Limulus moluccanus, und seine Verwandten, die eine eigenartige Verbreitung haben; sie sind häufig an der Atlantikküste Amerikas anzutreffen, fehlen in europäischen Gewässern und sind mit drei Arten an der Küste Asiens von Indien bis Japan vertreten. Ihre Larvenstadien ähneln sehr den uralten Trilobiten des Kambriums, und da sie an diese längst versunkenen Zeiten erinnern, werden sie oft lebende Fossilien genannt. Diese Schwertschwänze gibt es in Mengen entlang der Ufer von Buchten und sonstigen ruhigen Gewässern, wo sie Muscheln, Würmer und andere kleine Tiere fressen. Im Frühsommer kommen sie an den Strand heraus, um ihre Eier in Gruben zu legen, die sie im Sand ausschaufeln.

Bryozoa: Moostierchen

Die Bryozoa sind eine Gruppe, deren Stellung und Verwandtschaftsbeziehungen zu anderen Formen unsicher sind; sie umfassen ziemlich unterschiedliche Arten. Manchmal erscheinen sie als flaumige, pflanzenähnliche Gewächse, die oft fälschlich für Algen gehalten werden, besonders wenn man sie vertrocknet am Ufer findet. Eine andere Form bildet flache harte Krusten auf Steinen und Algen und sieht wie eine Spitze aus und eine weitere Art besteht aus verzweigten aufrechten Gebilden von gallertiger Beschaffenheit. Alle diese Tiere leben in Kolonien oder Gemeinschaften von vielen Einzelwesen, die in aneinanderstoßenden Kämmerchen hausen oder in eine gemeinsame Grundsubstanz eingebettet sind.

Bryozoa, die in Krusten wachsen, werden auch Seerinden genannt; sie bilden schöne Mosaike von dicht aneinanderstehenden Zellen, von denen jede von einem Geschöpf mit Tentakeln bewohnt wird. Oberflächlich besehen gleicht es einem Hydroid-Polypen, besitzt aber ein vollkommenes Verdauungssystem sowie eine einfache Leibeshöhle, ein primitives Nervensystem und viele Eigenheiten höherer Tiere. Die Individuen einer Bryozoenkolonie sind weitgehend voneinander unabhängig, sie stehen also nicht wie die Hydroid-Polypen miteinander in Verbindung.

Die Bryozoa sind eine sehr alte Tiergruppe, die vom Kambrium an bekannt ist. Früher wurden sie von den Zoologen für Algen gehalten und später als Hydroidea betrachtet. Es gibt ungefähr dreitausend Arten im Meer gegenüber nur etwa fünfunddreißig im Süßwasser.

Echinodermata, Stachelhäuter: Seesterne, Seeigel, Schlangensterne, Seewalzen

Von allen wirbellosen Tieren sind die Echinodermen im wahrsten Sinne des Wortes als Meerestiere zu bezeichnen, denn von ihren nahezu fünftausend Arten lebt nicht eine im Süßwasser oder auf dem Land. Sie sind eine uralte Gruppe, die bereits im Kambrium auftritt, aber in all den Hunderten von Millionen Jahren seit damals hat keine auch nur den Versuch unternommen, zum Landleben überzugehen. Die ältesten Stachelhäuter sind die *Crinoidea,* die *Haarsterne* oder Seelilien; es sind gestielte Formen, die am Grunde der paläozoischen Meere ein sesshaftes Leben führten. Etwa zweitausendeinhundert fossile Crinoideen sind bekannt, während es nur achthundert lebende Arten gibt. Heutzutage finden sich die meisten Crinoideen in ostindischen Gewässern; ein paar gibt es auch in der Westindien-Region, und sie wandern nördlich bis Cape Hatteras, aber in den seichten Meeresgebieten Neuenglands kommen keine vor. Die allgemein verbreiteten Stachelhäuter der Küste sind Vertreter der vier übrigen Gruppen: der Asteroidea, der Seesterne; der verschiedenen Arten der Ophiuroidea, der Schlangensterne; der kugeligen und flachen Echinoidea, der Seeigel; und der Holothuroidea, der Seewalzen. Bei allen Mitgliedern der Gruppe kehrt die Fünfzahl oder ein Vielfaches davon in den Besonderheiten des Körperbaues beständig wieder, so dass diese Zahl fast zu einem Sinnbild für diesen Tierstamm geworden ist.

Die *Seesterne* besitzen abgeflachte Körper, zumeist in der herkömmlichen fünfstrahligen Gestalt, obwohl die Anzahl der Arme wechselt. Die Haut wird von harten

Kalkplatten gestützt, aus denen kurze Stacheln herausragen. Bei den meisten Arten entspringen auf der Haut noch Gebilde, die winzigen Greifzangen auf biegsamen Stielen gleichen und Pedicellarien genannt werden; mit ihnen halten die Tiere die Haut von Sandkörnern rein und picken auch Larven sesshafter Formen herunter, die sich dort niederzulassen suchen. Diese Einrichtung ist wegen der zarten Atmungsorgane notwendig, die aus weichen Gewebsrosetten bestehen und ebenfalls aus der Haut herausragen.

Wie alle Echinodermen besitzen die Seesterne ein sogenanntes Wassergefäßsystem, das zur Fortbewegung und zusätzlich noch für andere Aufgaben dient; es besteht aus einer Reihe wassergefüllter Schläuche, die alle Teile des Körpers durchziehen. Das Meerwasser wird beim Seestern durch eine auffallende durchlöcherte Scheibe, die Madreporenplatte, an der Oberseite des Körpers aufgenommen. Von einem Ringkanal strahlen in die Arme Gefäße aus, in denen die wässrige Flüssigkeit schließlich in die zahlreichen biegsamen Schlauchfüßchen gelangt, die an der Unterseite der Arme in langen Furchen stehen. Jedes Füßchen trägt an seinem Ende eine Saugscheibe und kann durch Veränderung des Wasserdrucks in die Länge gestreckt oder zusammengezogen werden. Beim Ausdehnen heften sich die Saugscheiben an den Felsen oder an eine andere harte Unterlage, und das Tier zieht sich daran weiter. Die Füßchen werden auch dazu benützt, um die Schalen von Miesmuscheln oder anderen derartigen Weichtieren zu packen, von denen sich der Seestern ernährt. Wenn ein Seestern sich fortbewegt, geht irgendeiner der Arme voran und dient so vorübergehend als ›Kopf‹. Bei den schlanken anmutigen Arten der Schlangensterne besitzen die Arme keine Furchen und die Füßchen sind rückgebildet. Doch kommen diese Tiere sehr schnell mit schlängelnden Bewegungen der Arme vom Fleck. Sie führen ein räuberisches Dasein und fressen verschiedene kleinere Geschöpfe. Manchmal liegen sie in Scharen von vielen Hunderten auf dem Meeresgrund vor der Küste und bilden ein lebendes Fangnetz, durch das schwerlich irgendein kleines Geschöpf ungefährdet den Boden erreichen kann.

Bei den *Seeigeln* sind die Füßchen in fünf Reihen oder Bahnen angeordnet, die vom oberen zum unteren Scheitelpunkt des Körpers verlaufen, genau so wie die Meridiane auf einem Globus von Pol zu Pol. Die Skelettplatten der Seeigel sind starr zu einer meist kugeligen Schale verbunden. Das einzig Bewegliche sind die Füßchen, die durch Löcher im Panzer hinausgestreckt werden, dann die Pedicellarien und die Stacheln, die auf Höckern der Platten angebracht sind. Sobald das Tier sich außer Wasser befindet, werden die Füßchen eingezogen, aber wenn es untergetaucht ist, können sie noch über die Stacheln hinausgreifen, um die Unterlage zu fassen oder eine Beute zu fangen. Manchmal vermögen sie auch Sinnesempfindungen wahrzunehmen. Die Stacheln sind bei den einzelnen Arten ganz unterschiedlich dick und lang.

Laterne des Aristoteles

Die Mundöffnung sitzt an der Unterseite und wird von fünf weißen schimmernden Zähnen umgeben, die dazu dienen, Pflanzen von den Felsen zu schaben und bei der Fortbewegung mitzuhelfen. Obwohl auch andere Wirbellose wie die Anneliden beißende Mundwerkzeuge besitzen, treten bei den Seeigeln zum ersten Mal Zähne auf, die mahlen und kauen können. Sie werden von einem Apparat bewegt, der ins Körperinnere verlagert ist und aus Kalkstäben, Platten und Muskeln besteht; von den Zoologen wird er ›Laterne des Aristoteles‹ genannt. An der Oberseite endigt der Verdauungstrakt in einer Afteröffnung, die in der Mitte liegt. Sie ist von fünf Platten umgeben, die wie Blumenblätter aussehen und eine Öffnung enthalten, durch die Eier und Samenzellen abgegeben werden können. Die Fortpflanzungsorgane sind in fünf Büscheln dicht unter der Oberseite gelegen. Sie sind praktisch die einzigen Weichteile, die das Tier besitzt, und ihrethalben sind die Seeigel besonders in den Mittelmeerländern als Nahrung für den Menschen begehrt. Möwen machen aus dem gleichen Grund Jagd auf sie und lassen sie oft auf die Felsen fallen, um die Schale zu zertrümmern, damit sie die Weichteile herauspicken können.

Die Eier der Seeigel sind ausgiebig bei Untersuchungen über die Natur der Zelle verwendet worden, und Jacques Loeb benützte sie 1899, als er den historischen Versuch über künstliche Parthenogenese vorführte; es gelang ihm dabei, ein unbefruchtetes Ei lediglich mit chemischen oder mechanischen Reizmitteln zur Entwicklung zu veranlassen.

Die *Holothuroidea,* die *Seewalzen,* sind merkwürdige Echinodermen mit weichem länglichem Körper. Sie kriechen auf einer Unterlage mit dem Mundende voran und haben so nachträglich eine äußere zweiseitige Symmetrie entwickelt an Stelle der radialen, die sonst für den ganzen Stamm kennzeichnend ist. Wo Füßchen vorhanden sind, bleiben sie auf zwei Reihen beschränkt; sie sitzen an der Fläche des Körpers, die als Unterseite dient. Manche Seewalzen graben sich ein, sie verwenden kleine

Stacheln, die in der Körperhaut eingebettet sind, um sich damit in dem umgebenden Schlamm oder Sand Halt zu verschaffen und so schneller voranzukommen. Die Seewalzen bevölkern in reicher Zahl und mit großen Formen die tropischen Meere, sie kommen als Trepang oder bêche de mer in den Handel; in nördlichen Gewässern sind sie in kleineren Arten vertreten, die auf dem Grund etwas abseits der Küste oder zwischen den Felsen und Algen des Gezeitensaums hausen.

Mollusca, Weichtiere: Muscheln, Schnecken, Kopffüßer, Käferschnecken

Wegen ihrer unendlich mannigfaltigen, oft kunstvoll gestalteten und schön verzierten Schalen sind wahrscheinlich die Mollusken besser als irgendwelche andere Tiere der Küste bekannt. Als Gruppe besitzen sie Eigenschaften, die sie von allen anderen Wirbellosen unterscheiden, obwohl ihre primitiveren Mitglieder und die Formen der Larven den Gedanken nahelegen, dass ihre Urahnen vielleicht den Plattwürmern ähnlichgesehen haben. Eine der bemerkenswertesten und kennzeichnendsten Eigenheiten des Körperbaus der Weichtiere ist der Mantel, ein Hüllgewebe, das den Körper umgibt, die Schale abscheidet und für deren verwickelten Bau und farbenprächtige Schönheit verantwortlich ist. Die bekanntesten Weichtiere sind die *Gastropoda,* die *Schnecken,* und die *Lamellibranchiata,* die *Muscheltiere.* Die primitivsten Mollusken sind die *Chitonen,* die *Käferschnecken,* die am wenigsten bekannten die *Scaphopoda,* die *Grabfüßer,* auch Röhrenschnecken genannt, und die höchstentwickelte Klasse stellen die *Cephalopoda,* die *Kopffüßer,* dar, zu denen die Tintenfische gehören.

Die Gehäuse der *Schnecken* bestehen aus einem Stück und sind mehr oder weniger spiralig eingerollt. Nahezu alle Schnecken sind ›rechtsgewunden‹, das heißt, die Öffnung der Schale liegt vom Beobachter aus gesehen rechts. Eine Ausnahme ist zum Beispiel die linksgewundene Flügelschnecke, die zu den häufigsten Formen des Strandes von Florida gehört. Gelegentlich kommt auch eine linksgewundene Form bei einer Art vor, die sonst nur rechtsgewundene Gehäuse besitzt. Bei manchen Schnecken ist die Schale bis auf einen Rest rückgebildet, der ins Innere verlagert wird wie bei Aplysia, dem Seehasen, oder sie ist ganz verlorengegangen wie bei den Nudibranchiaten, den Nacktkiemern; allerdings besitzt bei diesen Formen der Embryo noch eine eingerollte Schale. Größtenteils sind die Schnecken bewegliche Tiere, ob sie nun Pflanzenfresser sind, die umherkriechen und die Felsen abweiden, oder Fleischfresser, die andere Tiere als Beute fangen und verschlingen. Crepidula fornicata, die Pantoffelschnecke, bildet eine Ausnahme; sie haftet an Schalen oder am Meeresgrund und lebt von Kieselalgen, die sie nach Art der Austern und anderer Muscheln aus dem Wasser siebt. Die meisten Schnecken gleiten auf einem flachen ›Fuß‹ dahin, der kräftige Muskeln besitzt, oder benützen das gleiche Organ, um sich in den Sand einzugraben. Werden sie gestört oder herrscht Ebbe, ziehen sie sich in ihre Gehäuse zurück und verschließen den Eingang mit dem sogenannten Operculum, einer Kalk- oder Hornplatte. Die Gestalt und der Aufbau des Operculums sind bei den einzelnen Arten sehr verschieden und eignen sich manchmal gut zur Bestimmung des Tieres. Mit anderen Weichtieren – außer mit den Muscheln – haben die Schnecken ein bemerkenswertes, mit Zähnen besetztes Band, die Radula, gemein; es liegt am Boden des

Schlunds oder bei manchen Arten am Ende eines langen Rüssels. Die Radula wird dazu benützt, Pflanzen abzuschaben oder in Beutetiere, die Schalen besitzen, Löcher zu bohren.

Die *Muscheln* sind mit wenigen Ausnahmen sesshaft. Manche, wie zum Beispiel Ostrea, die Auster, bleiben dauernd an einer harten Unterlage sitzen. Die Mytilus-Arten, die Miesmuscheln und einige andere Formen verankern sich mit seidenartigen Byssusfäden, die sie abscheiden. Die Vertreter von Pecten und Lima, die Kamm- und Feilenmuscheln, gehören zu den wenigen Lamellibranchiaten, die schwimmen können. Die Solen-Arten, die Scheidemuscheln, besitzen einen schlanken, spitzen Fuß, mit dem sie sich unglaublich schnell ganz tief in den Sand oder Schlamm eingraben.

Muscheln, die sich weit in den Grund zurückziehen, können das nur, weil sie eine lange Atemröhre, einen sogenannten Sipho, besitzen, durch den sie Wasser einsaugen und auf diese Weise Sauerstoff und Nahrung erhalten. Die meisten Formen sind Tiere, die sich von Schwebe-Organismen ernähren, die sie aus dem Wasser filtern, aber manche – einschließlich Tellina, der Sonnenmuschel, auch Plattmuschel genannt, und Donax, der Dreiecks- oder Stumpfmuschel – leben von Abfallstoffen, die sich am Meeresgrund ansammeln. Fleischfressende Lamellibranchiaten gibt es nicht. Die Schalen der Schnecken und Muscheln werden vom Mantel abgeschieden. Kalziumkarbonat bildet die Hauptsubstanz einer Weichtierschale; die äußere Schicht besteht aus Kalkspat, die innere aus Arragonit, der härter und schwerer ist, obwohl er die gleiche chemische Zusammensetzung aufweist. Auch Kalziumphosphat und Magnesiumkarbonat sind in Weichtiergehäusen enthalten. Die Grundlage für die Kalkstoffe ist eine Schicht aus Conchiolin, einer Substanz, die chemisch mit dem Chitin verwandt ist. Der Mantel enthält neben Zellen, von denen die Schale abgeschieden wird, noch andere, die Farbstoffe erzeugen. Durch die planmäßig abwechselnde Tätigkeit dieser beiden Zellarten entstehen die wunderbaren Form- und Farbmuster der Weichtierschalen. Obwohl die Ausgestaltung der Schale von vielen Umweltbedingungen und von den Vorgängen im Körper des Tieres selbst beeinflusst werden kann, ist der Grundplan erbmäßig so unabänderlich festgelegt, dass jede Molluskenart ihre kennzeichnende Schale besitzt, nach der man sie bestimmen kann.

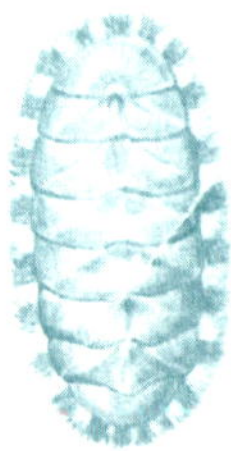
Käferschnecke

Eine dritte Klasse des Stamms der Mollusken sind die *Cephalopoda,* die *Kopffüßer,* die den Schnecken und Muscheln so wenig ähnlich sehen, dass es schwerfällt, die Verwandtschaft zu erkennen. Die Meere früherer Erdzeitalter wurden von Cephalopoden beherrscht, die Gehäuse besaßen, aber alle – bis auf Nautilus, das Perlboot – haben jetzt die äußere Schale verloren und nur einen Überrest bewahrt, der nach innen verlagert und nicht ohne weiteres zu bemerken ist. Eine große Gruppe, die *Decapoda,* besitzen zylindrische Körper mit zehn Armen; zu ihnen gehören die verschiedensten Formen, wie Spirula, das Posthörnchen, und Sepia, der Tintenfisch des Mittelmeers.

Eine andere Gruppe, die *Octopoda,* besitzt sackförmige Körper mit acht Armen; einer ihrer Vertreter ist Octopus, der Krake, auch Seepolyp oder Pulp genannt, und Argonauta, das Papierboot.

Die Tintenfische sind kräftige und flinke Tiere; für kurze Strecken sind sie wahrscheinlich die schnellsten Schwimmer des Meeres. Sie stoßen dabei einen Wasserstrahl durch einen Trichter aus und bestimmen die Richtung, in der sie sich fortbewegen, indem sie den Trichter nach vor- oder rückwärts drehen. Einige kleinere Arten schwimmen in Scharen. Alle Tintenfische sind Fleischfresser und machen Jagd auf Fische, Krebse und verschiedene andere kleine Wirbellose. Sie selbst sind eine begehrte Beute für Kabeljau, Makrele und andere große Fische und werden gerne als Köder benützt. Architheutis, der Riesen-Tintenfisch, ist das größte wirbellose Tier. Ein besonders mächtiges Stück, das bei den Grand Banks vor Neufundland gefangen wurde, maß etwa sechzehn Meter.

Kraken sind nächtliche Tiere, und wenn man den Berichten von Zoologen glauben darf, die sie sehr genau beobachtet haben, sind sie ängstlich und scheu. Sie hausen in Höhlen oder zwischen Steinen und fressen Krabben, Weichtiere und kleine Fische. Manchmal kann man erkennen, wo sich eine solche Krakenhöhle befindet, weil sich in der Nähe des Eingangs leere Molluskenschalen häufen.

Die *Chiton-Arten,* die *Käferschnecken,* gehören zu einer primitiven Abteilung der Mollusken, zu den Amphineura. Die meisten Vertreter besitzen eine Schale aus acht Querplatten, die von einem festen Band, einem Gürtel, zusammengehalten werden. Die Tiere kriechen träge über Felsen und schaben die Pflanzen ab. Wenn sie ruhen, schmiegen sie sich in eine Vertiefung und passen sich der Umgebung so an, dass sie leicht übersehen werden können. Von den Eingeborenen der Westindischen Inseln werden sie gegessen.

Seescheide Molgula manhattensis

Wenig bekannte Weichtiere sind die *Scaphopoda,* die *Röhrenschnecken,* deren Schalen Elefantenzähnen ähneln; sie können zweieinhalb Zentimeter und länger werden und sind an beiden Enden offen. Mit einem kleinen, spitzen Fuß graben sie sich in den sandigen Boden ein. Manche Spezialisten sind der Meinung, dass sie im Bau vielleicht den Urahnen der Mollusken gleichen. Doch handelt es sich hier um bloße Vermutungen, denn die Hauptklassen der Mollusken sind schon im frühen Kambrium gut ausgebildet, und Anhaltspunkte für die Formen, aus denen sie sich entwickelt haben könnten, sind außerordentlich unsicher. Von den Röhrenschnecken gibt es etwa zweihundert Arten, die in allen Meeren weit verbreitet sind. Im Gezeitensaum kommen sie nicht vor.

Chordata: Untergruppe: Tunicata, Manteltiere

Die Ascidien, die Seescheiden, sind die häufigsten Vertreter der interessanten Gruppe uralter Chordatiere, der Tunicaten, die wir an der Küste finden. Als Vorläufer der Vertebrata, der Wirbeltiere, besitzen alle Chordatiere an irgendeinem Zeitpunkt ihres Daseins eine Chorda, einen stützenden Stab aus Knorpelsubstanz; er stellt entwicklungsgeschichtlich eine Vorstufe der Wirbelsäule dar, die alle höheren Tiere besitzen. Die erwachsene Seescheide macht sonderbarerweise den Eindruck eines Geschöpfs von niedrigem und einfachem Bau, mit einer Lebensweise, die etwa an Muscheln erinnert. Nur in der Larve treten die Eigentümlichkeiten der Chordaten klar zutage. Obwohl die Larve winzig klein ist, ähnelt sie sehr stark der Kaulquappe eines Frosches, sie besitzt eine Chorda sowie einen Schwanz und kann gut schwimmen. Ist das Larvenstadium beendet, lässt sie sich nieder, heftet sich an und verwandelt sich in das viel einfacher gebaute, erwachsene Tier, bei dem nichts mehr von einer Chorda zu entdecken ist. Dies ist eine merkwürdige Tatsache, die mehr einen Rückschritt als eine Fortentwicklung darzustellen scheint, weil die Larve höher organisiert ist als das erwachsene Tier.

Eine Seescheide ist wie ein Sack geformt, der zwei Öffnungen oder Siphonen besitzt, durch die Wasser aus- und einströmt; sie hat einen Schlund, der von vielen Schlitzen durchbrochen ist, durch die das Plankton aus dem Wasser gesiebt wird. Wenn das Tier beunruhigt wird, zieht es sich jäh zusammen und spritzt durch die Siphonen Wasserstrahlen aus. Bei den einfacheren Ascidien leben die einzelnen Tiere getrennt und jedes ist von einer festen Hülle oder Schale umgeben, die aus einem chemischen Stoff ähnlich der Zellulose besteht. Oft haften Sand und Geröll an dieser Schale und bilden eine Matte, unter der die tatsächliche Gestalt des Tieres selten zu erkennen ist. In dieser Form überziehen sie oft in ausgedehnten Massen Pfosten von Landestegen, Flöße und Felsleisten. Bei den Seescheiden, die Kolonien bilden, leben viele Einzeltiere beisammen, die in einer zähen Gallertsubstanz eingebettet sind. Anders als bei einer Gruppe einfacher Seescheiden gehen die Mitglieder der Kolonie aus einem einzigen Tier hervor, das sie gegründet hat und durch Knospung auf ungeschlechtlichem Wege weitere Individuen hervorbringt. Eine der häufigsten koloniebildenden Seescheiden ist Amaroucium, das graue knorpelige Massen besitzt.

Die Kolonien können sich an der Unterseite eines Felsens in einer dünnen Matte ausbreiten oder etwas weiter vom Ufer entfernt in aufrechten dicken Lappen wachsen, die zuweilen abbrechen und an Land gespült werden. Die Einzeltiere, aus denen sich die Kolonie zusammensetzt, sind nicht leicht zu erkennen, aber unter einer Lupe erscheinen Vertiefungen in der Oberfläche – die Öffnungen, mit denen das einzelne Tier mit der Außenwelt in Verbindung steht. Bei der schönen, ebenfalls in einem Verbande lebenden Seescheide Botryllus dagegen vereinen sich die Individuen zu blumenähnlichen Sterngebilden, die deutlich wahrzunehmen sind.

Florian Huber

Ozeanische Grenzerkundungen

Rachel Carsons Poetik des Meeres

Am Saum der Gezeiten erschien im amerikanischen Original unter dem Titel *The Edge of the Sea* erstmals 1955. Es bildet den Abschluss einer dem Lebensraum Meer gewidmeten Trilogie der 1907 geborenen und 1964 verstorbenen, US-amerikanischen Wissenschaftsjournalistin und studierten Meeresbiologin Rachel Carson. Während ihr schriftstellerisches Debüt *Under the Sea-Wind* aus dem Jahr 1941 beim zeitgenössischen Publikum zunächst nur geringes Interesse hervorrief, wurde bereits der 1951 veröffentlichte Folgeband *The Sea Around Us* mit dem ›National Book Award for Nonfiction‹ ausgezeichnet und verweist auf eine bis heute andauernde Erfolgsgeschichte, die auch die zahlreichen Wiederauflagen und Übersetzungen von Carsons Schriften verbürgen. Bereits 1957 publizierte der Münchner Biederstein Verlag eine deutschsprachige Ausgabe von *The Edge of the Sea*, die durch die vorliegende Edition dem Lesepublikum wieder zugänglich gemacht wird. Die von Margaret Auer angefertigte Übersetzung hilft, das Bild einer Klassikerin des Nature Writing zu ergänzen, deren Nachruhm vor allem dem 1962 veröffentlichten *Silent Spring* geschuldet ist. Denn die im *Stummen Frühling* verfolgte, kritische Auseinandersetzung mit den Folgen unkontrollierten Pestzideinsatzes für Mensch und Umwelt hinterließ nicht nur in der US-amerikanischen Nachkriegsgesellschaft ihre Spuren. Vielmehr avancierte Carson mit ihrem durch zahlreiche Fallbeispiele und wissenschaftliche Fakten gestützten Plädoyer für einen verantwortungsvollen Umgang mit der Natur und ihren Ressourcen bereits zu Lebzeiten zur zentralen Vertreterin einer neuen Umwelt- und Ökologiebewegung, deren programmatische Grundzüge auch *Am Saum der Gezeiten* bestimmen.

Der titelgebende Saum bezeichnet nicht nur die Grenzen zwischen Land und Meer und die damit verbundenen Lebensräume von Pflanzen, Tieren, Pilzen und Mikroorganismen, denen die einzelnen Kapitel von Carsons ursprünglich als Artikelserie für das Magazin *New Yorker* entstandener Reportage gewidmet sind. Wie die menschliche Existenz unterliegt auch der Lebensraum Meer für Carson einem ständigen Wandel, wie sie bereits zu Beginn ihrer Darstellung betont: »Die Küstenlinie verläuft nicht einmal an zwei aufeinanderfolgenden Tagen genau gleich.« (S. 11). In den Fokus rücken unterschiedliche und wechselhafte klimatische Bedingungen, geologische Bodenbeschaffenheiten, veränderte Lichtverhältnisse und nicht zuletzt die Anpassungsleistungen der Organismen an ihre Umwelten.

Beim Gang zum Strand rekapituliert die Autorin dabei auch das ständige Werden und Vergehen des Lebens und die eigene Endlichkeit. Die Meeresbewohnerinnen nimmt sie als durchaus eigensinnige Akteurinnen wahr, die bisweilen auch mit menschlichen Zügen versehen werden und dennoch rätselhaft bleiben. »Wie das geschah, kann ich nur erraten« (S. 165), bemerkt Carson etwa an einer Stelle ihres Textes, der den Ozean mit allen Sinnen zu erfassen sucht, indem immer wieder auch von Geräuschen, Lichtverhältnissen und den Wahrnehmungen des Geruchs- und Tastsinns die Rede ist: »Dann kann ich die unbedeutenderen Geräusche vernehmen: das Tropfen des Wassers, das von den Muscheln an der Decke oder von den Algen herabrieselt, mit denen die Wände gepolstert sind – ein leises, helles Aufklatschen, das in dem weiten Raum und in dem verworrenen Murmeln und Raunen verhallt, das von der Grotte selbst ausgeht« (S. 165). Die vielstimmige Erzählung ergänzen eigens für die Buchausgabe entstandene Illustrationen von Bob Hines, den Carson bereits 1948 während ihrer professionellen Anfänge als Autorin für die US-amerikanische Fischereibehörde kennenlernte. In der Verknüpfung beider Darstellungsformen wird das individuelle Porträt einer Tier- und Pflanzengestalt zugleich inmitten seiner Artgenossinnen und ihres Lebensraums platziert, wie auch die Hinweise zu Verhalten und Gattungsgeschichte verdeutlichen: »An keiner Stelle der Küste beruht die Beziehung eines Geschöpfes zu seiner Umgebung auf einer einzigen Ursache und Wirkung, und jedes Lebewesen ist mit seiner Welt durch viele Fäden verbunden.« (S. 27).

Die vielfältige Beziehungsgeschichte zwischen Organismen und ihrer Umwelt prägt schließlich auch Carsons eigene Schreib- und Beobachtungshaltung. Das Leben an Strand, Küste, im Wasser und auf dem Grund nimmt sie nicht nur mithilfe zahlreicher eigener Studien, mit Lupe und Mikroskop, sondern auch anhand naturkundlicher Überlieferung und unter intensiver Einbeziehung des aktuellen Forschungsstands in den Blick.

Anstelle einer bloßen Fortschrittsgeschichte werden die Leserinnen dadurch mit der Historizität vermeintlich feststehender Einsichten in die Natur und den Rändern wissenschaftlicher Erkenntnis konfrontiert, wie die wiederholten Hinweise auf ungeklärte Phänomene verdeutlichen: »Dann gibt es noch die ungelöste Frage, warum Fische in so merkwürdiger Weise und anscheinend ziellos und unberechenbar bestimmte Gebiete verlassen oder aufsuchen, woraus sich oft einschneidende wirtschaftliche Folgen ergeben.« (S. 58).

Der titelgebende *Saum der Gezeiten* repräsentiert somit gleichermaßen die menschliche Verwobenheit mit der Natur wie die Grenzen jeder Annäherung an den immer wieder fremd erscheinenden Ozean. Diese Sicht befördert auch die von Carson verfolgte Ich-Perspektive, weshalb das Leben »[i]n einer Welt, die abwechselnd der See und dem Land angehört« (S. 46), hauptsächlich von Strand und Küste aus avisiert werden muss: »Die Grenzfläche von Wasser und Luft konnte man nur wahrnehmen, wenn man sie mit den Fingerspitzen berührte und merkte, wie kühl sie war.« (S. 158). Selbst »[w]enn man dann bis zu den Knöcheln im Wasser steht und ganz aus der Nähe beobachtet« (S. 75), ist der Mensch von Natur aus bekanntlich nicht für eine dauerhafte Existenz im Wasser geschaffen. Diesem Umstand begegnet Carson auch durch ihre regelmäßigen Exkursionen an die Küste zu unterschiedlichen Jahreszeiten und Gezeitenverhältnissen: »[S]ehen wir uns das Leben an ihr an, wird uns der Einfluss von Gezeiten, Brandung und Strömungen, der die Daseinsbedingungen verändert, so klar vor Augen geführt, als folgten wir einem wohldurchdachten wissenschaftlichen Experiment.« (S. 26).

Durch schlechte Witterungsbedingungen und Sichtverhältnisse, durch ihre Gestalt oder ihr Verhalten widerstehen die Meereskreaturen bisweilen dem Blick unter Wasser und wissenschaftlichen Erklärungs- und Annäherungsversuchen: »[D]ie Lebewesen selbst hielten sich verborgen, sie hausten stumm in ihrer dunklen Welt.« (S. 187).

Carsons Schilderung macht zudem deutlich, dass der Mensch beim Gang in die Natur kaum von seiner Welt und ihren Errungenschaften absehen kann. »Wie ein Mensch, der sich mühsam durch einen Forst arbeitet, dessen Bäume der Sturm gefällt hat, bahnen sich Krabben einen Weg unter den waagrechten Thallusflächen des Tangs« (S. 105), während die Tiere und Pflanzen in Carsons Sicht häufig zu Artefakten mutieren. »Die Portugiesische Galeere ist wie ein kleines Fischerboot, das ein Treibnetz hinter sich nachzieht, aber ihr Netz ähnelt mehr einer Gruppe Hochspannungsleitungen« (S. 228), während Rotalgen »an eine Emailmalerei erinnern« (S. 150) und die Körperteile eines Wurms »wie aufeinandergeschichtete Spielmarken aussehen« (S. 157). Zur kulturellen Durchdringung der Natur fügen sich die Hinweise zur menschlichen Nutzung mariner Ressourcen, zu denen auch Carsons eigene Sammlungstätigkeit in den Brandungszonen zählt: »Unter die Überreste und Bruchstückchen der Meeresgeschöpfe mischen sich im Strandgut Dinge, die an den Menschen erinnern wie: Sparren, Tau-Enden, Flaschen, Tonnen und Kisten in allen Formen und Größen.« (S. 245).

Angesichts einer bis heute fortdauernden, Milliarden Jahre alten Evolutionsgeschichte stellt die Existenz des Menschen im Leben des Ozeans und seiner Bewohnerinnen kaum mehr als eine Episode dar: »Und ich, die diese uralten Tiere als Geschöpfe meiner eigenen Zeit vor mir sah, war nur ein ›Neuling‹, dessen Ahnen die Erde erst so kurz bewohnten, dass ich gar nicht in diese Welt zu gehören schien.« (S. 169). Die Auseinandersetzung mit der Umwelt und der Wille zum Verständnis natürlicher Vorgänge ist für Carson schließlich immer auch durch eine ästhetische Faszination für ihre Schönheit und ihre Geheimnisse motiviert. Ihr poetisches Einfühlungsvermögen in einen bis heute weitgehend unverstandenen und vom Menschen bedrohten Lebensraum macht aus *Am Saum der Gezeiten* auch Jahrzehnte nach dem ersten Erscheinen eine ebenso beglückende wie augenöffnende Lektüre:

> Hunderte von Gespenstkrabben hatte ich schon in anderer Umgebung beobachtet, aber plötzlich überkam mich das Empfinden, dass ich dieses Tier zum ersten Mal in seiner eigenen Welt sah und wie nie zuvor das Geheimnis seines Daseins begriff. In diesem Augenblick stand die Zeit still; die Welt, aus der ich stammte, gab es nicht mehr, und ich hätte ein Zuschauer aus dem Sternenraum sein können. Die kleine einsame Krabbe am Meer wurde zum Sinnbild des Lebens selbst, sie verkörperte die feine und empfindliche, der Vernichtung preisgegebene und doch unglaublich zähe Lebenskraft, die gegen alle widrigen Daseinsbedingungen der unbelebten Natur ihren Platz behauptet. (S. 17).

Verzeichnis der

TIER- UND PFLANZENNAMEN

Anmerkung: Bei den kursiv gedruckten deutschen Bezeichnungen handelt es sich entweder um sinngemäße Übertragungen aus dem Lateinischen oder Englischen, manchmal auch um seltener gebrauchte Namen. Synonyma sind in einigen Fällen in Klammer beigefügt. sp. ist die Abkürzung für species = Art.

Czernin
Karl von Frisch
Aus dem Leben
der Bienen

Charles Darwin

Die Bildung der Ackererde durch die Tätigkeit der Würmer

Zahlreiche Abbildungen
264 Seiten
978-3-7076-0696-6
Hardcover | 25,– Euro

Nie war ein Buch über Regenwürmer aktueller als heute. In Zeiten der versiegelten Landflächen, des exzessiven Einsatzes von Insektiziden und den Auswirkungen des Klimawandels erkennt man immer mehr, wie wichtig ein lebendiger, organismenreicher und gut durchlüfteter Boden für das gesamte Ökosystem ist.

Charles Darwin bietet einen faszinierenden Einblick in die Welt der Würmer: Sie lockern die Erde, kompostieren Laub und düngen den Boden. Durch die Neuausgabe dieses Klassikers wird eine Fülle an Informationen über das Leben und Wirken der Regenwürmer wieder zugänglich – für Biologen, Botaniker, Hobby-Gärtner und auch naturwissenschaftliche Laien.

Raoul Heinrich Francé

Die Pflanze als Erfinder

Zahlreiche Abbildungen
120 Seiten
978-3-7076-0734-5
Hardcover | 20,– Euro

U-Boote, Propellerflugzeuge oder Schiffsschrauben: Die Natur diente als Vorbild für viele bahnbrechende Errungenschaften. Raoul Heinrich Francé erkennt bereits Anfang des 20. Jahrhunderts, dass uns die Pflanzenwelt als Erfinderin noch einiges voraushat und begründet eine neue Wissenschaft – die Biotechnik.

Mit der Neuausgabe von »Die Pflanze als Erfinder« werden seine fortschrittlichen Erkenntnisse wieder zugänglich. Francé zeigt, wie viel die Menschen noch von den Pflanzen lernen können.

Paul Kammerer

Das Terrarium und Insektarium

Zahlreiche Abbildungen
280 Seiten
978-3-7076-0823-6
Hardcover | 25,– Euro

Nach 1900 herrschte in Mitteleuropa ein regelrechter Terrarien- und Aquarienboom. Die Leidenschaft für Kriechtiere und Lurche teilte auch der als »Krötenküsser« bekannte Biologe Paul Kammerer. Mit »Das Terrarium und Insektarium« schrieb er einen einzigartigen Leitfaden für den Bau eines Terrariums, seine Pflanzen- und Tierwelt. Die Neuauflage macht das historische Grundlagenwerk über die artgerechte Haltung von Reptilien und Amphibien wieder zugänglich.

Rachel Carson

studierte Biologie und war u.a. für das U.S. Bureau of Fisheries tätig. Diese Erfahrungen prägten auch ihre Karriere als Wissenschaftsjournalistin und das ökologische Engagement der 1907 geborenen und 1964 verstorbenen US-Amerikanerin. Ihre zahlreichen Buchpublikationen gelten heute allesamt als Klassiker des Nature Writing und wurden in viele Sprachen übersetzt. Mit *Der stumme Frühling* avancierte Carson auch im deutschsprachigen Raum zur viel beachteten Gründungsfigur der modernen Umweltbewegung, während ihre Bücher über das Ökosystem Meer u.a. mit einem *National Book Award* prämiert wurden.